概率统计中的平衡定理及线性特征参数

BALANCE THEOREM FOR PROBABITY STATISTICS
AND
LINEAR CHARACTERISTIC PARAMETERS

黄志新 著

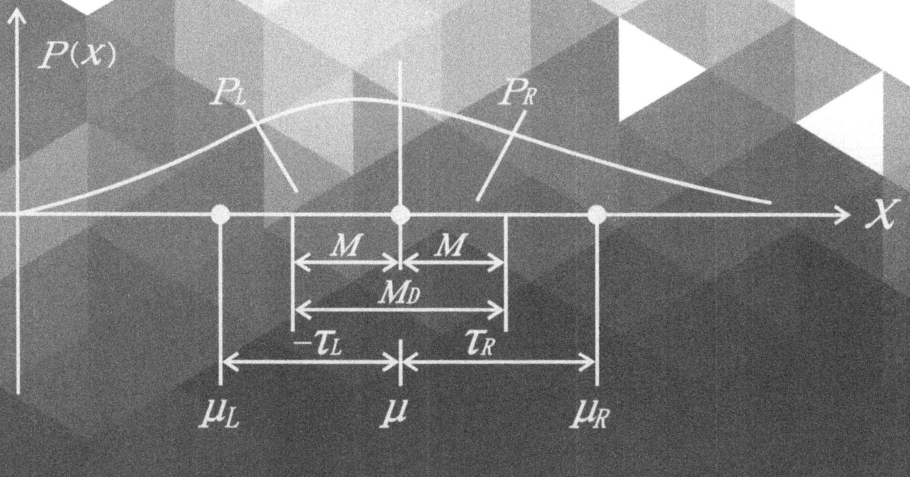

中山大學出版社
SUN YAT-SEN UNIVERSITY PRESS
·广州·

图书在版编目（CIP）数据

概率统计中的平衡定理及线性特征参数/黄志新著．—广州：中山大学出版社，2016.8

ISBN 978－7－306－05725－9

Ⅰ．①概…　Ⅱ．①黄…　Ⅲ．①概率统计—研究　Ⅳ．①O211

中国版本图书馆 CIP 数据核字（2016）第 135093 号

出 版 人：徐　劲
策划编辑：李　文
责任编辑：黄浩佳
封面设计：曾　斌
责任校对：李艳清
责任技编：何雅涛
出版发行：中山大学出版社
电　　话：编辑部 020－84111996，84113349，84111997，84110779
　　　　　发行部 020－84111998，84111981，84111160
地　　址：广州市新港西路 135 号
邮　　编：510275　　传　真：020－84036565
网　　址：http：//www.zsup.com.cn　　E-mail：zdcbs@mail.sysu.edu.cn
印 刷 者：虎彩印艺股份有限公司
规　　格：787mm×1092mm　1/16　14.75 印张　347 千字
版次印次：2016 年 8 月第 1 版　2017 年 1 月第 2 次印刷
定　　价：40.00 元

作者简介

黄志新，广州市荔湾区科协成员。主要研究方向为“概率统计的线性特征参数及其应用”。现正把该项目扩展至贝叶斯统计上去，用以克服先验分布难求这一瓶颈。曾经发表论文多篇，主要有《概率统计的平衡定理》《哈勃红移的量子理论解释》《人造太阳》《基于“东方之星”的翻沉，看旅游船的稳性缺陷及对策》等等。参与开发中国专利“防近视台灯”、防止二次供水污染的“水池密封装置”、“自行车安全升降器”等专利。

内容简介

概率统计数据包含丰富的信息资源。对于统计量的诸多信息，现在常用数字特征以均值、方差（或标准差）来表达，但这远远不能表达统计数据包含的丰富内涵，实为挂一漏万！特别是反映随机变量的离散程度，现在通常用方差（或标准差）来表征。这两个特征参数有以下的缺点：

(1) 只能一般地反映数据偏离均值的情况，而不能反映是正偏或负偏等情况。

(2) 样本的标准差比方差更能反映数据的离散情况，但样本标准差是其总体标准差的有偏估计，所以少用。

(3) 现在通常用样本修正方差反映数据的离散情况，但方差的单位是均值的平方，这既不合理也不科学。

(4) 样本的方差的稳定性是最差的，只要有一些干扰，就会被“平方”地放大了，变得面目全非。

(5) 统计数据包含了太多的原始信息资料，单凭均值、标准差（方差）远远不能反映这些信息：如偏态情况（正偏、负偏及无偏），峰态情况等等，则需用更难计算的三阶矩、四阶矩才能表达。而三阶矩及四阶矩的计算既繁琐又存在着其他很多缺点。

作者二十年磨一剑，在概率统计领域依据一条最普通的定理“一阶中心矩恒为0”进行开创性的研究工作，由此出发推导出了“概率统计的平衡定理”以及“三均值公式”，提出了一系列与以往不同、全新的特征参数：右均值和左均值，正均差和负均差，右概率和左概率，以及半均差，重新研究了平均差。研究表明，这些特征参数种类繁多，从各个不同的侧面反映了统计数据所含的信息，它们都是统计数据的线性函数，由于线性函数具有良好的性质，因此基本上克服了标准差与方差上面所述的缺点。在概率统计领域开辟了一片新天地——线性特征参数统计，这一统计方法与现在的参数统计、非参数统计及贝叶斯统计并驾齐驱，它们各有各的特点，各有各的用途。特征参数统计既具有“参数统计”精确度高的优点，又具有不需要数据一定为“正态分布”，使用广泛而简便的优点，但是它比“非参数统计”精确得多。因此，可以预料它必将成为一种新的有用的统计方法。

作者现在把这一理论充分开拓、壮大、独成一派，并反复修改提炼，写成一本精品专著:《概率统计中的平衡定理及线性特征参数》，贡献给读者。本书是在一篇已发表论文的基础上创作而成，基本上是原创的。除了保留平均值(数学期望)，及个别地方之外，其他的概念、定义、定理、公式与现有的理论很少共通之处，在这点上，希望读者注意。著名数学家 G. 康托尔在 1883 年曾经说过，数学在它自身的发展中完全是自由的，对它的概念的限制只在于：必须是无矛盾性的，并且和先前由确切定义引进的概念相协调的。请读者用这一观点衡量本书。

现在恰逢党中央、国务院大力提倡创造、创新精神。“线性特征参数统计”是由中国人首创的，顺应了这一伟大的潮流。它是一片富饶、美丽的科学新大陆。它可以在概率统计现有的领域广泛应用：如数学专业（特别是概率统计专业)、理工科、工程实践、经济财务、科学实验等等。

欣赏这片富饶、美丽的科学新大陆，读者只需一般大学水平就可以了。但是，它还有大量未被发掘的宝贵矿藏，如：特征参数在贝叶斯统计中的应用等等，具有无限的吸引力，定将吸引一大批有志于创新的本科生、硕士生、博士生以及科研人员前来开采。若有意共同合作研究，或购买此书者，请电邮 871367655@qq.com，或发微信、短信：13005107434，13710639807，与作者联系，共同研究和开发这块尚未完全开垦的处女地。

前　言

概率统计数据包含的丰富信息，只凭均值和方差（或均方差）是远远不能表达其所有内涵的；而三阶矩及四阶矩计算既繁琐又存在着很多缺点.

概率统计中，用方差或均方差来反映随机变量的离散程度，这两个特征参数有以下缺点：样本修正方差 $\tilde{s}_{n-1}^2 = \frac{1}{n-1}\sum_{i=1}^{n}(x_i - \bar{x})^2$ 是总体方差 σ^2 的无偏估计；样本方差 $s_n^2 = \frac{1}{n}\sum_{i=1}^{n}(x_i - \bar{x})^2$ 是 σ^2 的极大似然估计；$\tilde{s}_{n+1}^2 = \frac{1}{n+1}\sum_{i=1}^{n}(x_i - \bar{x})^2$ 是以上三者中对 σ^2 的极小均方误差估计，及最优同变估计；但后两者并不是 σ^2 的无偏估计，见表1.

表1

符号	$\tilde{s}_{n-1}^2$	$\tilde{s}_n^2$	$\tilde{s}_{n+1}^2$
表达式	$\frac{1}{n-1}\sum_{i=1}^{n}(x_i - \bar{x})^2$	$\frac{1}{n}\sum_{i=1}^{n}(x_i - \bar{x})^2$	$\frac{1}{n+1}\sum_{i=1}^{n}(x_i - \bar{x})^2$
对总体 σ^2 的估计	最小方差无偏估计	矩估计 极大似然估计	极小均方误差估计 及最佳同变估计
用途	无偏估计，常用	有偏估计，有时用	有偏估计，少用

虽然 $\tilde{s}_{n-1}^2$ 是 σ^2 的无偏估计，但是决不能推断标准差 $\tilde{s}_{n-1}$ 就是 σ 的无偏估计！σ 的最小方差无偏估为：$\tilde{\sigma} = k\tilde{s}_{n-1} = k\sqrt{\frac{1}{n-1}\sum_{i=1}^{n}(x_i - \bar{x}^2)}$，变系数 k 是 Γ 积分的复杂的函数，它会随着样本数量 n 的变化而变化. 理论上 σ 比 σ^2 更能反映随机变量的离散程度，因为 σ 的量纲与均值的量纲一致，而 σ^2 的量纲与均值却不同，由于这一系列的矛盾，反映了方差和标准差并不是随机变量的离散程度的最佳表征.

对于统计量的诸多信息，仅靠方差（或标准差）是反映不全的，如随机变量的偏态情况：正偏、负偏、无偏及峰态等需用更难计算的三、四阶矩才能表达.

概率统计中，有一条最平常，而又最被人忽视的定理：一阶中心矩恒为0. 换种思维方式，本文定义了“半均差”，计算半均差不用绝对值，而且计算过程很容易；而平均差就等于两倍的半均差. 结合概率统计中上述这一条众所周知的定理，本文推导出一条全新的“平衡定理”，以及三均值公式，由此出发推导出它一系列与以往不同、全新的数学特征参数：右均值和左均值，正均差和负均差，右概率和左概率，重新研究了平均差. 研究表明，这些特征参数都是统计量的线性参数，因而被称为“线性特征参数”，并且具有表征随机变量数据集的以下功能：反映数据的离散程度（具有均方差及方差的功能）；反映对均值的偏态程度（具有偏态系数的功能）；反映峰态程度，（具有峰态系数的功能）；样本的线性特征参数对总体同名参数是无偏估计；数学意义明确；信息多. 平衡定理是反比例方程，利用它很容易计算上述那几个新的特征参数. 这些新特征参数既有 σ 及 σ^2 的功能，但却没有它们的缺点，而且其所含的信息量也比 σ 及 σ^2 大得多.

现在所有的特征参数只是描述（或估计）其数据的总体（或样本）的情况，除分位数之外，基本上没有描述局部的特征参数. 本文的第6章是专门研究描写随机变量各部分的一些特征参数，称为各级线性特征参数，这需要与各阶特征参数相区别.

第8章是讲多维随机变量的线性特征参数，这里提出了一些与现有方案不同的方法，有着非常丰富的内容，谨供大家参考.

因为是线性特征参数，在样本对总体的点估计中，它们都有着共同的优点：样本某一线性特征参数都是对其总体同名特征参数的一致最小方差最优无偏估计，并且对于正态分布来说，是它们的极大似然估计以及最优线性同变估计. 我国著名的数理统计学家陈希孺教授曾经说过：“好的点估计会产生好的区间估计.”除此之外，还会产生其他好的统计效果. 因此，以上的两条公式定理及由此而产生的各种新的数学特征参数在概率统计及其他学科中有广泛的应用. 这是第9章要阐述的内容.

第10章是谈线性特征参数在相关分析中的应用（相当于现有的回归分析）.

现有的统计学包括几个相互独立的不同的分支或派系：①参数统计. ②非参数统计. ③贝叶斯统计. 本书所讲内容不属于上述统计中的任何一种，而是新开拓的一种统计学，被称为“线性特征参数统计学”. 它介于参数统计与非参数统计之间，既有参数统计较为精确的优点，又有非参数统计不限于正态分布而适应广泛等优点，还不需要知道数据为何种分布.

著名数学家 G. Contor 在 1883 年曾经说过，数学在它自身的发展中完全是自由的，对它的概念的限制只在于：必须是无矛盾性的，并且是和先前由确切定义引进的概念相协调的.

本书是在一篇已发表的论文的基础上创作而成的，基本上具有原创性. 除了数学期望（均值）及个别地方之外，其他的概念、定义、定理、公式与现有的理论很少有共通之处，在这点上，希望读者注意，请按 G. Contor 所说的无矛盾性与相协调性来衡量本书. 由于本人水平有限，错漏在所难免，诚恳希望读者提出指正，并一起进行深入的研究.

本书适合本科高年级学生、研究生、概率统计应用人员及有志于研究的学者阅读. 第 1 ～ 7 章的阅读只要有高等数学及概率统计知识的基础便可；第 8 章的阅读需要线性代数知识的基础；第 9、10 章的阅读需要参数及非参数统计的知识的基础；第 11 章的阅读要有线性回归知识的基础.

本书的出版得到很多有识之士的支持与帮助，特别是中山大学的王向阳教授，他细心地审阅了本文的第 1 ～ 3 章，并对错漏之处作了修改；澳门科技大学原校长著名教授许敖敖组织了一些教授阅读了本书的一些章节，并给予基本的肯定. 此外还得到中山大学出版社的李文主任、黄浩佳编辑的大力支持；黄俊强先生绘制了本书所有的插图；以及其他很多人的帮助. 没有他们的支持与帮助，本书的出版几乎是不可能的，在此，笔者一并向他们致谢！

关键词：平衡定理与三均值公式；右均值与左均值；正均差与负均差；右概率与左概率；半均差与平均差.

本书所用新的数学名称解释：

1. 特征参数：即相当于一般统计书籍所写的“数字特征”，但前者比后者所包括的范围广得多，正由于此，本书特正名为特征参数，包括数学期望、方差、均方差、三阶矩、四阶矩及以下所述的各种线性特征参数. 应注意特征参数与特征函数以及线性代数中的特征值相区别，这三者表示的是三种不同的概念.

2. 线性特征参数：本书新定义的数学名称，只选特征参数中属于线性的部分参数，包括平均值、右均值、左均值；正均差、负均差；右概率和左概率；半均差和平均差；还包括二级以上（含二级）的线性的特征参数. 但不包括方差、均方差，以及其他二阶以上的中心矩.

3. 同名点估计：现在的点估计，一般是用样本的特征参数去估计总体的原有参数，如以样本的均值及方差去估计泊松分布的参数 λ 等等. 而一般的概率参数的意义千奇百怪，各不相同，这就是为什么现在的参数估计是这么麻烦的原因. 同名点估计也是本书新定义的一个新数学名词，它是以样本的特征参数去估计总体的同名特征参数，如以样本的平均值、右均值、左均值；正均差、负均差；右频率和左频率；半均差和平均差等去估计上述第 2 点所述总体同名的新的线性特征参数．现在统计学界唯一使用并仅有的同名估计为正态分布中使用的，以样本的均值估计总体的期望值；以样本的方差去估计总体的方差 σ^2（就是同名参数估计）．由于它们的意义明确，使用又方便，估计又准确，所以得到很好的应用．而对于其他分布就都不是同名参数估计了，因此，现在的统计分析，除了正态分布之外，其他分布都不太理想．所以本书对弥补现在统计学的遗憾起到重要作用．

BALANCE THEOREM FOR PROBABILITY STATISTICS AND LINEAR CHARACTERISTIC PARAMETER

Zhi-xin Huang

Abstract: The probability statistical data contains a wealth of information, only by the average and variance (or standard deviation) couldn't express all of their connotation. And that third-order moment and fourth-order moment calculation are very cumbersome and there are a lot of shortcomings. This paper defines some new mathematical characteristic parameters. And derive the balance theorem and the three averages formula. These new characteristic parameter have been following functions: Reflect the degree of dispersion of the data, degree of skewness, the kurtosis. These new sample characteristic parameters of statistics is unbiased estimator of the same name overall characteristic parameters. They also contain a lot of information of overall. So these two formulas and the new characteristics parameters wide range of application in probability and statistics and other disciplines.

Key words: balance theorem; semi-average deviation; positive and negative average deviation; left and right average value; left and right probability

0. Introduction

First central moments constant to 0, that is theorem in the probability and statistics which is the most common and most neglected. [1], ⋯, [4]. Let's exchange another way thinking, a new balance theorem can be deduced, from where proceeding to derive out of it a new series of feature parameters, and their feature is studied.

1. Left and right probability

Definition 1: Let X be the random variable in any probability space $(\Omega, F\ P)$ There is a mathematical expectation μ. Let $P_{\mu} = P\ \{X = \mu\}$ be the probability of μ.

$$\begin{cases} P_L = P\{X < \mu\} + \dfrac{1}{2}P_\mu \\ P_R = P\{X > \mu\} + \dfrac{1}{2}P_\mu \end{cases} \tag{1}$$

P_L and P_R are the left and right probabilities of X, respectively, where $P\{-\infty < X < +\infty\} = P_L + P_R = 1$.

2. Left and right means and positive and negative mean deviations

1) The expectation of X exists; therefore, the expectations of the left and right distributions exist.

Definition 2: Let the following integrals be in absolute convergence.

$$\begin{cases} \mu_L = E_L(X) = \dfrac{1}{P_L}\left[\dfrac{\mu P_\mu}{2} + \int_{x<\mu} x\mathrm{d}F(x)\right] \\ \mu_R = E_R(X) = \dfrac{1}{P_R}\left[\dfrac{\mu P_\mu}{2} + \int_{x>\mu} x\mathrm{d}F(x)\right] \end{cases} \tag{2}$$

μ_L, μ_R are known as the left and right means of X, respectively, and $\mu_L \leqslant \mu \leqslant \mu_R$.

In oceanography, μ is known as the mean tidal level, μ_L as the mean low tide level and μ_R as the mean high tide level (You et al., 2010).

Definition 3: Let

$$\begin{cases} \tau_L = -\dfrac{1}{P_L}\int_{x \lesssim \mu} (x - \mu)\mathrm{d}F(x) \\ \tau_R = \dfrac{1}{P_R}\int_{x \gtrsim \mu} (x - \mu)\mathrm{d}F(x) \end{cases} \tag{3}$$

$(-\tau_L)$ and (τ_R) are the negative and positive mean deviations of x, respectively.

Equations (1) and (2) are substituted into equation (3). The result is as follows:

$$\begin{cases} -\tau_L = \mu_L - \mu \\ \tau_R = \mu_R - \mu \end{cases}. \tag{4}$$

As the first-order central moment is 0,

$$\int_{-\infty}^{\infty} (x - \mu)\mathrm{d}F(x) = 0,$$

such that

$$\int_{x<\mu} (x - \mu)\mathrm{d}F(x) + \int_{x=\mu} (x - \mu)\mathrm{d}F(x) + \int_{x>\mu} (x - \mu)\mathrm{d}F(x) = 0,$$

as

$$\int_{x=\mu} (x - \mu)\, dF(x) = 0$$

so that

$$-\int_{x<\mu} (x - \mu)\, dF(x) = \int_{x>\mu} (x - \mu)\, dF(x). \tag{5}$$

Definition 4: Let

$$M = -\int_{x<\mu} (x - \mu)\, dF(x) = \int_{x>\mu} (x - \mu)\, dF(x). \tag{6}$$

M is the semi-average deviation, also known as the half central moment. From the preceding formula, we can obtain $M \geqslant 0$.

Theorem 1: If the mathematical expectation μ of the random variable X exists, then the average deviation M_D is equal to double the semi-average deviation Ml:

$$M_D = 2M. \tag{7}$$

Proof: According to the mean deviation definition and equation (6), we have:

$$M_D = \int_{-\infty}^{\infty} |x - \mu|\, dF(x)$$

$$= \int_{x<\mu} |x - \mu|\, dF(x) + \int_{x=\mu} |x - \mu|\, dF(x) + \int_{x>\mu} |x - \mu|\, dF(x)$$

$$= -\int_{x<\mu} (x - \mu)\, dF(x) + \int_{x>\mu} (x - \mu)\, dF(x)$$

$$= 2\int_{x>\mu} (x - \mu)\, dF(x) = 2M.$$

According to this theorem, we know that when we consider μ as the fiducial center point, M_D and are equipollent, i. e. , two different ways of expressing the same numerical characteristics. This is also why M is referred to as the semi-average deviation.

Theorem 2 (**Equilibrium Theorem**): If the mathematical expectation μ of random variable X exists, then

$$P_L \tau_L = P_R \tau_R = M = M_D/2. \tag{8}$$

Proof: From equations (3) and (6), we obtain:

$$P_L \tau_L = -P_L \left[\frac{1}{P_L} \int_{x<\mu} (x - \mu)\, dF_L(x) \right]$$

$$= -\int_{x<\mu} (x - \mu)\, dF(x) = M.$$

We can similarly prove that $M = P_R \tau_R$, completing the proof.

Judging from the preceding proof process, M is an invariant from which we can deduce many novel theorems and formulae.

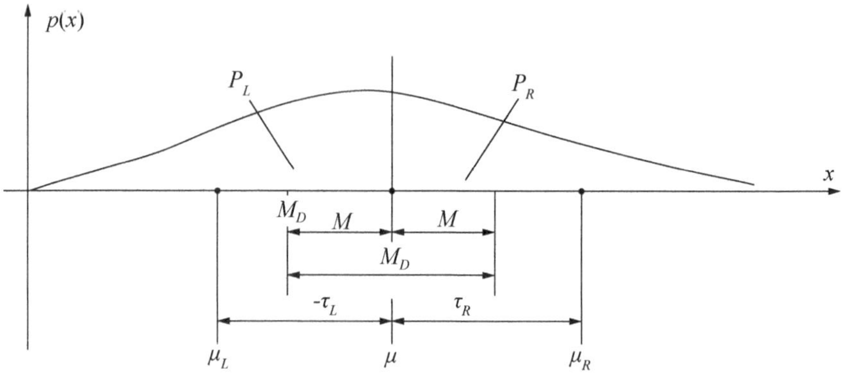

Fig. 1

Deduction 1: Let X be a random variable with a mean μ , a left mean μ_L , a right mean μ_R , a left probability P_L and a right probability P_R . We have the following three-mean value formula:

$$\mu_L P_L + \mu_R P_R = \mu. \tag{9}$$

Proof: Equation (3) is substituted in the first half of equation (8).

$$(\mu - \mu_L) P_L = (\mu_R - \mu) P_R,$$

$$\mu_L P_L + \mu_R P_R = (P_L + P_R) \mu.$$

Equation (9) is proved based on $(P_L + P_R) = 1$. The physical significance of the equilibrium theorem is that it takes the mean value (centroid) as the boundary and divides the value of the random variable (substance) into two. The mathematical significance of μ_L, μ_R lies in the data center or geometrical center of the left and right parts, and their physical significance represents the centroid of the two parts, respectively. $P_L + P_R$ indicate the magnitude of each relevant resultant force, and τ_L and τ_R indicate the average length of each force arm from the resultant force of the left and right parts to the centroid. Equation (8) indicates the static equilibrium. The moments from the left and right sides to the centroid (semi-average deviation) are equal.

Conclusion These characteristic parameters are belong to their overall distribution function of linear functional. They have good linearity and have wide range of uses.

1) Because the number of characteristic parameters is greatly increased, on which can be reflected many aspects characteristic information of the statistical.

2) As a result of these new feature parameters are linear function, so the sample characteristic parameters are their overall respective corresponding parameters of the minimum variance unbiased estimator.

3) Many reference literature reflects the degree deviation of statistics data, which use the mean deviation better than the variance. However, calculate the mean difference must to use absolute value, inconvenient to use. Because of the (10) formula, so to calculate the mean deviation is very easy.

4) The theorem described in this paper and several characteristic parameters, which can be recomposition a new statistics, it is called the Linear Characteristic Parameter Statistics . This statistics is different from the Parametric statistics, Nonparametric statistics, Bayesian statistics. These matter will be detail discourse after this paper.

本文特有的符号

（按文中出现的次序排列）

符号	中文名称	English
$\lim\limits_{x \to xk}(x_k) = \frac{1}{2}[\lim\limits_{x \to x-0}(x_k) + \lim\limits_{x \to x+0}(x_k)]$	中极限	middle limit
$\hat{<}$	小于加上半等于	less and semi-equal to
$\hat{>}$	大于加上半等于	greater and semi-equal to
$P\{X \hat{<} x_k\}$	中连续	middle continuation
$P_L(X) = P\{X \hat{<} \mu\}$	左概率	left probability
$P_R(X) = P\{X \hat{>} \mu\}$	右概率	right probability
$F_L(x)$	左分布函数	left distribution function
$F_R(x)$	右分布函数	right distribution function
$\mu_L = E_L(x)$	左均值	left average
$\mu_R = E_R(x)$	右均值	right average
$-\tau_L = \mu_L - \mu$	负均差	negative mean deviation
$\tau_R = \mu_R - \mu$	正均差	positive mean deviation
M	半均差 （半中心矩 ）	semi-mean deviation (half central moment)
M_D	绝对平均差	absolute mean deviation
$C_V = M_D/\lvert\mu\rvert$	中性离散系数	ordinary dispersed coefficient
$C_{RV} = \tau_R/\lvert\mu\rvert$	正离散系数	positive dispersed coefficient
$C_{LV} = \tau_L/\lvert\mu\rvert$	负离散系数	negative dispersed coefficient
$S_K = P_L - P_R$	线性偏态系数	linear coefficient of skew
$C_K = P\{\mu_L \hat{<} x \hat{<} \mu_R\}$	线性峰态系数	linear coefficient of kurtosis
P_{2Lj}	二级左区间概率	
P_{2Rj}	二级右区间概率	
μ_{2Lj}	二级区间左均值	
μ_{2Rj}	二级区间右均值	
P_{kLj}	k 级左 j 区间概率	
P_{kRj}	k 级右 j 区间概率	
μ_{kLj}	k 级左 j 区间均值	

μ_{kRj}	k 级右 j 区间均值
$\bar{p}_{kLj}$	k 级左区间的平均概率
$\bar{p}_{kRj}$	k 级右区间的平均概率
$-\tau_{2Lj}$	二级左 j 区间对中心的负均差
τ_{2Rj}	二级右 j 区间对中心的负均差
$-\tau_{kLj}$	k 级左 j 区间对中心的负均差
τ_{kRj}	k 级右 j 区间对中心的负均差
M_{kLij}	k 级左局部半中心矩
M_{kRij}	k 级右局部半中心矩

目　录

第 1 章　新的线性特征参数

1.0　现有文献的相关理论[27],[28],[29]

Fouriler 级数的收敛定理：若函数 $f(x)$ 在周期为 $2l$ 的区间内满足 Dirichler 条件，若 $f(x)$ 在一个周期内逐段连续，且至多只有有限个极值点；则 $f(x)$ 的 Fouriler 级数在连续点收敛在 $f(x)$；在间断点 x_K 处收敛在

$$f(x_K) = \frac{1}{2}[(x_K - 0) + (x_K + 0)]. \tag{1.01}$$

若把周期为 $2l$ 的区间拓展至 $(-\infty, +\infty)$，就有

Fouriler 积分定理　若函数 $f(t)$ 在任一有限区间内满足 Dirichler 条件，且在 $(-\infty, +\infty)$ 内绝对可积，则在所有的连续点上都有

$$f(t) = \frac{1}{2\pi}\int_{-\infty}^{\infty}\left[\int_{-\infty}^{\infty} f(\tau)\mathrm{e}^{-i\omega\tau}\mathrm{d}\tau\right]\mathrm{e}^{-i\omega t}\mathrm{d}\omega. \tag{1.02}$$

在它的间断点 t_K 处

$$f(t_K) = \frac{1}{2}[(t_K - 0) + (t_K + 0)]. \tag{1.03}$$

1.1　左、右概率与左、右分布函数

把 Fouriler 级数的收敛定理（1.01）式及 Fouriler 积分定理中的（1.03）式应用在概率统计上，就有中极限及中连续的概念.

定义 1.1　设函数在 x_k 这点的左，右极限都存在，但不相同，则该点的中极限（平均值限）定义如下：

$$\lim_{x \to xk}(x_k) = \frac{1}{2}[\lim_{x \to x-0}(x_k) + \lim_{x \to x+0}(x_k)]. \tag{1.1}$$

定义 1.2　设分布函数 $F(x)$ 在 x_k 这点的左，右连续都存在，但不相同，则该点中连续分布函数的定义如下：

$$F(\tilde{x}_K) = P\{X \hat{\lessgtr} x_k\} = P\{X < x_k\} + \frac{1}{2}P\{X = x_k\} \tag{1.2}$$

其分布函数 $F(\tilde{x})$ 称为中连续分布函数，是取 $P\{X = x_K\}$ 这点的中极限作为分布函数的中点，其中 $F(\tilde{x}) = P\{X \hat{\lessgtr} x\}$ 表示 $P\{X = x\}$ 这一点的一半概率归属

于 $P\{X < x\}$，而另一半概率归属于 $P\{X > x\}$（参看例一及图 1.1，图 1.2）.

例 1 有一个三点式均匀分布随机变量 X，如表 1.2 所示，其概率分布列 $p_i\{X = x_i\}$ 并不是只在一点 $\{X = x_i\}$ 上取值，而是有一定的的取值范围：$p_i\{x_i - \varepsilon \hat{<} X \hat{<} x_i + \varepsilon\}$，其中 ε 为大于 0 的一极小量（$\varepsilon \to 0$）；其中有一半概率取值于 $\{x_i - \varepsilon \hat{<} X\}$ 范围，而另一半取值于 $\{X \hat{<} x_i + \varepsilon\}$.

对于一群均匀分布的离散数据，按下一位数四舍五入进行分组．然后进行数理统计分析，分布如上所述，此时 $\varepsilon = 0.5$（相当于组距的一半），即 $f(x_i) = f\{x_i - 0.5 \hat{<} X \hat{<} x_i + 0.5\}$．很明显该分布的均值 $\mu = 2$，它的取值范围并不是只在该点上，而实质上它的内部为均匀分布，频率分布取值范围在 $p(\mu) = \{1.5 \hat{<} X_2 \hat{<} 2.5\}$ 之间.

当以 $\mu = 2$ 点分割时，理应把该点的频率的一半，即 $p\{\mu\}/2 = p\{2 - \varepsilon \hat{<} X \hat{<} x_2\} = 1/6$ 归属于左半部分；而把另一半 $p\{\mu\}/2 = p\{x_2 \hat{<} X \hat{<} 2 + \varepsilon\} \hat{<} = 1/6$ 归属于右半部分.

表 1.1

$X = x_i$	1	2	3
p_i 范围	$\{1 - \varepsilon \leqslant X_1 \hat{<} 1 + \varepsilon\}$	$\{2 - \varepsilon \hat{<} x_2 \hat{<} 2 + \varepsilon\}$	$3 - \varepsilon \hat{<} x_3 \leqslant 3 + \varepsilon$
$\varepsilon = 0.5$	$0.5 \leqslant x_1 \hat{<} 1.5$	$1.5 \hat{<} x_2 \hat{<} 2.5$	$2.5 \hat{<} x_3 \leqslant 3.5$
$p\{X_i\}$	$p_1 = \dfrac{1}{3}$	$p_2 = \dfrac{1}{3}$	$p_3 = \dfrac{1}{3}$

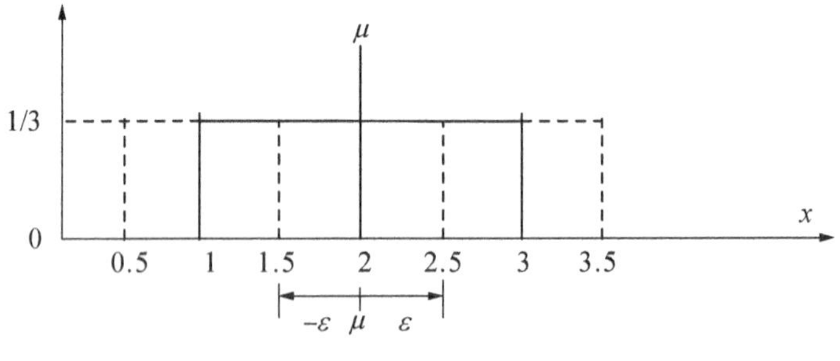

图 1.1

注：按左连续分割（图 1.2 中◇表示），或按右连续分割（图 1.2 中○表示）都有失偏颇，用中连续分割（图 1.2 中●表示），则比较合理.

其实，在此之前，已有现成的文献在使用中极限这一概念，这就是（1.01）式及（1.03）式在概率统计中的应用.

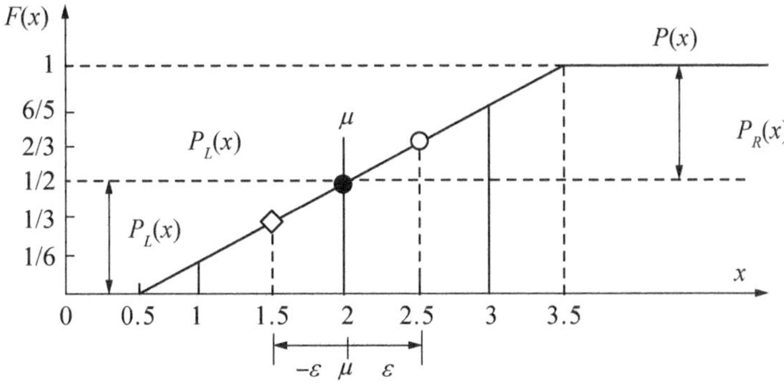

图 1.2

定义 1.3　设 X 为任一概率空间（Ω，F，P）上的离散随机变量，已按大小排列，且存在数学期望为 μ；以 μ 为界，把概率空间分为左 $P\{\hat{<}\mu\}$（小），右 $P\{X\hat{>}\mu\}$（大）两部分，则该介割点概率的一半 $\frac{1}{2}P\{X=x_\mu\}$，分别加到左边部分和右边部分中去.

$$\begin{cases}P_L(X)=P\{X\hat{<}\mu\}=P\{X<\mu\}+\frac{1}{2}P\{X=\mu\}\\P_R(X)=P\{X\hat{>}\mu\}=P\{X>\mu\}+\frac{1}{2}P\{X=\mu\}\end{cases}. \tag{1.3}$$

分别将 P_L 和 P_R 称为 X 的左概率和右概率. 这里

$$P\{-\infty<X<+\infty\}=P_L+P_R=1 \tag{1.3a}$$

以下计算例 1 的左、右概率，并且比较中连续、左连续、右连续在计算左、右概率中的优缺点.

1）按中连续分割，当分割点为 $P(X=\mu=2)$ 时，该点的概率中有一半归于（$x_i-\varepsilon$），而另一半的概率归于（$x_i+\varepsilon$），按定义 1.3 计算：

$$\begin{cases}P_L(X)=P\{X<\mu\}+\frac{1}{2}P\{X=\mu\}=\frac{1}{2}\\P_R(X)=P\{X>\mu\}+\frac{1}{2}P\{X=\mu\}=\frac{1}{2}\end{cases}. \tag{1.4}$$

2）若按左连续分割，$P(X_\mu)=P(X_\mu-\varepsilon)=P(X_\mu-0.5)$ 则：

$$\begin{cases}P'_L(x)=P(X<\mu)=\frac{1}{3}\\P'_R(x)=P(X\geqslant\mu)=\frac{2}{3}\end{cases}. \tag{1.5}$$

3）按右连续分割，$P(X_\mu)=P(X_\mu+\varepsilon)=F(X_\mu+0.5)$，则

$$\begin{cases} P''_L(x) = P(X \leqslant \mu) = \dfrac{2}{3} \\ P''_R(x) = P(X > \mu) = \dfrac{1}{3} \end{cases} \tag{1.6}$$

以上第2)，3）两种分割都不合理，顾此失彼．而按中连续分割比较合理．它主要应用于离散分布及统计数据的分割计算；而对于连续分布的分割，则三种分布都是一样的.

$$令\ F_L(x) = \begin{cases} \dfrac{1}{P_L}[F\{x \hat{<} \mu\}, & x \hat{<} \mu \\ 1, & x \hat{>} \mu \end{cases} \tag{1.7}$$

$$F_R(x) = \begin{cases} 0, & x \hat{<} \mu \\ \dfrac{1}{P_R}[F\{x \hat{>} \mu], & x \hat{>} \mu \end{cases}. \tag{1.7a}$$

则易知 $F_L(x)$ 和 $F_R(x)$ 均为分布函数.

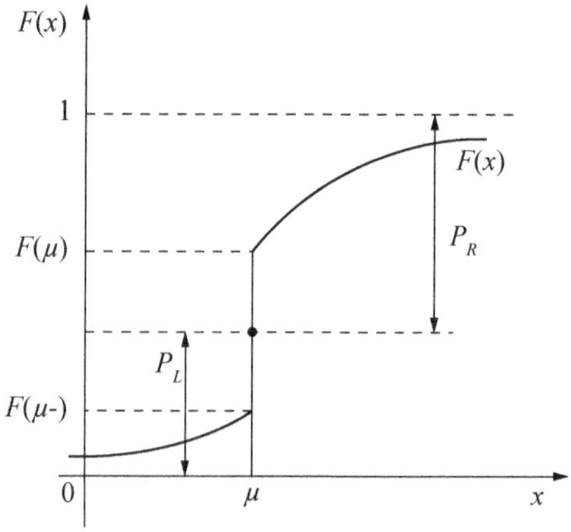

图 1.3　左、右概率及左、右分布

定义 1.4　分别称 $F_L(x)$ 和 $F_R(x)$ 为 X 的左、右分布函数.

这两种分布函数，实际上是两种不同的截尾分布函数：以数学期望为界把原分布函数截成两段，分成左、右两种截尾分布函数．也可以看作是一种特殊的条件分布函数：

$$\begin{cases} F_L(x) = F\{X|(x \hat{<} \mu)\} = \dfrac{1}{P_L}F\{X|(x \hat{<} \mu)\} \\ F_R(x) = F\{X|(x \hat{>} \mu)\} = \dfrac{1}{P_R}F\{X|(x \hat{>} \mu)\} \end{cases}. \tag{1.8}$$

本文在后面章节将多次出现需要分割的离散概率空间，如在中位数，在左、右均值（见下页）或在其他特征数据处分割，都采用定义 1.1 的方法分割，其分布函数及其间断点，则采用函数的中极限称为中连续分割，用符号 $\hat{<}$，$\hat{>}$ 表示（读作小于、半等于或大于、半等于）. 从上面易知，对于连续分布函数，上述定义及其计算方法全部成立. 若要考虑多个随机变量，我们用 $F_{XL},F_{XR};F_{YL},F_{YR}$ 表示 X,Y 的左、右分布函数.

由于 X 的期望存在，故左、右分布的期望均存在.

定义 1.5　设以下的积分收敛，

$$\begin{cases}\mu_L = E_L(X) = \int_{-\infty}^{+\infty} x\mathrm{d}F_L(x) \\ \mu_R = E_R(X) = \int_{-\infty}^{+\infty} x\mathrm{d}F_R(x)\end{cases}. \tag{1.9}$$

分别称 μ_L,μ_R 为 X 的左、右均值，并且 $\mu_L \leqslant \mu \leqslant \mu_R$，等号当且仅当单点分布成立.

注：这里定义左、右均值，没有要求（1.9）式绝对收敛，这是本书的特色，在本书末尾的附录一节，证明了：凡是求数学期望及一切均值，都不需要积分绝对收敛，而只要其收敛就行了，以下均同，特此说明.

例：在海洋学，μ 被称为平均潮水位，而 μ_L 被称为平均低潮位，μ_R 被称为平均高潮位[6].

定义 1.6　令

$$\begin{cases}-\tau_L = \mu_L - \mu \\ \tau_R = \mu_R - \mu\end{cases}. \tag{1.10}$$

分别称（$-\tau_L$）和（τ_R）为 X 的负均差和正均差.

把公式（1.6），（1.7）和（1.8）代入（1.10）式得

$$\begin{cases}\tau_L = -\int_{-\infty}^{\infty}(x-\mu)\mathrm{d}F_L(x) \\ \tau_R = \int_{-\infty}^{\infty}(x-\mu)\mathrm{d}F_R(x)\end{cases}. \tag{1.11}$$

第2章　平衡定理

2.1　半均差

由于 $\int_{-\infty}^{\infty}(x-\mu)\mathrm{d}F(x)=0$，从而有

$$\int_{x<\mu}(x-\mu)\mathrm{d}F(x)+\int_{x=\mu}(x-\mu)\mathrm{d}F(x)+\int_{x>\mu}(x-\mu)\mathrm{d}F(x)=0.$$

$$-\left[\int_{x<\mu}(x-\mu)\mathrm{d}F(x)+\frac{1}{2}\int_{x=\mu}(x-\mu)\mathrm{d}F(x)\right]=\frac{1}{2}\int_{x=\mu}(x-\mu)\mathrm{d}F(x)+\int_{x>\mu}(x-\mu)\mathrm{d}F(x)$$

$$-\int_{x\hat{<}\mu}(x-\mu)\mathrm{d}F(x)=\int_{x\hat{>}\mu}(x-\mu)\mathrm{d}F(x)$$

定义2.1　令

$$\begin{cases}M_L=-\int_{x\hat{<}\mu}(x-\mu)\mathrm{d}F(x)\\ M_R=\int_{x\hat{>}\mu}(x-\mu)\mathrm{d}F(x)\end{cases}. \tag{2.0}$$

从上式可得

$$M=M_R=(-M_L),M\geqslant 0. \tag{2.1}$$

则称 M_L 为左半均差，M_R 为右半均差；统称 M 为半均差，又称为半中心矩，由于（2.1）式，所以今后没有特别说明，统一用半均差 M 作为该项特征参数的代表.

2.2　平衡定理

定理2.2（平衡定理）　设随机变量 X 的数学期望 μ 存在，则有

$$P_L\tau_L=P_R\tau_R=M. \tag{2.2}$$

证　从（1.6）式，注意到当 $x\hat{<}\mu$ 时，

$$F_L(x)=\frac{F(x)}{P_L},$$

由（1.2）及（2.0，2.1）式得

$$M=-M_L=-\int_{x\hat{<}\mu}(x-\mu)\mathrm{d}F(x)=-P_L\int_{-\infty}^{\infty}(x-\mu)\mathrm{d}F_L(x)=P_L\tau_L.$$

类似地可证 $M = M_R = P_R\tau_R$ ，证毕．

从上述证明可以看出，M 是一个不变量，从中可以推导出很多新颖的定理和公式．

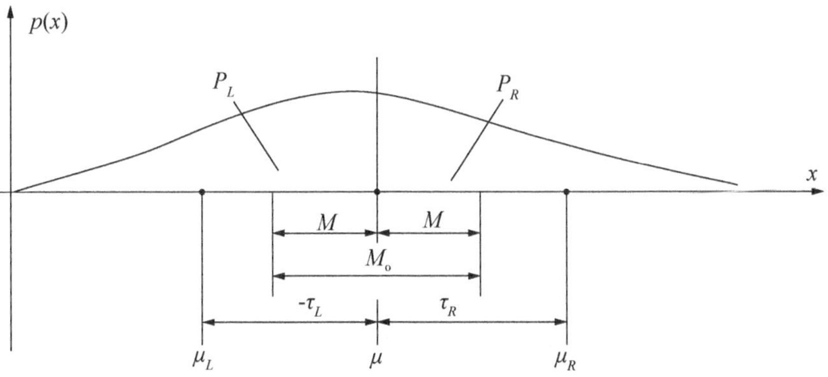

图 2.1　概率曲线中的线性特征参数

定理 2.2 的另一种表达式是反比例式，如下：

$$\frac{P_L}{P_R} = \frac{\tau_R}{\tau_L}. \tag{2.3}$$

定理 2.3　设随机变量 X 的数学期望及半均差都存在，则平均差 M_D 就等于两倍的半均差 M ，

$$M_D = 2M. \tag{2.4}$$

证　按平均差的定义，从（2.1）式知：

$$M_D = \int_{-\infty}^{\infty} |x - \mu| \, dF(x) ,$$

$$= \int_{x < \mu} |x - \mu| \, dF(x) + \int_{x = \mu} |x - \mu| \, dF(x) + \int_{x > \mu} |x - \mu| \, dF(x) ,$$

$$= -\int_{x \leq \mu} (x - \mu) \, dF(x) + \int_{x \geq \mu} (x - \mu) \, dF(x) ,$$

$$= 2\int_{x \geq \mu} (x - \mu) \, dF(x) = 2M .$$

定理证毕．

从这也可看出，当以 μ 为基准时，M_D 与 M 是同一数字特征参数的两种不同的表达方式；于是求平均差即等于求半均差，可以很方便地转化为普通积分或求和运算，由于绝对值引起的推理和运算不便的难题便迎刃而解了[1],[2]，由于平均差与半均差只差一个常数，是代表同一特征参数的，而半均差不用求绝对值，因此本文在没有绝对必要时，通常只用半均差而少用平均差．但是如

果以别的特征数（如中位数）为基准时，平衡定理和定理2.3也就不成立了.

推论2.4 统一的平衡定理：

$$P_L\tau_L = P_R\tau_R = M = M_D/2. \tag{2.5}$$

综合定理2.2和定理2.3便可得证.

推论2.5 设X为随机变量，它具有均值μ，左均值μ_L，右均值μ_R，左概率P_L，右概率P_R，则有三均值公式：

$$\mu_L P_L + \mu_R P_R = \mu. \tag{2.6}$$

证 把（2.0）式代入平衡定理（2.2）：

$$(\mu - \mu_L)P_L = (\mu_R - \mu)P_R,$$

$$\mu_L P_L + \mu_R P_R = (P_L + P_R)\mu.$$

因为：$(P_L + P_R) = 1$，得（2.6）式，定理证毕.

平衡定理与三均值公式，既是概率统计中的基本公式，依据它们，可以推导出很多新的定理和公式. 在数值计算时，也可以使运算简便.

平衡定理的物理意义：以平均值（质心）为界将随机变量的值一分为二，两边对均值的半均差绝对值相等，符号相反. 而左、右均值的数学意义就分别是这两部分的数据中心或几何中心；其物理意义就分别代表这两部分的质心. P_L,P_R表示各自相应的合力的大小，τ_L和τ_R则分别表示左、右两部分合力对质心μ的平均力臂长度. 而$P_L\tau_L = P_R\tau_R = M$就表示左边（或右边）对质心（平均值）的力矩，其相等代表静力平衡.

根据（1.7）与（1.9）式

$$\mu_L = \int_{-\infty}^{\mu} \frac{x}{P_L}\mathrm{d}F(x),$$

$$\mu_L P_L = \int_{-\infty}^{\mu} x\mathrm{d}F(x). \tag{2.7}$$

根据（2.1）及（2.2）式

$$M_L = M = \int_{x \le \mu} x\mathrm{d}F(x) - \int_{x \le \mu} \mu\mathrm{d}F(x)$$

$$M = \int_{x \le \mu} x\mathrm{d}F(x) - \mu\int_{x \le \mu} \mathrm{d}F(x)$$

$$= \int_{x \le \mu} x\mathrm{d}F(x) - \mu P_L. \tag{2.8}$$

考虑（2.7）式：$\mu_L P_L = \int_{x \le \mu} x\mathrm{d}F(x) = M - \mu P_L$.　　(2.9)

同理：$\mu_R P_R = \int_{x \ge \mu} x\mathrm{d}F(x) = M - \mu P_R$.　　(2.10)

若把坐标原点移到期望值点，此时$\mu = 0$，（2.9）、（1.10）式变为

$$\begin{cases} -\tau_L = \mu_L \\ \tau_R = \mu_R \end{cases},(\mu = 0 \text{时}). \tag{2.11}$$

从上式可以看出：当把坐标原点移到期望值μ时，负均差等于左均值，正均差等于右均值，这一点很有实用价值．（2.9），（2.10）分别简化为

$$\mu_L P_L = \mu_R P_R = M \tag{2.12}$$

这与平衡定理2.2式是等价的.

第3章　线性特征参数的性质

以上定义的这些新特征参数（μ, μ_R、μ_L, τ_R、τ_L, P_R、P_L, M_D, M）都是属于其总体分布函数 $F(x)$ 的线性泛函，即形如

$$T(F) = \int_a^b k(x)\,\mathrm{d}F(x)$$

的形式[11].

（1）当 $k(x) = 1$ 时，是各种概率，通过改变积分上下限，可以求得左、右概率.

（2）当 $k(x) = x$ 时是各种一阶原点矩，改变积分上下限，可以求得数学期望、左平均、右平均.

（3）当 $k(x) = (x - \mu)$ 时，是各种一阶中心矩，改变积分上下限可以求得负、正均差以及半均差.

（4）当 $k(x) = x$ 时，改变积分上下限，可以求得各个局部平均值，即各级均值（见第6章）.

定义 3.1　以上这些新数字特征参数（μ, μ_R、μ_L, τ_R、τ_L, P_L, P_R、M_D, M）统称为线性特征参数，记为 ϑ.

由于大于一阶以上的数字特征参数为非线性的，如二阶中心矩及以上的数字特征参数，学者们对它们已有很多研究，而且存在很多缺点，除了特殊情况外，本文一般不采用大于一阶以上的特征参数[13],[15].

由于左、右均值是一种条件均值，它们实际上相当于左分布或右分布的数学期望；因而它们具有条件均值的一切特性.

以下设 X 为随机变量，$E_L(X)$ 为它的左均值，$E_R(X)$ 为右均值，它们都存在；记 $-\tau_L(X)$、$\tau_R(X)$、$M_D(X)$、$M(X)$ 分别为 X 的负、正均差，平均差、半均差；记 $P_L(X)$、$P_R(X)$ 为左概率、右概率.

3.1　各线性特征参数的性质

性质 1　线性规则：以下设 $Y = aX + c$，其中 $a \neq 0$, a,b,c 都为常量.

概率密度：$p_y(x) = \dfrac{1}{|a|}p_x\left(\dfrac{x-c}{a}\right), a \neq 0.$　　(3.0.1)

分布函数：$$F_Y(x) = \begin{cases} F_x\left(\frac{x-c}{a}\right), a > 0 \\ 1 - F_x\left(\frac{x-c}{a}+0\right), a < 0 \end{cases}. \tag{3.0.2}$$

数学期望：$$E\left(\sum_{i=1}^{n} a_i X_i + c\right) = \sum_{i=1}^{n} a_i E(X_i) + c. \tag{3.0.3}$$

性质 2　半均差与平均差的性质：

$$M(aX+c) = |a| M(X). \tag{3.1}$$

$$M_D(aX+c) = |a| M_D(X). \tag{3.2}$$

性质 3　当 $Y = aX + c$ 时，有关左，右概率的性质：

3a）当 $a > 0$ 时，有线性变换下的概率不变规则：

$$\begin{cases} P_L(Y) = P_L(X) \\ P_R(Y) = P_R(X) \end{cases}. \tag{3.3}$$

3b）当 $a < 0$ 时，有线性变换下的概率互易规则：

$$\begin{cases} P_L(Y) = P_R(X) \\ P_R(Y) = P_L(X) \end{cases}. \tag{3.4}$$

性质 4　当 $Y = aX + c$ 时，有关左，右均值的性质：

4a）当 $a \geqslant 0$ 时，有线性变换规则：

$$\begin{cases} E_L(aX+c) = aE_L(X) + c \\ E_R(aX+c) = aE_R(X) + c \end{cases}. \tag{3.5}$$

4b）当 $a < 0$ 时，有反线性变换规则：

$$\begin{cases} E_L(ax+c) = aE_R(X) + c \\ E_R(Y) = aE_L(ax+c) + c \end{cases}. \tag{3.6}$$

性质 5　有关正，负均差的性质 ：

5a）当 $a \geqslant 0$ 时，有线性变换规则：

$$\begin{cases} \tau_L(aX+c) = a\tau_L(X) \\ \tau_R(aX+c) = a\tau_R(X) \end{cases}. \tag{3.7}$$

5b）当 $a < 0$ 时，有反线性变换规则：

$$\begin{cases} \tau_L(Y) = a\tau_R(X) \\ \tau_R(Y) = a\tau_L(X) \end{cases} \tag{3.8}$$

注意 3b)，4b)，5b）规则中，特征参数向相反方向变化，即左参数变右参数，右参数变左参数.

性质 6　当 $Y = aX + c$ 时，在线性变换规则中，当 $a = (-1), c = 0$ 时，即 $Y = -X$，有线性翻转规则：

6a）概率密度：$p(Y) = p(-X)$. (3.9)

6b）分布函数 $F_Y(X) = 1 - F_x(-X)$. (3.10)

6c）左、右概率：$\begin{cases} P_L(Y) = P_R(-X) \\ P_R(Y) = P_L(-X) \end{cases}$. (3.11)

6d）数学期望：$E(Y) = -E(X)$. (3.12)

6e）左均值与右均值：

$$\begin{cases} E_L(Y) = -E_R(X) \\ E_R(Y) = -E_L(X) \end{cases}. \tag{3.13}$$

即：Y 的左均值 = X 的负右均值，Y 的右均值 = X 的负左均值

6f）正、负均差：$\begin{cases} \tau_L(Y) = \tau_R(X) \\ \tau_R(Y) = \tau_L(X) \end{cases}$. (3.14)

即：Y 的负均差 = X 的正均差，Y 的正均差 = X 的负均差. 当 $Y = -X$ 时：特征参数向相反方向变化，即左参数变右参数，右参数变左参数；此时绝对值不变，正负符号改变.

性质 7 设随机变量 X,Y,Z；它们有各自的均值 $E(X),E(Y),E(Z)$；半均差 M_X,M_Y,M_Z；平均差 M_{XD},M_{YD},M_{ZD}；左、右平均 $E_L(Z),E_R(Z)$；以及负、正均差 $-\tau_{LZ},\tau_{RZ}$；并且三者之间还有线性关系：$Z = X \pm Y$，则有：

7.1) $$E(Z) = E(X) \pm E(Y). \tag{3.15}$$

7.2）当 $\mu_Y = \mu_X$ 时，有

7.2a) $$M_Z = M_X \pm M_Y. \tag{3.16}$$

7.2b) $$M_{ZD} = M_{XD} \pm M_{YD}. \tag{3.16a}$$

7.2c) $$\begin{cases} E_L(Z) = E_L(Y) + E_L(X) \\ E_R(Z) = E_R(Y) + E_R(X) \end{cases}. \tag{3.17}$$

7.2d) $$\begin{cases} \tau_{LZ} = \tau_{LX} + \tau_{LY} \\ \tau_{RZ} = \tau_{RX} + \tau_{RY} \end{cases}. \tag{3.18}$$

7.3) $$\begin{cases} P_{LZ} = \frac{1}{2}(P_{LX} + P_{LY}) \\ P_{RZ} = \frac{1}{2}(P_{RX} + P_{RY}) \end{cases}. \tag{3.19}$$

证 性质 1，一般的概率书都已写出，此处省略.

证 性质 2，由于

$$\begin{aligned} M_D(Y) &= E|Y - \mu_Y| \\ &= \sum_{i=1}^{n} |(ax_i + c) - (a\mu_X + c)| \end{aligned}$$

$$= |a| \sum_{i=1}^{n} |x_i - \mu_X|$$

$$= |a| M_D(X).$$

再由定理1.2得 $M(Y) = |a| M(X)$.

证　性质3a)，按照均值的性质，因为随机变量 $Y = aX + c$，其均值为 $E(Y) = aE(X) + c$，记为 $\mu_Y = a\mu_X + c$，则

$$P(Y \hat{\lessgtr} \mu_Y) = \begin{cases} P(X < \dfrac{\mu_Y - c}{a}), a > 0 \\ P(X > \dfrac{\mu_Y - c}{a}), a < 0 \end{cases} \tag{3.20}$$

$$F_Y(Y \hat{\lessgtr} \mu_Y) = \begin{cases} F_X(\dfrac{\mu_Y - c}{a}), a > 0 \\ 1 - F_X(\dfrac{\mu_Y - c}{a} - 0), a < 0 \end{cases} \tag{3.21}$$

当 $a > 0$ 时：$P_L(Y) = F_Y(\mu_Y)$，

$$= F_X(\frac{\mu_Y - c}{a}),$$

$$= P_L(X).$$

同理可证 $P_R(Y) = P_R(X)$.

证　3b) 当 $a < 0$ 时：$F_Y(y) = 1 - F_X(\frac{y - c}{a})$，

因为　$P_L(Y) = F_Y(\mu_Y)$，

$$= 1 - F_X(\frac{\mu_Y - c}{a}),$$

$$= 1 - F_X(\mu_X) = P_R(X).$$

同理可证：$P_R(Y) = P_L(X)$.

证　性质4a) 由于 $E_L(Y) = E_L(aX + c), a \geqslant 0$ 也是对 $F_L(Y|y \hat{\lessgtr} \mu_Y)$ 求条件数学期望，所以由条件数学期望的性质得到[10].

$$E_L(Y|y \hat{\lessgtr} \mu_Y) = E_L[(aX + c)|x \hat{\lessgtr} \mu_X]$$

$$= aE_L(X|x \hat{\lessgtr} \mu_x) + c = aE_L(X) + c.$$

同理可证：$E_R(aX + c) = aE_R(X) + c$.

上式当 $a \geqslant 0$ 时自然正确.

证　性质4b) 式中，当 $a < 0$ 时，(3.5) 式中，

$$E_L(Y) = |a| E_L(-X) + c,$$

$$= |a|(-E_R X) + c.$$

$$E_L(Y) = aE_R(X) + c.$$

同理可证 $\qquad E_R(Y) = aE_L(X) + c$.

证 性质5a）当 $a \geqslant 0$ 时由（1.9）式和（3.10）式得：

$$\tau_L(Y) = [aE(X) + c] - [aE_L(X) + c],$$

$$= a[E(X) - E_L(X)] = a\tau_L(X).$$

同理可证： $\qquad \tau_R(Y) = a\tau_R(X)$

证 性质5b）当 $a < 0$ 时由（1.9）式（3.6），（3.10）得

$$\tau_L(Y) = [E_L(aX + c) - E(aX + c)]$$

$$= aE_R(X + c) - aE(X + c)$$

$$= aE_R(X) - aE(X)$$

$$= a\tau_R(X)$$

类似可证： $\qquad \tau_R(Y) = |a|\tau_L(X)$.

证 性质6：6a），6b），6c）在一般的概率论书上都可以找到.

证 性质6d）把 $a = (-1), c = 0$ 代入（3.03）式便可得到.

证 性质6e）把 $a = (-1), c = 0$ 代入（3.6）式便可得到.

证 性质6f）把 $a = (-1), c = 0$ 代入（3.8）式便可得到.

这些变换，相当于概率密度以纵轴作为对称轴，旋转180°，数学期望也从 μ 变成 $(-\mu)$；左、右均值互换了位置；正、负均差则以数学期望为对称中心旋转180°，互换了位置.

证 性质7，

证7.1）在一般的概率论书上都可以找到，从略.

证性质7.2 a）由于 $\mu_X = \mu_Y, E(Z) = (\mu_X + \mu_Y) \div 2 = \mu_X$

$$M_{LZ} = M_L[(X \mid x \hat{<} \mu_X) + (Y \mid y \hat{<} \mu_Y)]$$

$$= M_L[(Y + X) \mid (x \hat{<} \mu_X, y \hat{<} \mu_X)]$$

$$= M_L(X \mid x \hat{<} \mu_X + Y \mid y \hat{<} \mu_Y)$$

$$= M_{LX} + M_{LY}$$

左边＝右边，公式得证．也可以用 $z \hat{>} \mu_Z$ 证明该公式，结果一样.

因为 $M_{DX} = 2M_X, M_{DY} = 2M_Y, M_{DZ} = 2M_Z$ ，自然可证性质7.2b）.

证 性质7.2c） 先证第一式，由于 $\mu_X = \mu_Y$ ，所以该式左边为

$$E_L(Z) = E_L[(Y \mid y \hat{<} \mu_Y) + (X \mid x \hat{<} \mu_X)]$$

$$= E_L[(Y + X) \mid x \hat{<} \mu_X, y \hat{<} \mu_Y]$$

$$= E_L(Y \mid y \hat{<} \mu_Y) + E_L(X \mid x \hat{<} \mu_X)$$

右边为，

$$E_L(Y) + E_L(X) = E_L(Y \mid y \hat{<} \mu_Y) + E_L(X \mid x \hat{<} \mu_X)$$

两边相等. 也可以用类似的方法证明第二式.

证 性质7.2d)，先证明第二式右边为，

$$\tau_L(Y) + \tau_L(X) = (\mu_{LY} - \mu_Y) + (\mu_{LX} - \mu_X)$$
$$= (\mu_{LY} + \mu_{LX}) - (\mu_Y + \mu_X).$$

因为$\mu_Z = \mu_Y + \mu_X$，并且当$\mu_Y = \mu_X$时，

$\mu_{LZ} = \mu_{LY} + \mu_{LX}$，此时

左边为，

$$\tau_Z = \mu_{LZ} - \mu_\mu$$
$$= (\mu_{LY} + \mu_{LX}) - (\mu_Y + \mu_X)$$

两边相等. 也可以用类似的方法证明第三式.

证 性质7.3) 因为

$$P_Z = P_{LZ} + P_{RZ}$$
$$= \frac{1}{2}(P_X + P_Y)$$
$$= \frac{1}{2}[(P_{LX} + P_{RX}) + (P_{LY} + P_{RY})]$$
$$= \frac{1}{2}[(P_{LX} + P_{LY}) + (P_{RX} + P_{RY})]$$

对比第一式与第三式，可证：

$$P_{LZ} = \frac{1}{2}(P_{LX} + P_{LY})$$
$$P_{RZ} = \frac{1}{2}(P_{RX} + P_{RY})$$

全部证毕.

3.2 有待研究的新课题

N个独立随机变量的正、负均差以及半均差等于各个变量的各自同名均差之和.

第 4 章　线性特征参数的优点

4.1　左、右均差的优点

τ_R、τ_L，M_D、M 本身就是表示随机变量离散情况的良好数字特征. M_D、M 用于无偏或少偏分布中表达离散状况；τ_R、τ_L 用于有偏的分布中表达离散状况：τ_R、τ_L，M_D、M 的绝对值大，表示随机变量对均值 μ 偏离得较远，较为分散；反之则较为集中. 以上述特征参数表示离散情度，有时不便比较，这时需要用到离散系数：

定义 4.1　设 τ_L,τ_R 为随机变量 X 的左、右均差，M_D,μ 分别为平均差与数学期望，当 $\mu \neq 0$ 时，令

$$\begin{cases} C_V = \dfrac{M_D}{|\mu|} \\ C_{RV} = \tau_R{}'|\mu| \\ C_{LV} = \tau_L{}'|\mu| \end{cases},\mu \neq 0. \tag{4.1}$$

则称 C_V 为中性离散系数，C_{RV} 为正离散系数，两者都恒为正值；C_{LV} 为负离散系数，恒为负值.

注：C_V 用于无偏或少偏的分布中；C_{RV}，C_{LV} 用于有偏的分布中. 当离散系数的绝对值较大时，表示数据较为分散；反之则较为集中.

4.2　线性偏态系数

除了表示离散情况外，τ_R、τ_L，P_R、P_L 还兼有表征随机变量 X 分布的偏态的作用（方差及均方差都没有这个作用）. 传统的偏态系数是由三阶中心矩除以 σ^3 求得的，由于计算太繁难，没有什么实用价值. 另一种简易型的偏态系数是：$S_{jK} = (\bar{x} - N)/\sigma$，式中 N 为众数，由于很多时候样本数据并非只有唯一的众数，有时却没有，此时用这种方法会遇到麻烦. 因此，本文以左、右概率导出一个新的偏态系数公式.

定义 4.2　设 P_L,P_R 为随机变量 X 的左、右概率，令

$$S_k = P_L - P_R, \tag{4.2}$$

则称 S_k 为线性偏态系数.

因为 $P_L + P_R = 1$，所以上式也可写作：

$$S_k = 2P_L - 1 = 1 - 2P_R. \tag{4.3}$$

（4.2）式、（4.3）式就是计算偏态系数的新公式. 这公式计算既简便，意义又明确. 把（2.3）式代入上式，经变形后可得：

$$S_k = \frac{\tau_R - \tau_L}{\tau_R + \tau_L}. \tag{4.4}$$

用以上公式分析各种概率分布状况，有如表 4.1 的结果：

表 4.1　各种偏态情况的特征参数表

项目	S_k	P_L, P_R	$c_{RV}, \lvert c_{LV} \rvert$	τ_R、τ_L	$\mu, \tilde{m}, N$
正偏	>0	$P_L > P_R$	$c_{RV} > \lvert c_{LV} \rvert$	$\tau_R > M_D > \tau_L$	$\mu > \tilde{m} > N$
无偏	$=0$	$P_L = P_R = 0.5$	$c_{RV} = \lvert c_{LV} \rvert = c_v$	$\tau_R = \tau_L = M_D$	$\mu = \tilde{m}$ $= (\mu_L + \mu_R)/2$
负偏	<0	$P_L < P_R$	$c_{RV} < \lvert c_{LV} \rvert$	$\tau_R < M_D < \tau_L$	$\mu < \tilde{m} < N$

［注］：1）$\mu, \tilde{m}, N$ 分别为随机变量的期望值，中位数，众数.

2）正偏、负偏时，符合三均值公式（2.5）.

3）无偏时，既符合（2.5）式，也符合：

$$\mu = m = (\mu_L + \mu_R)/2\ . \tag{4.5}$$

证明　因为数据分布无偏时，（$P_R = P_L = 0.5$），根据（2.5）式，整理后得到.

4.3　线性峰态系数（向心系数）

传统的峰态系数是由四阶中心矩表示，实用意义不强. 因此，本文重新定义峰态系数.

定义 4.3　令 $C_k = P\{\mu_L \hat{<} x \hat{<} \mu_R\}$. (4.6)

称 C_k 为线性峰态系数或称（向心系数）.

注：上式 C_k 即为中心区域 $\{\mu_L \hat{<} x \hat{<} \mu_R\}$ 的概率之和.

记 $F(x) = P\{-\infty < X \hat{<} x\}$ 为 X 的分布函数，设 μ_L, μ_R 为随机变量 X 的左、右均值，则：

$$C_k = \int_{x \hat{<} \mu_L}^{x \hat{<} \mu_R} \mathrm{d}F(x). \tag{4.6a}$$

取值范围在 $0 < C_k < 1$ 之间，以上是用一级特征参数表示的峰态系数，当考虑到用高于一级的特征参数表示时（参照第 6 章及定义 6.1），

$$C_{2k} = P\{\mu_{2L1}\} + P\{\mu_{2R1}\}. \tag{4.6b}$$

以 C_k 作为峰态系数，数学概念既明确，计算又十分简便.

第5章 大数定律与中心极限定理及新特征参数的应用

5.1 马尔可夫（Markov）不等式

设$E(|X-EX|^k<\infty$，$k>0,\forall\varepsilon>0$，则总有

$$P(|X-EX|\geqslant\varepsilon)\leqslant\frac{E|X-EX|^k}{\varepsilon^k}. \tag{5.1}$$

当$k=1$时，即有

$$P(|X-EX|\geqslant\varepsilon)\leqslant\frac{E|X-EX|}{\varepsilon}. \tag{5.2}$$

也可以写成$P(|X-EX|\geqslant\varepsilon)\leqslant\dfrac{M_D}{\varepsilon}$.　　(5.2a)

或$P(|X-EX|\geqslant\varepsilon)\leqslant\dfrac{2M}{\varepsilon}$.　　(5.2b)

这是与切比雪夫（Chebyshev）不同的Markov不等式，它应用在平均差及半平均差的特征参数中.

可以说，它是线性Markov不等式.

5.2 左、右均值的应用

左、右均值的应用如表5.1，表5.2所示.

表5.1　在经济收入统计方面的应用

档次	概率范围	占总人口的概率
1	$P\{x<\hat{<}\mu_L\}$	相对贫困人群的概率
2	$P\{\mu_L\hat{<}x\hat{<}\mu\}$	中下等收入、解决温饱人群的概率
3	$P\{\mu_L\hat{<}x\hat{<}\mu_R\}$	为平均收入（小康部分）人群的概率
4	$P\{\mu\hat{<}x\hat{<}\mu_R\}$	中上等收入人群的概率
5	$P\{x\hat{>}\mu_R\}$	富裕人群的概率

表 5.2　其他应用

统计领域	左均值 μ_L	均值 μ	右均值 μ_R
工效统计	落后的平均值	总体均值	先进的平均值
收入统计	较低收入的平均值	全体收入的平均值	较高收入的平均值
水文统计	枯水年平均水量	多年平均水量	丰水年平均水量
年龄统计	低龄部分的平均年龄	人群的平均年龄	高龄部分的平均年龄
海洋学	平均低潮位	平均潮水位	平均高潮位

5.3　正、负均差的应用

正、负均差（τ_R、$-\tau_L$）实际上已被应用于机械制图之中，在机械图中，如标注为：$50(^{+0.010}_{-0.025})$，即以 50mm 为基本尺寸，相当于数学期望；因为机械的公差系统服从正态分布，$+0.010$ 为上偏差，即 $\alpha\tau_R=4\tau_R$，相当于最大正偏差；-0.025 为下偏差，即 $-\beta\tau_L=-4\tau_L$，相当于最大负偏差；其中 $1\leqslant\alpha,\beta\leqslant 4$.

这些新的特征参数可以组成一种新的统计系统——线性特征参数统计，与参数统计、非参数统计、Bayes 统计并驾齐驱. 它比非参数统计精确，但并不需要知道总体的分布状况，比参数统计应用范围广，在这两者之间取长补短.

以线性特征参数，求一组实测数据的线性相关方程，该方程从数据的诸中心通过（见 11～15 章）.

5.4　有待研究的课题

线性特征参数在各学科、各领域的应用.

第6章　概率分布的多级线性特征参数

6.1　概率分布的二级线性特征参数

上几章所研究的线性特征参数，是指数学期望μ，各种一阶矩以及各种特征概率．若在一阶矩内再分若干级别的矩：数学期望为0级原点矩；左右均值μ_R，μ_L为一级原点矩；τ_L, τ_R, M, M_D等都是一级中心矩；P_L, P_R为一级特征概率．

以数学期望和一级原点矩（μ_0, μ_L, μ_R）为界，把概率空间分成四个区间，以μ为中心分别向左、右两边递增的区间排序．

左边：左1区$P_{2L1}(x) = P(\mu_L \hat{<} x \hat{<} \mu)$，左2区$P_{2L2}(x) = P(-\infty \hat{<} x \hat{<} \mu_L)$；

右边：右1区$P_{2R1}(x) = P(\mu \hat{<} x \hat{<} \mu_R)$，右2区$P_{2R2}(x) = P(\mu_R \hat{<} x \hat{<} \infty)$．

本节及以下所用的分割方法与第一节相同，见图6.1与表6.1．

定义6.1　称P_{2Lj}为二级左区间概率，其中P_{2L1}, P_{2L2}分别为二级左1区、左2区的区间概率．

称P_{2Rj}为二级右区间概率，其中P_{2R1}, P_{2R2}分别为二级右1区、右2区的区间概率．其中的一个2级的区间概率（$2Rj$区间）计算公式如下：

$$P_{2Rj} = \int_{2Rj}^{2R(j+1)} \mathrm{d}F(x). \tag{6.01}$$

其他区间概率的计算公式类似上式，只要改变积分的区间便可．

二级区间概率的一个应用是一维概率分布的峰态系数，见第四章（4.6b）式．

其对应的区间均值为

左边：左1区$\mu_{2L1} = E(\mu_L \hat{<} x \hat{<} \mu)$，左2区$\mu_{2L2} = E(-\infty \hat{<} x \hat{<} \mu_L)$；

右边：右1区$\mu_{2R1} = E(\mu \hat{<} x \hat{<} \mu_R)$，右2区$\mu_{2R2} = E(\mu_R \hat{<} x \hat{<} \infty)$．

定义6.2　称μ_{2Lj}为二级区间左均值，其中μ_{2L1}, μ_{2L2}分别为二级左1区、左2区的区间均值．

称μ_{2Rn}为二级区间右均值，其中μ_{2R1}, μ_{2R2}分别为二级右1区、右2区的区间均值．其中的一个区间均值（$2Rj$区间）计算公式如下：

$$\mu_{2Rj} = \int_{2Rj}^{2R(j+1)} x\mathrm{d}F(x). \tag{6.02}$$

其他的区间均值类似上式，只需改变其积分上、下限便可.

以0级、1级、2级特征参数（$\mu_0,\mu_L,\mu_R,\mu_{2L1},\mu_{2L2},\mu_{2R\ \ 1},\mu_{2R2}$）为界，把概率密度空间分成八个区间，这是第三级区间，每个区间都有一个区间概率、区间平均概率和区间均值. 见图6.1及表6.1.

定义6.3 称 $P_{k\cdot j}$ 为 k 级区间概率；其中 $P_{kL1},\cdots,P_{kLj}$ 分别为 k 级左1区，…，左 j 区的区间概率；$P_{kR1},\cdots,P_{kR2}$ 分别为 k 级右1区，…，右 j 区的区间概率. 其中的一个 k 级的区间概率（kRj 区间）计算公式如下：

$$P_{kRj} = \int_{kRj}^{kR(j+1)} \mathrm{d}F(x). \tag{6.03}$$

其他区间概率的计算公式类似上式，只要改变积分的区间便可.

定义6.4 称 $\mu_{k\cdot j}$ 为 k 级区间均值，其中 $\mu_{kL1},\cdots,\mu_{kLj}$ 分别为 k 级左1区，…，左 j 区的区间均值；$\mu_{kR1},\cdots,\mu_{kRj}$ 分别为 k 级右1区，…，右 j 区的区间均值. 其中的一个 k 级的区间均值（kRj 区间）计算公式如下：

$$\mu_{kRj} = \int_{kRj}^{kR(j+1)} x\mathrm{d}F(x). \tag{6.04}$$

其他区间均值的计算公式类似上式，只要改变积分的区间便可.

定义6.5 称 $\overline{P}_{k\cdot j}$ 为k级区间的平均概率；其中分别称 $\overline{P}_{kL1}$，…，$\overline{P}_{kLj}$ 为 k 级左1区，…，左 j 区的平均概率；又分别称 $\overline{P}_{kR1}$，…，$\overline{P}_{kRj}$ 为 k 级右1区，……，右 j 区的平均概率. 下式是计算 k 级 j 区间的平均概率公式，

k 级 j 区的平均概率（$k\geqslant1$）：

$$\overline{P}_{kLj} = \frac{P_{k\cdot j}}{l_{k\cdot j}},(-\infty < X = x \hat{<} \mu),(k \geqslant 1) \tag{6.1}$$

式中的分母是紧邻的两个均值点的长度，$l_{k\cdot j} = \mu_{k\cdot j} - \mu_{k\cdot((j-1)}$.

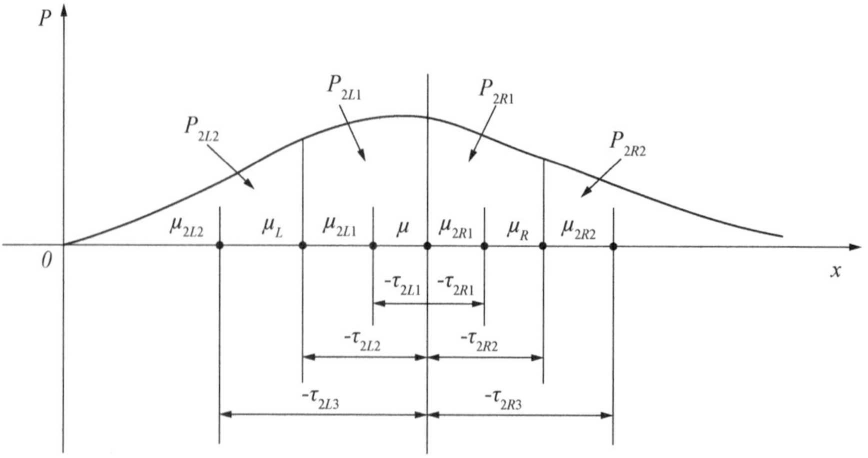

图6.1 区间0、1、2级线性特征参数

注：当随机变量为有限区间（$-\infty < X = x < \infty$）时，以上线性特征参数都存在．若随机变量存在于无限区间（$-\infty \leqslant X = x \leqslant \infty$），则两侧最边缘的区间的平均概率 $\overline{P}_{kLt}, \overline{P}_{kRt}$ 为 0.

以下参照图 6.1 讨论.

（1）$k=1$ 时，当分布函数范围有限，即所考虑的区间为闭区间时（$-\infty < X = x < \infty$），如均匀分布、二项分布、抽样分布等，上两式同时成立．设：$-\infty < X = x_{\min}$ 为分布的最小值，$X = x_{\max} < \infty$ 为分布的最大值；并设 $l_L = \mu - x_{\min}$ 为左区间的长度，$l_R = x_{\max} - \mu$ 为右区间的长度，这时一级区间平均概率为

$$\begin{cases} \overline{P}_L = \dfrac{1}{l_L}\displaystyle\int_{x_{\min}}^{\mu} \mathrm{d}F(x) \\ \overline{P}_R = \dfrac{1}{l_R}\displaystyle\int_{\mu}^{x_{\max}} \mathrm{d}F(x) \end{cases}. \tag{6.2}$$

当所考虑的区间为半开区间时：如（$-\infty < X = x \leqslant \infty$），左区间平均概率 $\overline{P}_L > 0$,（6.2）的上式，右区间平均概率 $\overline{P}_R = 0$；当（$-\infty \leqslant X = x < \infty$），左区间平均概率 $\overline{P}_L = 0$，右区间平均概率 $\overline{P}_R > 0$，（6.2）的下式.

当所考虑的区间为两边为全开区间时（$-\infty \leqslant X = x \leqslant \infty$），上两式都不成立，即其左、右区间平均概率都等于 0.

当此级边缘部分的平均概率为 0，并且此处的区间为（$-\infty \leqslant X = x < \infty$）或（$-\infty < X = x \leqslant \infty$）时，若需要更精确一些的平均概率时，可以求下一级的统计数据，一般情况下，下一级非边缘部分的平均概率是不为 0 的．以下同理.

（2）二级区间平均概率.

非边缘部分为：
$$\overline{P}_{2L1} = \frac{P_{2L1}}{l_{2L1}} = \frac{1}{\mu - \mu_L}\int_{\mu_L}^{\mu} \mathrm{d}F(x), \tag{6.3}$$

$$\overline{P}_{2R1} = \frac{P_{2R1}}{l_{2R1}} = \frac{1}{\mu_R - \mu}\int_{\mu}^{\mu_R} \mathrm{d}F(x). \tag{6.4}$$

边缘部分：

$$\overline{P}_{2L2} = \begin{cases} \dfrac{1}{\mu_L - x_{\min}}\displaystyle\int_{x_{\min}}^{\mu_L} \mathrm{d}F(x), (-\infty < X = x); \\ \overline{P}_{2L2} = 0. \qquad (X = x \to -\infty). \end{cases} \tag{6.5}$$

$$\overline{P}_{2R2} = \begin{cases} \dfrac{1}{x_{\max} - \mu_R}\displaystyle\int_{\mu_R}^{x_{\max}} \mathrm{d}F(x), \qquad (X = x < \infty); \\ \overline{P}_{2R2} = 0. \qquad (X = x \to \infty). \end{cases} \tag{6.6}$$

6.2 概率分布的多级线性特征参数

表 6.1

0 级 $-\infty$				$P_0 = 1$ μ_0				∞
1 级 $-\infty$		P_L $\overline{P}_L$ μ_L		μ_0		P_R $\overline{P}_R$ μ_R		∞
2 级 $-\infty$	P_{2L2} $\overline{P}_{2L2}$ μ_{2L2}	μ_L μ_L	P_{2L1} $\overline{P}_{2L1}$ μ_{2L1}	μ_0 μ_0	P_{2R1} $\overline{P}_{2R1}$ μ_{2R1}	μ_R μ_R	P_{2R2} $\overline{P}_{2R2}$ μ_{2R2}	∞
3 级	$P_{3L4} \mid P_{3L3}$ $\overline{P}_{3L4} \mid \overline{P}_{3L3}$ $\mu_{3L4}(\mu_{2L2})\mu_{3L3}$	μ_L	$P_{3L2} \mid P_{3L1}$ $\overline{P}_{3L2} \mid \overline{P}_{3L1}$ $\mu_{3L2}(\mu_{2L1})\mu_{3L1}$	μ_0	$P_{3R1} \mid P_{3R2}$ $\overline{P}_{3R1} \mid \overline{P}_{3R2}$ $\mu_{3R1}(\mu_{2R1})\mu_{3R2}$	μ_R	$P_{3R3} \mid P_{3R4}$ $\overline{P}_{3R3} \mid \overline{P}_{3R4}$ $\mu_{3R3}(\mu_{2R2})\mu_{3R4}$	
… K 级 $-\infty$	…… ……P_{KLJ}…… ……$\overline{P}_{KLJ}$…… ……μ_{KLJ}	…… μ_L	…… ……P_{KL1} ……$\overline{P}_{KL1}$ ……μ_{KL1}	μ_0	…… P_{KR1}…… ……$\overline{P}_{KRJ}$ ……μ_{KR1}	…… μ_R	…… ……P_{KRJ}…… ……$\overline{P}_{KRJ}$…… ……μ_{KRJ}……	… ∞

注：(1) 从上到下依次为：数学期望（0 级），一级左、右概率 P_L 、P_R ，左、右概率平均密度 $\overline{P}_L$ 、$\overline{P}_R$ ，左、右均值 μ_L 、μ_R .

(2) 二级左、右概率、左、右概率平均密度，二级 左、右均值.

(3) 三级左、右概率、左、右概率平均密度，三级 左、右均值.

……

(4) k 级左、右概率、k 级左、右平均概率，k 级左、右均值.

各级均值中加小括号的，是前几级引下来的，依然作为本级以及后级的概率区间的分界线.

(5) 各级平均概率中加小括号的是本级边缘部分的平均概率，若区间有界，即：$-\infty < X = x_{\min}$ 或 $x_{\max} = X < \infty$ ，则该平均概率有不为 0 的值；否则该区间平均概率为 0.

(6) 三级以上区间平均概率，其状况类似于二级区间，见图 6.1.

定义6.6　称 $-\tau_{2Lk}$ 为二级区间对中负均差，其中 $-\tau_{2L1}$，$-\tau_{2L2}$ 分别为二级左1区、左2区的对中负均差，即

$$\begin{cases}-\tau_{2L1}=\mu_{2L1}-\mu\\-\tau_{2L2}=\mu_{2L2}-\mu\end{cases}\tag{6.7}$$

称 τ_{2Rk} 为二级区间对中正均差，其中 τ_{2R1},τ_{2R2} 分别为二级右1区、右2区的对中正均差，即

$$\begin{cases}\tau_{2R1}=\mu_{2R1}-\mu\\\tau_{2R2}=\mu_{2R2}-\mu\end{cases}.\tag{6.8}$$

定理6.7　二级全均值定理

$$\mu=P_{2L2}\mu_{2L2}+P_{2L1}\mu_{2L1}+P_{2R2}\mu_{2R2}+P_{2R1}\mu_{2R1}.\tag{6.9}$$

证　根据全均值定理：$\mu=E(X_{2L2}+X_{2L1}+X_{2R2}+X_{2R1})=E(X_{2L2})+E(X_{2L1})+E(X_{2R2})+E(X_{2R1})$ 便可证得.

定理6.8　二级中心平衡定理：

$$P_{2L2}\tau_{2L2}+P_{2L1}\tau_{2L1}=P_{2R1}\tau_{2R1}+P_{2R2}\tau_{2R2}.\tag{6.10}$$

证　原方程左边为

$$\begin{aligned}&P_{2L2}\tau_{2L2}+P_{2L1}\tau_{2L1}\\&=P_{2L1}(\mu-\mu_{2L1})+P_{2L2}(\mu-\mu_{2L2})\\&=\mu(P_{2L1}+P_{2L2})-(P_{2L1}\mu_{2L1}+P_{2L2}\mu_{2L2})\end{aligned}$$

类似于（2.5）式的证法有

$$(P_{2L1}+P_{2L2})=P_L,$$

且　$$P_{2L1}\mu_{2L1}+P_{2L2}\mu_{2L2}=P_L\mu_L.$$

所以原方程左边为　$P_L\mu-P_L\mu_L=P_L\tau_L$.

同样可证原方程右边为 $P_{2R1}\tau_{2R1}+P_{2R2}\tau_{2R2}=P_R\tau_R$.

根据平衡定理（2.2）式，便可证得二级中心平衡定理.

定义6.9

令　$$M_{kLij}=-\int_i^j(x-\mu)\mathrm{d}F(x).\tag{6.11}$$

则称 $M_{kLij},M_{kR\,ij}$ 为 k 级局部（$i\cdots\cdots j$）半中心矩.

从（6.8）及（2.2）式可知 $M_{kLij}=\tau_{kLij}P_{kLij},M_{kR\,ij}=\tau_{KR\,ij}P_{KR\,ij}$.　(6.11a)

定义6.10　令 $M_{kL}=M_{kL12}+M_{kL23}+\cdots+M_{kLj\leqslant\mu}=M_L$.　(6.12)

则称 M_{kL} 为 k 级左半中心矩. 即：

$$\begin{aligned}M_{kL}&=\int_{x\leqslant\mu}(x-\mu)\mathrm{d}F(x)\\&=\int_{x1}^{x2}(x-\mu)\mathrm{d}F(x)+\int_{x2}^{x3}(x-\mu)\mathrm{d}F(x)+\cdots\cdots\end{aligned}$$

$$+\int_{xi}^{xj}(x-\mu)\mathrm{d}F(x)+\int_{xj}^{\mu}(x-\mu)\mathrm{d}F(x)$$

$$=M_{kL12}+M_{kL23}+\cdots+M_{kLij}+M_{kLj\mu}$$

同理

定义 6.11 令 $M_{kR}=M_{kR12}+M_{kR23}+\cdots+M_{kRj\geqslant\mu}=M_R$. (6.13)

则称 M_{kR} 为 k 级右半中心矩：

定理 6.12 k 级左中心矩等于 k 级右中心矩，

$$M=M_L=M_R \tag{6.14}$$

结合（6.8）式、（6.9）式有

$$M_{kL12}+M_{kL23}+\cdots+M_{kLj\leqslant\mu}=M_{kR12}+M_{kR23}+\cdots+M_{kLj\geqslant\mu}$$

即 $\sum\limits_{kLj\lesssim\mu}M_i=\sum\limits_{kLj\gtrsim\mu}M_i$ (6.14a)

定理 6.13 k 级全均值定理：设任一概率空间（Ω,F,P）；有直至 k 级的均值，及 k 级的概率区间，它们共有 j 个，则 k 级的每一个区间的均值乘以该区间的概率，把这些左、右分布区间的所有乘积累加起来等于数学期望.

$$\mu=\sum_{i=1}^{j/2}P_{kLi}\mu_{kLi}+\sum_{i=1}^{j/2}P_{kRi}\mu_{kRi}=\sum_{i=1}^{j}P_{ki}\mu_{ki}. \tag{6.15}$$

证 根据一般的全数学期望定理有：$\mu=\sum\limits_{i=1}^{j}P_{ki}\mu_{ki}$，然后把它们分别归类到左分布及右分布中去分别相加，即有（6.15）式.

定理 6.14 k 级中心平衡定理：设随机变量 X 的数学期望存在，并且有直到 k 级的各级左、右均差存在，则有

$$-\sum_{i=1}^{j/2}P_{kLi}\tau_{kLi}=\sum_{i=1}^{j/2}P_{kRi}\tau_{kRi}. \tag{6.16}$$

证 上式的左边可以写为：$-\sum\limits_{i=1}^{j/2}P_{kLi}(\mu_{kLi}-\mu)=\mu\sum\limits_{i=1}^{j/2}P_{kLi}-\sum\limits_{i=1}^{j/2}P_{kLi}\mu_{kLi}$

右边可以写为：$\sum\limits_{i=1}^{j/2}P_{kRi}\mu_{kRi}-\mu\sum\limits_{i=1}^{j/2}P_{kRi}$，然后把左、右两边的式子加起来，等于（6.15）式，移项后定理得证.

设有任一概率空间的分布，记 $F(x)=P\{X\leqslant x\}$ 为 X 的分布函数，取其中任一区间 $F_{ab}(x)=P\{a\leqslant x\leqslant b\}$ 作研究，则该区间为一分布函数：

$$F_{ab}(x)=\begin{cases}0, & x<a\\ \dfrac{1}{P_{ab}}F(x), & a\leqslant x\leqslant b\\ 1, & x>b\end{cases} \tag{6.17}$$

设 $F_{ab}(x)$ 的均值存在，其值为 μ_{ab}，用类似本文开头（1.1 节）的方法，

以 μ_{ab} 为界，把该区间分为左右两部分，该区间同样可求出：

左概率 P_{Lab} ，　　　　右概率 P_{Rab} ，

左均值 μ_{Lab} ，　　　　右均值 μ_{Rab} ，

负均差 $-\tau_{Lab} = \mu_{Lab} - \mu_{ab}$ ，　　　　正均差 $\tau_{Rab} = \mu_{Rab} - \mu_{ab}$，

半均差 $M_{ab} = P_{Lab}\tau_{Lab} = P_{Rab}\tau_{Rab}$.

由于一阶中心矩为 0，是普适的定理，即不管 a,b 为何值，都有

$$\frac{1}{P_{ab}}\int_a^b (x - \mu_{ab})\mathrm{d}F(x) = 0. \tag{6.18}$$

事实上，上式左边可化为

$$\frac{1}{P_{ab}}\int_a^b x\mathrm{d}F(x) - \frac{1}{P_{ab}}\int_a^b \mu_{ab}\mathrm{d}F(x) = 0$$

即　$\mu_{ab} - \mu_{ab} = 0$.

定理 6.15　设有一概率空间分布，记 $F(x) = P\{X \leqslant x\}$ 为 X 的分布函数，取其中任一区间 $F_{ab}(x) = P\{a \leqslant x \leqslant b\}$ ，有局部平衡定理：

$$P_{Lab}\tau_{Lab} = P_{Rab}\tau_{Rab} \tag{6.19}$$

证　从（6.17）式可得

$$\frac{1}{P_{ab}}\Big[\int_a^{\mu_{ab}} (x - \mu_{ab})\mathrm{d}F(x) + \int_{\mu_{ab}}^b (x - \mu_{ab})\mathrm{d}F(x)\Big] = 0$$

$$M_{ab} = -\int_a^{\mu_{ab}} (x - \mu_{ab})\mathrm{d}F(x) = \int_{\mu_{ab}}^b (x - \mu_{ab})\mathrm{d}F(x)\ ].$$

由于　$$F_{Lab}(x) = P_{Lab} ,$$

由（2.18）式得，$M_{ab} = -\int_a^{\mu_{ab}}(x - \mu_{ab})\mathrm{d}F(x)$

$$= -P_{Lab}\int_a^{\mu_{ab}}(x - \mu_{ab})\mathrm{d}F_{Lab}(x) = -P_{Lab}\tau_{Lab}$$

类似可证：$M_{ab} = P_{Rab}\tau_{Rab}$. 证毕.

定理 6.16　设任一概率空间（ Ω,F,P ），有直至 k 级的各级均值，与 k 级的各级区间概率；设第（$k-1$）级有某一局部均值（如某一左均值 $\mu_{(k-1)Lj}$ ），以此为局部中心，则下一级（第 k 级）的两个小区间的区间概率 $P_{kL(i-1)},P_{kL(i+1)}$ 以及区间均差 $\tau_{kL(i-1)},\tau_{kL(i+1)}$ 有局部平衡定理：

任一级局部平衡定理：

$$P_{kL(i-1)}\tau_{kL(i-1)} = P_{kL(i+1)}\tau_{kL(i+1)}. \tag{6.20}$$

证

$$\int_{\mu KL(i-1)}^{\mu KL(i+1)} (x - \mu)\mathrm{d}F(x) = 0. \qquad \text{（仿 6.19 式证）}$$

例　二级局部平衡定理：

$$\begin{cases} P_{2L1} * \tau_{2L1} = P_{2L2} * \tau_{2L2} \\ P_{2R1} * \tau_{2R1} = P_{2R2} * \tau_{2R2} \end{cases}. \quad (6.21)$$

定理 6.17 设任一概率空间（Ω,F,P），有直至 k 级的均值，与 k 级的概率区间；设 τ_{kL1}，τ_{kR1} 分别为 k 级第一左、右均差，则有第 k 级第一局部中心平衡定理.

$$\tau_{kL1} P_{KL1} = \tau_{KR1} P_{KR1} = M_{K1}. \quad (6.22)$$

定理 6.18 二级局部均值定理：设任一概率空间（Ω,F,P），有直至二级的均值，及二级的概率区间；则有局部左及右三均值定理：

$$P_L\mu_L = P_{2L1}\mu_{2L1} + P_{2L2}\mu_{2L2}$$
$$P_R\mu_R = P_{2R1}\mu_{2R1} + P_{2R2}\mu_{2R2}. \quad (6.23)$$

证 仿第一节.

定理 6.19 二级全均值定理：设任一概率空间（Ω,F,P），有直至二级的均值，及二级的概率区间；则有全均值定理：

$$\mu = \sum_{i=1}^{2} (P_{2Li}\mu_{2Li} + P_{2Ri}\mu_{2Ri}). \quad (6.24)$$

证 根据第一节有 $\mu = P_L\mu_L + P_R\mu_R$，把定义 6.18 代入上式，便可得证.

待证：k 级均值定理.

定理 6.20 k 级局部均值定理：设任一概率空间（Ω,F,P），有直至 k 级的均值，及 k 级的概率区间；设第（$k-1$）级有某一局部均值（如某一左均值 $\mu_{(k-1)Lj}$），以此为局部中心，则下一级（第 k 级）的两个小区间的区间概率 $P_{kL(i-1)}$，$P_{kL(i+1)}$ 以及区间均值 $\mu_{kL(i-1)}$，$\mu_{kL(i+1)}$ 有局部左或右三均值定理：

$$P_{(k-1)Li}\mu_{(k-1)Li} = P_{kL(i-1)}\mu_{kL(i-1)} + P_{kL(i+1)}\mu_{kL(i+1)}$$
$$P_{(k-1)Ri}\mu_{(k-1)Ri} = P_{kR(i-1)}\mu_{kR(i-1)} + P_{kR(i+1)}\mu_{kR(i+1)}. \quad (6.25)$$

证 仿照第一节.

定义 6.21 设任一概率空间（Ω,F,P）有区间概率 P_{kLi} 及 P_{kRi}，当区间概率从 $P_L = P_R, P_{2Li} \equiv P_{2Ri}, \cdots, P_{kLi} \equiv P_{kRi}$. 则称该分布为 k 级对称分布；若 $k \to \infty$ 时，则称为全对称分布.

例 （1）两点分布、正态分布、均匀分布、柯西分布为全对称分布.

（2）无偏分布为一级对称分布，如瑞利 $R(\mu)$ 分布.

（3）$p = 0.5$ 时的二项分布为 k 级对称分布 $\{k < \infty\}$.

（4）子样的统计分布为介于 0 级（不对称），到 k 级对称分布.

（5）设 $j > i$，则有全对称分布 $\supseteq j$ 级对称分布 $\supseteq i$ 级对称分布. 反之却不然.

6.3 均差商分析

定义 6.21 令

$$ {}_K\overline{P}_{Lj} = \frac{f(\overline{P}_{kLj}) - f(\overline{P}_{(k-1)Lj})}{\mu_{LL} - \mu_{(k-1)L}}. \tag{6.26} $$

则称 ${}_K\overline{P}_{Lj}$ 为 k 级 左均差商，称 ${}_K\overline{P}_{Rj}$ 为 k 级右均差商.

均差商类似于与通常的均差（差商），区别在于均差商无论分子或分母都取区间均值，而不是取 x 值；另外，均差商是从中间向两边求差商，而一般的均差是从一边向另一边求差商.

下面以三阶均差商为例，计算如下.

1）一阶左均差商

$$ {}_1\overline{P}_{L1} = \frac{\overline{P}_{3L2} - \overline{P}_{3L1}}{\mu_{3L2} - \mu_{3L1}}, \cdots, {}_1\overline{P}_{L3} = \frac{\overline{P}_{3L4} - \overline{P}_{3L3}}{\mu_{3L4} - \mu_{3L3}}. \tag{6.27} $$

2）二阶左均差商

$$ {}_2\overline{P}_{L1} = \frac{{}_2\overline{P}_{L2} - {}_2\overline{P}^{L}_{L1}}{\mu_{3L3} - \mu^{L}_{3L1}}, \quad {}_2\overline{P}_{L2} = \frac{{}_2\overline{P}_{L3} - {}_2\overline{P}_{L2}}{\mu_{3L4} - \mu^{L}_{3L1}}. \tag{6.28} $$

3）三阶左均差商

$$ {}_3\overline{P}_{L1} = \frac{{}_3\overline{P}_{L2} - {}_3\overline{P}_{L1}}{\mu_{3L4} - \mu_{3L1}}. \tag{6.29} $$

同理，类似可推得右均差商.

左均差商与导数的关系：

$$ {}_K\overline{P}^{(k)}_{Lj} = \frac{f^{(K)}(K)}{K!}. \tag{6.30} $$

表 6.2　三阶均差商分布

K	−4	−3	−2	−1	0	1	2	3	4
区间平均 μ	μ_{3L4}	μ_{3L3}	μ_{3L2}	μ_{3L1}	μ_0	μ_{3R1}	μ_{3R2}	μ_{3R3}	μ_{3R4}
平均概率 $\overline{P}$	$\overline{P}_{3L4}$	$\overline{P}_{3L3}$	$\overline{P}_{3L2}$	$\overline{P}_{3L1}$		$\overline{P}_{3R1}$	$\overline{P}_{3R2}$	$\overline{P}_{3R3}$	$\overline{P}_{3R4}$
一阶均差商		${}_1\overline{P}_{L3}$	${}_1\overline{P}_{L2}$	${}_1\overline{P}_{L1}$		${}_1\overline{P}_{R1}$	${}_1\overline{P}_{R2}$	${}_1\overline{P}_{R2}$	
二阶均差商			${}_2\overline{P}_{L1}$	${}_2\overline{P}_{L1}$		${}_2\overline{P}_{R1}$	${}_2\overline{P}_{R2}$		
三阶均差商				${}_3\overline{P}_{L1}$		${}_3\overline{P}_{R1}$			

6.4 有待证实的定理：局部平衡定理

定理 6.22 设任一概率空间（Ω,F,P），有直至 k 级的各级均值，及 k 级的各级区间概率；设第（$k-1$）级有某一局部均值（如某一左均值 $\mu_{(k-1)Lj}$），以此为局部中心，则下一级（第 k 级）的两个小区间的区间概率 $P_{kL(i-1)},P_{kL(i+1)}$ 以及区间均差 $\tau_{kL(i-1)},\tau_{kL(i+1)}$ 有局部平衡定理：

任一级局部平衡定理：

$$P_{kL(i-1)}\tau_{kL(i-1)} = P_{kL(i+1)}\tau_{kL(i+1)}. \tag{6.31}$$

证

$$\int_{\mu KL(i-1)}^{\mu KL(i+1)}(x-\mu)\mathrm{d}F(x) = 0 .$$

二级局部平衡定理：

$$\begin{cases} P_{2L1}(\mu_{2L1}-\mu_L) = P_{2L2}(\mu_L-\mu_{2L2}) \\ P_{2R1}(\mu_{2R1}-\mu_R) = P_{2R2}(\mu_R-\mu_{2R2}) \end{cases}$$

……（待证）

第 7 章　几种常见分布的线性特征参数

为分析方便，以下设各种分布的数学期望 $\mu = 0$，各种一阶中心矩不变，作为标准分布，当 $\mu = 0$ 时，$\mu_L = \tau_L$，$\mu_R = \tau_R$；对于 $\mu \neq 0$ 的各种分布，对其进行线性变换，其数学期望只需加上 μ 便可.

7.1　均匀分布的线性特征参数

设其分布函数为

$$F(x) = \begin{cases} 0, x < -a \\ \dfrac{x+a}{2a}, -a \leqslant x \leqslant a \cdot \\ 1, x > a \end{cases} \tag{7.1.0a}$$

其概率密度函数为

$$f(x) = \begin{cases} \dfrac{1}{2a}, x \in [-a, a] \\ 0, x \notin [-a, a] \end{cases}. \tag{7.1.0b}$$

该分布为对称分布，均值为 0，均方差为 $\sigma = a/\sqrt{3}$，方差为 $\sigma^2 = \dfrac{a^2}{3}$.

由于对称，其一级概率为

$$P_R = P_L = 0.5. \tag{7.1.1}$$

一级平均概率为

$$\overline{P}_R = \overline{P}_L = 0.5/(a-0) = 1/2a. \tag{7.1.1a}$$

由于均匀分布是平顶的，其任一区间的平均概率都一样等于概率密度

$$\overline{P}_{kRj} = \overline{P}_{dLl} = f(x) = \frac{1}{2a}, x \in [-a, a]. \tag{7.1.2}$$

任一区间 $[b, c]$ 的区间概率

$$P_{kbc} = \overline{P}_{kbc}(c-b) = \frac{(c-b)}{2a}. \tag{7.1.3}$$

任一区间的均值为

$$E(x) = \frac{1}{c-b}\int_b^c x\,\mathrm{d}x$$

$$E(x)=\frac{x^2}{z(c-b)}\Big|_b^c. \tag{7.1.4}$$

求左均值时，定义域：$c=0$，$b=-a$

$$\mu_L=\frac{1}{2a}x^2\Big|_{-a}^0$$

$$\mu_L=\frac{-a^2}{2a}=-\frac{a}{2}. \tag{7.1.5}$$

由于对称，右均值为

$$\mu_R=-\mu_L=\frac{a}{2}. \tag{7.1.6}$$

由于$\mu=0$，$\tau_L=\mu_L$，$\tau_R=\mu_R$并且左均差等于右均差，

$$\tau_R=-\tau_L=\frac{a}{2}. \tag{7.1.7}$$

由于均匀分布的区间平均概率是个常数，其二级区间概率为

$$P_{2L2}=P_{2L1}=P_{2R1}=P_{2R2}$$

$$=\frac{1}{2a}*(\frac{a}{2}-0)=\frac{1}{4}. \tag{7.1.8}$$

由于二级的各个区间概率都相等，根据局部平衡定理及总体平衡定理可知二级的各个区间均值都在该区间中间，并对称地等分该级的各区间，所以有

$$\mu_{2L2}=-\frac{3a}{4},\mu_{2L1}=-\frac{a}{4}. \tag{7.1.9}$$

$$\mu_{2R1}=\frac{a}{4},\mu_{2R2}=\frac{3a}{4}. \tag{7.1.10}$$

四种重要的概率

$$P_{1/4}=P\{x\leqslant\mu_L\}=\frac{1}{4},P_{1/2}=P\{x\leqslant\mu\}=\frac{1}{2},$$

$$P_{3/4}=P\{x\leqslant\mu_R\}=\frac{3}{4},P\{x\geqslant a\}=1. \tag{7.1.11}$$

同理可推出三级各个区间的概率都相等，

$$P_{3L4}=P_{3L3}=P_{3L2}=P_{3L1}=P_{3R1}=P_{3R2}=P_{3R3}=P_{3R4}=\frac{1}{8}. \tag{7.1.12}$$

三级的各个区间均值都在该区间中间，并对称地等分该级的各区间

$$\begin{cases}\mu_{3L1}=-a/8\\ \mu_{3L2}=-(3/8)a\\ \mu_{3L3}=-(5/8)a\\ \mu_{3L4}=-(7/8)a\end{cases} \tag{7.1.12a}$$

$$\begin{cases} \mu_{3R1} = a/8 \\ \mu_{3R2} = (3/8)a \\ \mu_{3R3} = (5/8)a \\ \mu_{3R4} = (7/8)a \end{cases} \tag{7.1.12b}$$

k 级各个区间的概率都相等，

$$P_{kLj} = \frac{1}{2^k}. \tag{7.1.13}$$

k 级的各个区间均值都在该区间中间，并对称地等分该级的各区间

$$\mu_{kLj} = -\frac{(2j-1)a}{2^k}, j = 1,2,\cdots \tag{7.1.14}$$

$$\mu_{kRj} = \frac{(2j-1)a}{2^k}, j = 1,2,\cdots \tag{7.1.15}$$

由于对称，各级偏态系数 =0.

根据（4.5）式求得峰态系数：$C_p = \frac{1}{2a}\int_{-\frac{a}{2}}^{\frac{a}{2}} \mathrm{d}x = \frac{1}{2}$.　　(7.1.16)

7.2　正态分布的线性特征参数

其分布函数为

$$F(x) = \frac{1}{\sigma\sqrt{2\pi}}\int_{-\infty}^{x} \mathrm{e}^{-\frac{(x-\mu)2}{2\sigma^2}} \mathrm{d}x. \tag{7.2.0}$$

密度函数为：$f(x) = \frac{1}{\sigma\sqrt{2\pi}}\mathrm{e}^{-\frac{(x-\mu)2}{2\sigma^2}}$.　　(7.2.0a)

数学期望值为 μ，方差为 σ^2，（均方根为 σ），分布对于 μ 是无偏而且对称的，根据前面对线性特征参数的讨论，特设该分布的期望值 $\mu=0$，在得到新的特征参数后，进行适当的线性变换，就可以得到一些普遍的线性特征参数了，这样，既保证了理论的正确，又简化了分析探讨的过程.

7.2.1　正态分布的一级线性特征参数

1）因为对称，所以

$$\begin{cases} P_L = 1/2 \\ P_R = 1 - P_L = 1/2 \end{cases} \tag{7.2.1}$$

2）设$\mu = 0, P_{ab}$ 为该区间的概率，求 $a \hat{<} x \hat{<} b$）区间的各种均值：

$$E_{ab}(a \hat{<} x \hat{<} b) = \frac{1}{P_{ab}\sigma\sqrt{2\pi}}\int_a^b x e^{\frac{-x^2}{2\sigma^2}} dx,$$

$$= \frac{\sigma^2}{P_{ab}\sigma\sqrt{2\pi}}\int_a^b e^{-\frac{x^2}{2\sigma^2}} d(-x^2/2\sigma^2),$$

$$= -\frac{\sigma}{P_{ab}\sqrt{2\pi}} e^{-\frac{x^2}{2\sigma^2}} \Big|_a^b \tag{7.2.2}$$

当积分区间为（$a=0$，$b\to\infty$）时，

右平均是 $\mu_R = E(0 \hat{<} x \to \infty) = -\frac{\sigma}{P_R\sqrt{2\pi}}(e^{-\infty} - e^0)$

$$\mu_R = \sqrt{\frac{2}{\pi}}\sigma \approx 0.79788\sigma \tag{7.2.3}$$

当积分区间为（$a\to-\infty$，$b=0$）时，得

左平均是 $\mu_L = -\sqrt{\dfrac{2}{\pi}}\sigma \approx -0.79788\sigma$.（7.2.3a）

根据无偏性且分布对称，并已设$\mu = 0$，所以负、正均差，平均差、半均差分别都是

$$|\tau_L| = \tau_R = \mu_R$$

$$= M_D = 2M = \sqrt{\frac{2}{\pi}}\sigma. \tag{7.2.4}$$

若数学期望$\mu \neq 0$，则
$$\begin{cases} \mu_L = \mu - \sqrt{\dfrac{2}{\pi}}\sigma \\ \mu_R = \mu + \sqrt{\dfrac{2}{\pi}}\sigma \end{cases} \tag{7.2.5}$$

$$M_D = \mu_R - \mu = \mu - \mu_L. \tag{7.2.6}$$

式中 M_D 是平均差，M 是半均差，τ_R 正均差，τ_L 负均差.

从（7.2.4）式得 $M_D = \sqrt{\dfrac{2}{\pi}}\sigma$. 所以 $\sigma = \sqrt{\dfrac{\pi}{2}}M_D$.（7.2.7）

把（7.2.4）代进（7.2.7）式，得 $M = \sqrt{\dfrac{1}{2\pi}}\sigma$，或 $\sigma = \sqrt{2\pi}M$.

（7.2.7a）

比值：$k = M_D/\sigma = \sqrt{\dfrac{2}{\pi}} \approx 0.79788 \approx 0.80$.（7.2.7b）

$$k/2 = M/\sigma = \sqrt{\frac{1}{2\pi}} \approx 0.39894 \approx 0.40 . \tag{7.2.7c}$$

3）把（7.2.7）代入（7.2.0）式，得以 M_D 为特征参数表达的正态分布函数：

$$F_{M_D}(x) = \frac{1}{\pi M_D}\int_{-\infty}^{x} e^{-\frac{(x-\mu)2}{\pi M_D^2}} dx. \tag{7.2.8}$$

其密度函数为

$$f_{M_D}(x) = \frac{1}{\pi M_D} e^{-\frac{(x-\mu)2}{\pi M_D^2}}. \tag{7.2.8a}$$

4）以 M 为特征参数表达的正态分布函数

$$F_M(x) = \frac{1}{2\pi M}\int_{-\infty}^{x} e^{-\frac{(x-\mu)2}{4\pi M^2}} dx. \tag{7.2.9}$$

其密度函数为

$$f_M(x) = \frac{1}{2\pi M} e^{-\frac{(x-\mu)2}{4\pi M^2}}. \tag{7.2.9a}$$

当 $\mu = 0, M = 1$ 时，

$$f_M(x) = \frac{1}{2\pi} e^{-\frac{x2}{4\pi}}, \tag{7.2.10}$$

$$F_M(x) = \frac{1}{2\pi}\int_{-\infty}^{x} e^{-\frac{x2}{4\pi}} dx. \tag{7.2.11}$$

5）用（7. 2. 11）式可以很容易转化成以数学期望为中心，以平均差的整数倍 $P\{\pm kM_D\}$ 的概率，

$$P\{-kM_D \hat{<} X \hat{<} kM_D\} = \frac{1}{2\pi}\int_{-kMD}^{kMD} e^{-\frac{x2}{2\pi}} dx, (k = 1,2,\cdots,4) \tag{7.2.11a}$$

其结果列于表 7.1 中.

6）以平均差表述的 $N_M(0,M)$ 分布. 把（7.2.7）式代入（7.2.2）式得各区域均值表达式

$$E(a \hat{<} x \hat{<} b) = -\frac{M_D}{2P_{ab}} e^{-\frac{x2}{\pi M_D^2}} \Big|_a^b. \tag{7.2.12}$$

然后求得以下各倍数的概率：

表 7.1　正态分布平均差 M_D 的各倍数值所包含的概率：$P\{-kM_D \leqslant X \leqslant kM_D\}$

平均差 $\pm kM_D$ 半均差 $\pm 2kM$	$\pm M_D$ $\pm 2M$	$\pm 2M_D$ $\pm 4M$	$\pm 3M_D$ $\pm 6M$	$\begin{bmatrix}\pm 4M_D \\ \pm 8M\end{bmatrix}$	$\pm 2.457M_D$ $\pm 4.914M$	$\pm 3.229M_D$ $\pm 6.458M$
均方差 $\pm k\sqrt{\frac{2}{\pi}}\sigma$	$\pm\sqrt{\frac{2}{\pi}}\sigma \approx$ $\pm 0.7979\sigma$	$\pm 2\sqrt{\frac{2}{\pi}}\sigma \approx$ $\pm 1.5958\sigma$	$\pm 3\sqrt{\frac{2}{\pi}}\sigma \approx$ $\pm 2.3936\sigma$	$\pm 4\sqrt{\frac{2}{\pi}}\sigma \approx$ $\pm 3.1915\sigma$	$\pm 1.96\sigma$	$\pm 2.576\sigma$
$P\{-kM_D \leqslant X \leqslant kM_D\}$	≈ 0.5750	≈ 0.8903	≈ 0.9836	≈ 0.9986	≈ 0.95	≈ 0.99

极限概率可以取 $P\{-4M_D \leqslant X \leqslant 4M_D\} \approx 0.9986 \approx P\{-3.2\sigma \leqslant \xi \leqslant 3.2\sigma\}$，落在这范围之外的概率只有约 0.0014.

（4）峰态系数

$$C_p = \frac{1}{\pi M_D}\int_{-M_D}^{M_D} e^{-\frac{x^2}{\pi M_D^2}}\,dx \tag{7.2.13}$$

$$= \left(\frac{1}{\sqrt{2\pi}\sigma}\int_{-0.7979\sigma}^{0.7979\sigma} e^{-\frac{x^2}{2\sigma^2}}\,dx\right) = 0.576$$

这是凸峰，特称为正态峰.

表 7.2　标准正态分布与均匀分布的线性特征参数

项目	均值 μ	左均值 μ_L	右均值 μ_R	负均差 $-\tau_L$	正均差 τ_R	平均差 $M_D = 2M$	偏态系数 S_k	峰态系数 C_p
正态分布	0	$-M_D$ $= -\sqrt{2/\pi}\sigma$ $= -0.7979$	$-M_D$ $= \sqrt{2/\pi}\sigma$ $= 0.7979$	$-M_D$ $= -\sqrt{2/\pi}\sigma$ $= -0.7979$	$-M_D$ $= \sqrt{2/\pi}\sigma$ $= 0.7979$	$-M_D$ $= \sqrt{2/\pi}\sigma$ $= 0.7979$	0 无偏	0.576 正态峰
均匀分布	0	$-a/2$	$a/2$	$-a/2$	$a/2$	$a/2$	0， 无偏	0.5 平峰

注：1）均匀分布的偏态系数为 0，而且对称；锋态系数为 0.5，因此新特征值以均匀分布为基础．而以正态分布为重点.

2）均匀分布的峰态系数为 0.5，称为平峰；正态分布的峰态系数 0.576，称为正态峰.

3）当：$0 < C_p < 0.5$ 称为凹峰；$C_p = 0.5$ 称为平峰；$0.5 < C_p < 0.576$ 称为凸峰；$C_p = 0.576$ 称为正态峰；$0.576 < C_p < 1$ 称为尖峰.

7.2.2　正态分布的二级线性特征参数

用数值积分求二级各区间的概率，不失一般性，设$\mu=0$；当$\mu\neq0$时，任何一阶矩与$\mu=0$时的一阶矩比较，只相差一个特征参数μ（如$\mu_R=M_D+\mu$，可以很容易较正）.

$(0——\mu_R)$的区间的概率　$P_{2R1}(x)=\dfrac{1}{\pi M_D}\displaystyle\int_0^{\mu_R}\mathrm{e}^{-\frac{x2}{\pi M_D^2}}\mathrm{d}x$

$$P_{2R1}(x)\approx0.28753 \tag{7.2.2.1}$$

该区间的平均概率　$\overline{P}_{2R1}(x)=P_{2R1}\Big/(\mu_R-0)$

$$\overline{P}_{2R1}(x)\approx0.28753/M_D^{-1}$$

同理，$(\mu_R\sim\infty)$区间概率　$P_{2R2}(x)=\dfrac{1}{\pi M}\displaystyle\int_{\mu R}^{\infty}\mathrm{e}^{-\frac{x2}{\pi M_D^2}}\mathrm{d}x$,

$$P_{2R2}(x)\approx0.21247\,. \tag{7.2.2.2}$$

该区间的平均概率　$\overline{P}_{2R2}(x)=\dfrac{P_{2R2}}{\infty-\mu_R}=\dfrac{1}{\pi M_D(\infty-M_D)}\displaystyle\int_{\mu_R}^{\infty}\mathrm{e}^{-\frac{x2}{\pi M_D^2}}\mathrm{d}x=0$

从正态分布的对称性可得　$P_{2R1}(x)=P_{2L1}(x)\approx0.28753$,

$$\overline{P}_{2R1}(x)=\overline{P}_{2L1}(x)\approx0.28753M_D^{-1}$$

$$P_{2R2}(x)=P_{2L2}(x)\approx0.21247\,,$$

$$\overline{P}_{2R2}(x)=\overline{P}_{2L2}(x)=0.$$

根据（7.2.12）式求各种二级平均值：

$$\mu_{2R1}(x)=-\frac{M_D}{2P_{2R1}}\mathrm{e}^{-\frac{x2}{\pi M_D^2}}\Big|_0^{M_D},$$

$$=-\frac{M_D}{2\times0.28753}(\mathrm{e}^{-\frac{1}{\pi}}-1)$$

$$=0.47408M_D$$

$$\mu_{2R2}(x)=-\frac{M_D}{2P_{2R2}}\mathrm{e}^{-\frac{x2}{\pi M_D^2}}\Big|_{M_D}^{\infty},$$

$$=-\frac{M_D}{2\times0.21247}(0-\mathrm{e}^{-\frac{1}{\pi}})=1.71172M_D$$

由对称性可得　$\mu_{2L1}(x)=-\mu_{2R1}(x)\approx-0.47408M_D$

$$\mu_{2L2}(x)=-\mu_{2R2}(x)\approx-1.71172M_D$$

若用通常的参数$\sigma\approx0.79788M_D$表示：$\mu_{2R1}(x)=-\mu_{2L1}(x)\approx0.37826\sigma$

$$\mu_{2R2}(x)=-\mu_{2L2}\approx1.36575\sigma$$

二级的半均差，$M_{2R1}(x)=E_R-E_{2R1}=M_D-0.47408M_D=0.52592M_D$

$$M_{2R2}(x) = 1.71172M_D - M_D = 0.71172M_D$$

局部平衡定理的验证：$\tau_{2R1} \times P_{2R1} = 0.52592M_D \times 0.28753 = 0.15122M_D$

$$\tau_{2R2} \times P_{2R2} = 0.71172M_D \times 0.21247 = 0.15122M_D$$

左边 = 右边，数据与定理都得到验证.

7.2.3 三级线性特征参数

根据（6）式用数值积分求三各级区间的概率（设 $\mu = 0$）：

$$P_{3R1}(x) = \frac{1}{\pi M_D}\int_0^{\mu(2R1)} e^{-\frac{(x)2}{\pi M_D^2}} dx = \frac{1}{\pi M_D}\int_0^{0.47408MD} e^{-\frac{(x)2}{\pi M_D^2}} dx$$

$P_{3R1}(x) \approx 0.14738$

$\overline{P}_{3R1}(x) \approx 0.14738 \div (\mu_{2R1} - 0) = 0.14738 \div 0.47408\mathrm{M_D}$

$\overline{P}_{3R1}\ (x) = 0.31088/\mathrm{M_D}$

$P_{3R2}(x) = P_{2R1} - P_{3R1} \approx 0.28753 - 0.14738 = 0.14015$

$\overline{P}_{3R2}(x) \approx 0.14015 \div (\mu_R - \mu_{2R1}) = 0.14015 \div (\mathrm{M_D} - 0.47408\mathrm{M_D})$

$\overline{P}_{3R2}(x) = 0.26649/M_D^{-1}$

$$P_{3R4}(x) = \frac{1}{\pi M_D}\int_{\mu_{2R2}}^{\infty} e^{-\frac{x2}{\pi M_D^2}} dx = \frac{1}{\pi M_D}\int_{1.71172M_D}^{\infty} e^{-\frac{x2}{\pi M_D^2}} dx$$

$P_{3R4}(x) = 0.08560$

$\overline{P}_{3R4}(x) = 0.08560/(\infty - \mu_{2R2})$

$\overline{P}_{3R4}(x) = 0$

$P_{3R3}(x) = P_{2R2} - P_{3R4} = 0.21247 - 0.08601 = 0.12646$

$\overline{P}_{3R3}(x) \approx 0.12646 \div (\mu_{2R2} - \mu_R) = 0.12646 \div (1.71172M_D - M_D)$

$\overline{P}_{3R3}(x) = 0.17768M_D^{-1}$

由于该分布对于期望值呈对称状态，由对称性可知

$$P_{jRk}(x) = P_{jLk}$$

$$\overline{P}_{jRk}(x) = \overline{P}_{jLk}$$

$$\tau_{jRk}(x) = \tau_{jLk}(x)$$

即 $\mu_{jRk}(x) - \mu = \mu - \mu_{jLk}$，

当 $\mu = 0$ 时： $\mu_{jRk}(x) = -\mu_{jLk}$

表 7.3　当 $\mu = 0$ 时，正态分布三级以内的线性特征参数分布表

$-\infty$	$\mu_0 = 0, P_0 = 1$	∞

$P_L = 0.5, \overline{P}_L = 0$	$P_R = 0.5, \overline{P}_R = 0$
$\mu_L = -M_D$ $\approx -0.79788\sigma$	$\mu_R = M_D$ $\approx 0.79788\sigma$

$-\infty$	↑ μ_L ↓	↑ μ_0 ↓	↑ μ_R ↓	∞

$P_{2L2} \approx 0.21247$ $\overline{P}_{2L2} = 0$	$P_{2L1} \approx 0.28753$ $\overline{P}_{2L1} \approx 0.28753/M_D$	$P_{2R1} \approx 0.28753$ $\overline{P}_{2R1} \approx o.28753/M_D$	$P_{2R2} \approx 0.21247$ $\overline{P}_{2R2} = 0$
μ_{2L2} $\approx -1.71172M_D$ $\approx -1.36575\sigma$	μ_{2L1} $\approx -0.47408M_D$ $\approx -0.37826\sigma$	μ_{2R1} $\approx 0.47408M_D$ $\approx 0.37826\sigma$	μ_{2R2} $\approx 1.71172M_D$ $\approx 1.36575\sigma$

$-\infty$	↑ μ_{2L2} ↓	↑ μ_L ↓	↑ μ_{2L1} ↓	↑ μ_0 ↓	↑ μ_{2R1} ↓	↑ μ_R ↓	↑ μ_{2R2} ↓	∞

P_{3L4} ≈ 0.08560 $\overline{P}_{3L4} = 0$	P_{3L3} ≈ 0.12646 $\overline{P}_{3L3} \approx$ $0.17768/M_D$	P_{3L2} ≈ 0.14015 $\overline{P}_{3L2} \approx$ $0.26649/M_D$	P_{3L1} ≈ 0.14738 $\overline{P}_{3L1} \approx$ $0.31088/M_D$	P_{3R1} ≈ 0.14738 $\overline{P}_{3R1} \approx$ $0.31088/M_D$	P_{3R2} ≈ 0.14015 $\overline{P}_{3R2} \approx$ $0.26649/M_D$	P_{3R3} ≈ 0.12646 $\overline{P}_{3R3} \approx$ $0.17768/M_D$	P_{3R4} ≈ 0.08560 $\overline{P}_{3R4} = 0$

数据导出，例 $P_{3R2}(x) = P_{2R1} - P_{3R1} \approx 0.28753 - 0.14738 = 0.14015$.

常用概率：$P\{-1.96\sigma \leqslant x \leqslant -1.96\sigma\} \approx P\{-2.456M_D \leqslant x \leqslant 2.456M_D\} \approx 0.95$

$P\{-2.576\sigma \leqslant x \leqslant 2.576\sigma\} \approx P\{-3.276M_D \leqslant x \leqslant 3.276M_D\} \approx 0.99$

极限概率：$P\{-3\sigma \leqslant x \leqslant 3\sigma\} \approx 0.997$, $P\{-3.76M_D \leqslant x \leqslant 3.76M_D\} \approx 0.997$, $P\{-4M_D \leqslant x \leqslant 4M_D\} \approx 0.9986$,

即 $P\{-4M_D \leqslant x \leqslant 4M_D\} \approx 0.999 > P\{-3\sigma \leqslant x \leqslant 3\sigma\} \approx 0.997$.

7.3 指数分布的线性特征参数

（1）已有统计量

指数分布的密度函数

$$f(x) = \lambda e^{-\lambda x}, x \geqslant 0. \tag{7.3.1}$$

分布函数

$$F(x) = \int_0^x \lambda e^{-\lambda x} dx, (x \geqslant 0). \tag{7.3.2}$$

它的数学期望为

$$\mu = E(x) = 1/\lambda. \tag{7.3.3}$$

方差为

$$D(x) = 1/\lambda^2. \tag{7.3.4}$$

均方差

$$\sigma(x) = \sqrt{D(x)} = 1/\lambda. \tag{7.3.5}$$

（2）线性统计量

任一区间的概率

$$P(a \hat{<} x \hat{<} b) = \int_a^b \lambda e^{-\lambda x} dx. = -e^{-\lambda x} \big|_a^b. \tag{7.3.6}$$

左概率

$$P_L = P\{X \hat{<} \mu\} = -e^{-\lambda x} \big|_0^{1/\lambda},$$
$$= \frac{e-1}{e} \approx 0.63212. \tag{7.3.7}$$

右概率

$$P_R = 1 - P_L = \frac{1}{e} \approx 0.36788. \tag{7.3.8}$$

从上述两式可以看出，左、右概率分别为两个不变的常数，可以验证了(3.3)、(3.4)式的线性变换下的区域概率不变性（或概率对易规则）.

任一区间的均值：$E_{ab}(x) = \dfrac{\lambda}{P_{ab}} \displaystyle\int_a^b x e^{-\lambda x} dx,$ (7.3.9)

设 $u = x, du = dx; dv = e^{-\lambda x} dx, v = -\dfrac{1}{\lambda} e^{-\lambda x}$，

用分部积分法 $E_{ab}(x) = \dfrac{1}{P_{ab}} \left[-x e^{-\lambda x} \big|_a^b + \displaystyle\int_a^b e^{-\lambda x} dx \right]$，

$$= \frac{1}{P_{ab}} \left[-e^{-\lambda x} \left(x + \frac{1}{\lambda}\right) \right] \Bigg|_a^b. \tag{7.3.10}$$

左均值

$$\mu_L = E_L(x) = \frac{1}{P_L}\left[-e^{-\lambda x}\left(x+\frac{1}{\lambda}\right)\right]\Bigg|_0^{1/\lambda}$$

$$= \frac{e}{e-1}\left[-e^{-1}\left(\frac{1}{\lambda}+\frac{1}{\lambda}\right)+e^{0}\left(\frac{1}{\lambda}\right)\right]$$

$$\mu_L = \frac{e-2}{\lambda(e-1)} \approx 0.41802\mu.$$

$$= 0.41802/\lambda. \tag{7.3.11}$$

负均差

$$-\tau_L = \mu_L - \mu = \frac{e-2}{\lambda(e-1)} - \frac{1}{\lambda}$$

$$= -\frac{1}{\lambda(e-1)} \approx -0.58198\mu$$

$$= -0.58198/\lambda \tag{7.3.12}$$

右均值

$$\mu_R = E_R(x) = \frac{1}{P_R}\left[-e^{-\lambda x}\left(x+\frac{1}{\lambda}\right)\right]\Bigg|_{1/\lambda}^{\infty}$$

$$= e\left[e^{-1}\left(\frac{1}{\lambda}+\frac{1}{\lambda}\right)\right]\mu_R = \frac{2}{\lambda} = 2\mu. \tag{7.3.13}$$

正均差

$$\tau_R = \mu_R - \mu = \frac{2}{\lambda} - \frac{1}{\lambda} = \frac{1}{\lambda} = \mu. \tag{7.3.14}$$

半均差从（2.2）式可得，

$$M = P_L\tau_L = \frac{1}{\lambda}\times\frac{1}{e} = \frac{1}{\lambda e} = P_R\tau_R = \frac{1}{e}\mu \approx 0.36788\mu. \tag{7.3.15}$$

从上式也可以验证平衡定理的正确性，因为

$$M_D = 2M$$

$$= \frac{2}{\lambda e} = \frac{2}{e}\mu \approx 0.73576\mu. \tag{7.3.16}$$

线性偏态系数，按（3.3）式有

$$S_k = 2P_L - 1 = 1 - \frac{2}{e}$$

$$= -0.63212\times 2 + 1 = 0.26424. \tag{7.3.17}$$

因为 $0 < S_k$，并且 $P_L > P_R$，从表4.1所知该分布为正偏，并且 $\mu > \tilde{m} > N$ 从（7.3.4），（7.3.5），（7.3.12），（7.3.14），（7.3.17）这几个式子可以看出传统的离散统计量方差，均方差与线性统计量左、右均差的优劣，均方差与期望值相同！没有看出任何偏态的地方，而左、右均差明显看出两个数值不同，且是正偏.

(3) 代入 (7.3.6) 式求二级概率：

$$P_{2L2} = -e^{-\lambda x}\Big|_0^{\mu_L} = -e^{-\lambda x}\Big|_0^{\frac{e-2}{\lambda(e-1)}},$$

$$= 1 - e^{-\frac{e-2}{e-1}} \approx 0.34165. \tag{7.3.18}$$

$$P_{2L1} = P_L - P_{2L2}$$

$$= \frac{e-1}{e} - (1 - e^{-\frac{e-2}{e-1}}) = e^{-\frac{e-2}{e-1}} - \frac{1}{e}$$

$$P_{2L1} \approx 0.29047. \tag{7.3.19}$$

$$P_{2R2} = -e^{-\lambda x}\Big|_{\mu R}^{\infty} = -e^{-\lambda x}\Big|_{2/\lambda}^{\infty}$$

$$= -(e^{-\infty} - e^{-\lambda(2/\lambda)})$$

$$P_{2R2} = e^{-2} \approx 0.13534 \tag{7.3.20}$$

$$P_{2R1} = P_R - P_{2R2}$$

$$= \frac{1}{e} - \frac{1}{e^2} = \frac{e-1}{e^2}$$

$$P_{2R1} \approx 0.23254. \tag{7.3.21}$$

(4) 代入 (7.3.10) 式求二级均值，式中 $\mu_L = \dfrac{e-2}{\lambda(e-1)}$

$$\mu_{2L2} = \frac{1}{P_{2L2}}\left[-e^{-\lambda x}(x + \frac{1}{\lambda})\right]\Big|_0^{\mu_L}$$

$$= \left[-e^{-\frac{e-2}{e-1}}\left(\frac{e-2}{\lambda(e-1)} + \frac{1}{\lambda}\right) + e^0\left(\frac{1}{\lambda}\right)\right]\frac{1}{P_{2L2}}$$

$$\approx \frac{1}{\lambda}(1 - 1.41802e^{-0.41802})/0.34165$$

$$\mu_{2L2} \approx 0.19449\mu \tag{7.3.21a}$$

以 μ_L 为中心，用平衡定理求：

$$P_{2L1}(\mu_{2L1} - \mu_L) = P_{2L2}(\mu_L - \mu_{2L2})$$

$$\mu_{2L1} - \mu_L = \frac{P_{2L2}(\mu_L - \mu_{2L2})}{P_{2L1}}$$

其中 $\mu_L - \mu_{2L2} = 0.41802\mu - 0.19449\mu = 0.22353\mu$，

则 $\mu_{2L1} - \mu_L = 0.22353\mu \times 0.34165 \div 0.29047 = 0.26292\mu$，

$$\mu_{2L1} \approx 0.68094\mu. \tag{7.3.22}$$

$$\mu_{2R2} = \frac{1}{P_{2R2}}\left[-e^{-\lambda x}(x + \frac{1}{\lambda})\right]\Big|_{2/\lambda}^{\infty}$$

$$= \frac{1}{e^{-2}}\left[e^{-2}(\frac{2}{\lambda} + \frac{1}{\lambda})\right]$$

$$\mu_{2R2} = \frac{3}{\lambda} = 3\mu. \tag{7.3.23}$$

$$\mu_{2R2} - \mu_R = 3\mu - 2\mu = \mu = \frac{1}{\lambda}.$$

以 μ_R 为中心，用平衡定理求：$P_{2R1}(\mu_R - \mu_{2R1}) = P_{2R2}(\mu_{2R2} - \mu_R)$

$$\mu_{2R1} = \mu_{\mathrm{R}} - P_{2R2}(\mu_{2R2} - \mu_R)/P_{2R1}$$

$$\begin{aligned}
\mu_{2R1} &= \frac{2}{\lambda} - \frac{1}{\lambda} \times \frac{1}{\mathrm{e}^2} \times \frac{\mathrm{e}^2}{\mathrm{e}-1} \\
&= \frac{2}{\lambda} - \frac{1}{\lambda(\mathrm{e}-1)} \\
&= \frac{2\mathrm{e}-3}{\lambda(\mathrm{e}-1)} = \frac{2\mathrm{e}-3}{\mathrm{e}-1}\mu
\end{aligned}$$

$$\mu_{2R1} = 1.41802\mu. \tag{7.3.24}$$

用二级中心平衡定理检验：　$\sum_{i=1}^{2} P_{2Li}\tau_{2Li} = \sum_{i=1}^{2} P_{2Ri}\tau_{2Ri}$

左边　$P_{2L2}\tau_{2L2} + P_{2L1}\tau_{2L1}$

$= P_{2L2}(\mu_0 - \mu_{2L2}) + P_{2L1}(\mu_0 - \mu_{2L1})$

$= 0.34165(\mu - 0.19449\mu) + 0.29047(\mu - 0.68094\mu)$

$\approx 0.3679\mu = \dfrac{0.3679}{\lambda}$

右边　$P_{2R2}\tau_{2R2} + P_{2R1}\tau_{2R1}$

$= P_{2R2}(\mu_{2R2} - \mu_0) + P_{2R1}(\mu_{2R1} - \mu_0)$

$= 0.13534(3\mu - \mu) + 0.23254(1.41802\mu - \mu)$

$\approx 0.3679\mu = \dfrac{0.3679}{\lambda} \approx$ 左边

左边≈右边，其误差为 0.01%，是在计算过程所产生的.

(5) 线性峰态系数：

$C_k = P\{\mu_L \hat{<} x \hat{<} \mu_R\}$

$= F\{\mu_R\} - F\{\mu_L\}$

$= P_{2L1} + P_{2R1}$

$= 0.29047 + 0.23254 = 0.52300.$ (7.3.25)

该峰态系数大于均匀分布（0.5），小于正态峰（0.576）是一般的凸锋（见表 7. 22）.

7.4 Poisson 分布的线性特征参数

7.4.1 现状水平

分布列 $$p(k,\lambda) = e^{-\lambda}\frac{\lambda^K}{k!},(k = 1,2,\cdots). \tag{7.4.1}$$

分布函数 $$F(p_\lambda,k) = e^{-\lambda}\sum_{K=0}^{\infty}\frac{\lambda^K}{k!},(k = 1,2,\cdots). \tag{7.4.2}$$

数学期望 $$E(p_\lambda,k) = E\left[e^{-\lambda}\sum_{K=0}^{\infty}\frac{\lambda^K}{k!}\right]$$

$$= \sum_{K=0}^{\infty}ke^{-\lambda}\left(\frac{\lambda}{k!}\right) = \lambda. \tag{7.4.3}$$

方差 $$D(p_\lambda,k) = D\left(e^{-\lambda}\sum_{K=0}^{\infty}\frac{\lambda^K}{k!}\right) = \lambda. \tag{7.4.4}$$

从上述可以看出 Poisson 分布的经典特征参数十分贫乏，居然只有一个 λ！这很难把该分布的特征表达清楚.

7.4.2 线性特征参数

为了求出 Poisson 分布的线性特征参数，可以先求出标准 λ 的线性特征参数，然后通过线性变换再求出其一般分布的线性特征参数. 当 $\lambda = 1$ 时的 Poisson 分布被称为标准分布. 此时，

分布列 $$p[k,\lambda(1)] = e^{-1}\frac{1}{k!},(k = 1,2,\cdots). \tag{7.4.5}$$

分布函数 $$F(p_1,k) = e^{-1}\sum_{K=0}^{\infty}\frac{1}{k!},(k = 1,2,\cdots). \tag{7.4.6}$$

数学期望 $$E(p_1,k) = 1. \tag{7.4.7}$$

方差 $$D(p_1,k) = 1. \tag{7.4.8}$$

左概率 $$P_L = F_L(p_1,k) = e^{-1}\left[\sum_{K=0}^{1}\frac{1}{k!} - \frac{1}{2(1!)}\right]$$

$$= e^{-1}\left[1 + 1 - \frac{1}{2}\right] = \frac{3}{2e} \approx 0.5518. \tag{7.4.9}$$

右概率 $$P_R = 1 - P_L = 1 - \frac{3}{2e}$$

$$\approx 1 - 0.5518 = 0.4482. \tag{7.4.10}$$

左均值 $$E_L(P,K) = e^{-1}\frac{\mathrm{Lim}}{k\to 0}\left[\frac{K}{K!} + \frac{1}{2}\frac{\mathrm{Lim}}{k\to 1}\frac{K}{K!}\right]$$

$$= e^{-1}(\frac{1}{2}) = \frac{1}{2e} = 0.1839$$

负均差　$-\tau_L = E_L - E = \frac{1}{2e} - 1$

$$= -0.8161.$$

用平衡定理求正均差，因为 $\frac{P_L}{P_R} = \frac{\tau_R}{\tau_L}$

所以有　$\tau_R = \frac{\tau_L P_L}{P_R}$

$$= \frac{2e-1}{2e} \times \frac{3}{2e} \div \frac{2e-3}{2e}$$

$$= \frac{3(2e-1)}{2e(2e-3)} \approx 1.0047. \tag{7.4.13}$$

右均值　$E_R = E + \tau_R = 1 + 1.0047 = 2.0047.$　(7.4.14)

半均差　$M = \tau_L P_L = \frac{2e-1}{2e} \times \frac{3}{2e} \approx 0.4503.$　(7.4.15)

经检验平衡定理成立，即：$M = \tau_L P_L = \tau_R P_R$

平均差　$M_D = 2M \approx 0.9006.$　(7.4.16)

线性偏态系数　$S_k = 2P_L - 1 = 2 \times \frac{3}{2e} - 1$

$$= \frac{3}{e} - 1 \approx 0.1036\ (\text{正偏}) \tag{7.4.17}$$

线性峰态系数　$C_k = \int_{x \hat{>} \mu_L}^{x \hat{<} \mu_R} \mathrm{d}F(x)$

$$= F\{k \leqslant 2\} - F\{k = 0\}$$

$$= e^{-1} \sum_{K \hat{>} \mu L}^{\hat{<} \mu R} \frac{1}{k!}$$

$$= \frac{3}{2e} \approx 0.5518. \tag{7.4.18}$$

此线性峰态系数小于正态峰，大于均匀分布的平锋.

以上过程直接用各特征参数的近似值代进计算，结果一样.

当 Poisson 分布并非标准时，可以通过线性变换达到目的，如分布列为

$$p(k,\lambda) = e^{-\lambda} \frac{\lambda^K}{k!}, (k = 1, 2, \cdots) \tag{7.4.19}$$

此时线性变换值为系数 λ，参照（3.2）…（3.8）式.

期望值为　$E[p(k,\lambda)] = 1 \times \lambda = \lambda$　(7.4.20)

左均值　$E_L[p(k,\lambda)] = \lambda E_L[p(k,1)]$　(7.4.21)

右均值为 $E_R[p(k,\lambda)] = \lambda E_R[p(k,1)]$ (7.4.22)

负均差 $\tau_L[p(k,\lambda)] = \lambda\tau_L[p(k,1)]$ (7.4.23)

正均差为 $\tau_R[p(k,\lambda)] = \lambda\tau_R[p(k,1)]$ (7.4.24)

半均差为 $M[p(K,\lambda) = \lambda M(K,1)$ (7.4.25)

7.5 用数值计算法求离散分布的线性特征参数

二项分布列

$$p = C_n^k p^k q^{n-k}, \tag{7.5.1}$$

分布函数为

$$P = \sum_{i=1}^{k} C_n^k p^k q^{n-k}. \tag{7.5.2}$$

(1) 设当 $n=20$, $p=0.25$ 时,

现有的特征参数:

均值为 $E(X) = np = 20\times 0.25 = 5$.

方差 $D(X) = npq = 20\times 0.25\times 0.75 = 3.750$.

$$\sigma = \sqrt{D(X)} = \sqrt{3.750} \approx 1.936.$$

$(n+1)\ p=(20+1)\ 0.25=5.25$, 极值取整数部分 $n=5$.

求各项新的线性特征参数查表求:

$P_L = p_0 + + p_1 + p_2 + p_3 + p_4 + p_5 \div 2$

$=0.0032 + 0.0211 + 0.0670 + 0.1339 + 0.1896 + 0.2023/2 = 0.51595$.

$P_R = 1 - p_L = 1 - 0.51595 = 0.48405$.

$\mu_L = \dfrac{1}{P_L}\left(\sum_{i=0}^{4} x_i p_i + 5p_5 \div 2\right) = 0\times 0.0032 \div 2 + 1\times 0.0211 + 2\times 0.0670 +$

$3\times 0.1339 + 4\times 0.1896 + 5\times 0.2023 \div 2) \div 0.51595 = 3.5293$

$\tau_L = \mu - \mu_L = 5 - 3.5293 = 1.47069$.

平衡定理变成: $\tau_R = \dfrac{\tau_L P_L}{P_R} = 1.47069\times 0.51595 \div 0.48405 = 1.5676$

$M = P_R\tau_R = P_L\tau_L = 0.51595\times 1.47069 = 0.75880$

$M_D = 2M = 2\times 0.75880 = 1.5176$

$\mu_R = \mu + \tau_R = 5 + 1.5676 = 6.5676$.

用三均值公式检验: $\mu_R P_R + \mu_L P_L = 6.5676\times 0.48405 + 3.5293\times 0.51595$ $\approx 4.99999 \approx 5$.

误差 <0.000003, 十分准确.

按照旧公式 $C_S = (\mu - N)/\sigma$ 作为偏态系数的计算公式，$\because \mu = N$，（N 为众数），$\because C_S = 0$，无偏；但事实上该分布是有偏的，请看以本文推出的新偏态系数计算：

$S_k = P_L - P_R = 0.51595 - 0.48405 = 0.0319 > 0$，正偏.

峰态系数 $C_k = P_k = \sum_{\hat{i} < E_L}^{\hat{i} < E_R} p_i = \sum_{i > E_L}^{i < E_R} p_i$.

注：由于 $E_L = \mu_L, E_R = \mu_R$ 都不在分布列上，所以有上述等式.

$C_K = 0.1896 + 0.2023 + 0.1686 = 0.5605 < 0.576$（正态峰），属于常峰.

（2）当 $n = 20$，$p = 0.75$ 时，求各项新的线性特征参数

现有的特征参数：

期望值 $E(X) = np = 20 \times 0.75 = 15$.

极值 $\hat{f}(x) = (n + 1)p = (20 + 1) \times 0.75 = 15.75$，极值取整数部分 $n = 15$.

方差 $D(X) = npq = 20 \times 0.75 \times 0.25 = 3.75$.

均方差 $\sigma(X) = \sqrt{D(X)} = 1.936$.

由于 $p = 0.75$ 与 $p = 0.25$ 存在着反向对应关系，参考（7.5.1），（7.5.2）式. 所以各项新参数存在着反向对应关系：

$P_L(p = 0.75) = P_R(p = 0.25) = 0.48405$，$P_R(p = 0.75) = P_L(p = 0.25) = 0.51595$.

$\tau_L(p = 0.75) = \tau_R(p = 0.25) = 1.5676$，$\tau_R(p = 0.75) = \tau_L(p = 0.25) = 1.47069$.

$M = P_L\tau_L = P_R\tau_R = 0.7588$，$M_D = 2M = 2P_L\tau_L = 1.5176$.

$\mu_L = \mu - \tau_L = 15 - 1.5676 = 13.4324$，$\mu_R = \mu + \tau_R = 15 + 1.47069 = 16.47069$.

偏态系数 $S_k = P_L - P_R = 0.48405 - 0.51595 = -0.0319 < 0$，为负偏，与 $P = 0.25$ 成反向关系.

与 $P = 0.25$ 类似，

峰态系数 $C_k = P_k = \sum_{i > E_L}^{i < E_R} p_i = 0.5605 < 0.576$（正态峰），属于常态峰.

（3）当 $n = 20$，$p = 0.5$ 时，

期望值 $E(X) = np = 20 \times 0.5 = 10$.

极值 $\hat{f}(x) = (n + 1)p = (20 + 1) \times 0.5 = 10.5$，极值取整数部分 $= 10$.

方差 $D(X)=npq\times0.5\times0.5=5$，均方差 $\sigma(X)=\sqrt{D(X)}=2.236$

求各项新的线性特征参数：

$P_L=P_R=0.5$.

因为 $p=0.5$，从二项分布的性质可知，它是对称分布.

$$\mu_L=\frac{1}{P_L}\left(\sum_{i=0}^{9}xp_i+10p_{10}/2\right)$$

$=(1\times0.0000+2\times0.0002+3\times0.0011+4\times0.0046+5\times0.0148+6\times0.037+7\times0.0739+8\times0.1201+9\times0.1602+10\times0.1762\div2)\div0.5=8.238$.

$\tau_L=\mu-\mu_L$

$=10-8.238=1.762$.

因为该分布对称，所以偏态系数

$S_k=P_L-P_R=0.5-0.5=0$.

并且 $\tau_L=\tau_R=M_D=2M=1.762$

$\mu_R=\mu+\tau_R=10+1.762=11.762$.

峰态系数 $C_k=P_k=\sum_{i>E_L}^{i<E_R}p_i=\sum_{i>8.238}^{i<11.762}p_i$

$=0.1602+0.1762+0.1602=0.4966$.

该 $C_k>0.576$ 的正态峰，属于尖峰.

这些新的特征参数若用统计软件编程来求，是非常方便的．若用一般的手工方法计算，由于有平衡定理及三均值公式，其计算要比求方差、均方差及三，四阶矩容易得多.

注：密度函数：$p=C_n^kp^kq^{n-k}$，分布函数为：$F(k)=\sum_{i=1}^{k}C_n^kp^kq^{n-k}$（计算从略）.

表 7.4　二项分布的线性特征参数

项目＼P	μ	μ_L	μ_R	$-\tau_L$	τ_R	M_D	σ	P_L	P_R	C_S	S_k	C_k
0.5	10	8.238	11.762	−1.762	1.762	1.762	2.236	0.5	0.5	0	0	0.4966
0.25	5	3.5293	6.5676	−1.4096	1.5676	1.5176	1.936	0.51595	0.48405	0	+0.0319	0.5605
0.75	5	13.432	16.4069	−1.5676	1.4069	1.5176	1.936	0.48405	0.51505	0	−0.0319	0.5605

1）无论 $P=0.25$ 或 $P=0.75$ 时，均方差 σ 都是 $=1.936$，看不出任何差别；而新特征参数 P_L 与 P_R 及 $-\tau_L$ 与 τ_R 的绝对值，显示两者明显的不同，具有反向交叉对应关系.

2）偏态系数：传统的偏态系数三阶矩表示，但由于该矩计算很繁杂，并且是有偏的，不理想. 因此后来改用 $C_S=(\mu-N)/\sigma$ 表示，虽然简便，但不准确，用这种方法计算，在本例中三种情况都为 0，即表示无偏；但事实上该分布是有偏的. 用本文的新特征参数 S_k 表示时，分别为无偏（0），正偏（0.328），负偏（-0.328）.

7.6　有待研究的新课题

其他还未研究的离散及连续分布的线性特征参数.

第 8 章　二维及多维随机向量的线性特征参数

8.0　二维随机向量的联合分布及数学期望

定义 8.0.1　如果 X,Y 都是概率空间 (Ω,F,P) 上的随机向量，称 R^2 上的二元函数

$$F(x,y) = P(X \hat{<} x, Y \hat{<} y) . \tag{8.0.1}$$

为 X,Y 的联合分布函数．简称联合分布.

定义 8.0.2　设二维随机向量 (X,Y) 的分布函数为 $F(x,y)$，设以下所有的积分都收敛，记

$$E(X,Y) = \begin{cases} E(X) = \int_{-\infty}^{\infty} x \mathrm{d}F_X(x) \\ E(Y) = \int_{-\infty}^{\infty} y \mathrm{d}F_Y(y) \end{cases} . \tag{8.0.2}$$

则称 $E\ (X,\ Y)$ 为该随机向量的数学期望.

8.1　二维随机向量边缘分布的线性特征参数

定义 8.1.1　记 $F(x,y) = P(X \hat{<} x, Y \hat{<} y)$ 为二维随机向量的联合分布函数，并且数学期望 (EX,EY) 存在．记

$$F_X(x) = F(x,\infty) = P(X \hat{<} x, Y \leqslant \infty),$$

$$F_Y(y) = F(\infty,y) = P(X \leqslant \infty, Y \hat{<} y). \tag{8.1.1}$$

分别称 $F_X(x)$，$F_Y(y)$ 为 $F(x,y)$ 的两个关于 X 或 Y 的边缘分布函数，简称边缘分布.

由于边缘分布实质为一维分布，所以有类似第一节 1.2～1.6 的定义.

定义 8.1.2　设 $F_X(x)$、$F_Y(y)$ 分别为 $F(x,y)$ 关于 x 及 y 的边缘分布函数，如果以下的积分收敛，则分别称 E_X,E_Y 为 $F(x,y)$ 关于 x 及 y 的边缘数学期望：

$$\begin{cases} E_X = \int_{-\infty}^{\infty} x\mathrm{d}F_X(x) \\ E_Y = \int_{-\infty}^{\infty} y\mathrm{d}F_Y(y) \end{cases}. \tag{8.1.2}$$

对于连续分布（8.1.2）式可以写作：

$$\begin{cases} E_X = \int_{-\infty}^{\infty} x\mathrm{d}x\int_{-\infty}^{\infty} f(x,y)\,\mathrm{d}y \\ E_Y = \int_{-\infty}^{\infty} y\mathrm{d}y\int_{-\infty}^{\infty} f(x,y)\,\mathrm{d}y \end{cases}. \tag{8.1.3}$$

从（8.0.2）及（8.1.2）公式可以看出，边缘数学期望（E_X）及（E_Y）的组合实际上等于联合期望（EX,EY），其实质是 $F(x,y)$ 平面上的几何中心点的坐标，物理解析为平板 $F(x,y)$ 的质心.

设二维随机向量 X,Y，其边缘分布 $F_X(x)$ 具有边缘数学期望 $E_X(x)$，以此为界把 $F_X(x)$ 分为左，右（小，大）两部分（剖分的方法按照第1节，以定义1.1～1.3所述的方法进行），但对于二维及多维分布，左、右的概念不够用，也不准确，因此以小、大，代替第1节，定义1.1～1.3的冠词左、右，即下标分别以 E_L,E_B 代替 E_L,E_R 其意义为 $E_L \hat{<} E(X),E_B \hat{>} E(X)$，以下做同样处理.

令

$$\begin{cases} P_{LX}(x) = P\{X \hat{<} E_X\} \\ P_{BX}(x) = P\{X \hat{>} E_X\} \end{cases} \tag{8.1.4}$$

定义8.1.3　分别将 $P_{LX}(x)$ 和 $P_{BX}(x)$ 称为关于边缘分布 $F_X(x)$ 的的下部概率和上部概率.

令

$$\begin{cases} P_{LY}(y) = P\{Y \hat{<} E_Y\} \\ P_{BY}(y) = P\{Y \hat{>} E_Y\} \end{cases} \tag{8.1.5}$$

分别将 $P_{LY}(y)$ 和 $P_{BY}(y)$ 称为边缘分布 $F_Y(y)$ 的的下部概率和上部概率.

这里 $$\begin{cases} P_X\{-\infty \leqslant (X=x) \leqslant \infty\} = P_{LX}\{x\} + P_{BX}\{x\} = 1 \\ P_Y\{-\infty \leqslant (Y=y) \leqslant \infty\} = P_{LY}\{y\} + P_{BY}\{y\} = 1 \end{cases} \tag{8.1.6}$$

定义8.1.4　令

$$\begin{cases} F_{LX}(x) = \dfrac{1}{P_{LX}}F_X(x),x \hat{<} E_X \\ F_{BX}(x) = \dfrac{1}{P_{BX}}F_X(x),x \hat{>} E_X \end{cases}, \tag{8.1.7}$$

$$\begin{cases} F_{LY}(y) = \dfrac{1}{P_{LY}} F_Y(y), y \hat{<} E_Y \\ F_{BY}(y) = \dfrac{1}{P_{BY}} F_Y(y), y \hat{>} E_Y \end{cases}. \quad (8.1.8)$$

分别称 $F_{LX}(x)$ 和 $F_{BX}(x)$ 为边缘分布 $F_X(x)$ 的下、上分布函数；称 $F_{LY}(y)$ 和 $F_{BY}(y)$ 为边缘分布 $F_Y(y)$ 的下、上分布函数.

定义 8.1.5 设以下的积分收敛，则

$$\begin{cases} E_{LX} = \int_{-\infty}^{+\infty} x \mathrm{d}F_{LX}(x) \\ E_{BX} = \int_{-\infty}^{+\infty} x \mathrm{d}F_{BX}(x) \end{cases} \quad (8.1.9)$$

分别称 E_{LY}, E_{BY} 为 $F_X(x)$ 的小、大均值，并且 $E_{LX} \hat{<} EX \hat{<} E_{BX}$.

定义 8.1.6 设以下的积分收敛，

$$\begin{cases} E_{LY} = \int_{-\infty}^{+\infty} y \mathrm{d}F_{LY}(y) \\ E_{BY} = \int_{-\infty}^{+\infty} y \mathrm{d}F_{BY}(y) \end{cases} \quad (8.1.10)$$

分别称 E_LY, E_BY 为 $F_Y(y)$ 的小、大均值，并且 $E_{LY} \hat{<} EY \hat{<} E_{BY}$.

定义 8.1.7 令

$$\begin{cases} -\tau_{LX} = E_{LX} - EX \\ \tau_{BX} = E_{BX} - EX \end{cases}, \quad (8.1.11)$$

分别称 $-\tau_{LX}$ 和 τ_{BX} 为 $F_X(x)$ 的负均差和正均差.

同理，

定义 8.1.8 令

$$\begin{cases} -\tau_{LY} = E_{LY} - EY \\ \tau_{BY} = E_{BY} - EY \end{cases} \quad (8.1.14)$$

分别称 $-\tau_{LY}$ 和 τ_{BY} 为 $F_Y(y)$ 的负均差和正均差.

定义 8.1.9 令

$$\begin{cases} M_X = -\int_{X \hat{<} E_X} (x - E_X) \mathrm{d}F_X(x) = \int_{X \hat{>} E} (x - E_X) \mathrm{d}F_X(x) \\ M_Y = -\int_{Y \hat{<} E_Y} (y - E_Y) \mathrm{d}F_Y(y) = \int_{Y \hat{>} E_Y} (y - E_Y) \mathrm{d}F_Y(y) \end{cases}. \quad (8.1.15)$$

则分别称 M_X, M_Y 为 $F_X(x), F_Y(y)$ 的半均差，从上式可知：$M_X \geqslant 0, M_Y \geqslant 0$.

由于二维边沿分布实际上是一维分布，也可以仿照一维分布定义边沿分布的二级、三级、……直至 k 级的线性特征参数（参照第 6 章）. 先考虑 $F_X(x)$

的二级线性特征参数.

以期望值和一级边沿均值（E_{LX}, E_{0X}, E_{BX}）为三条分割线，把二维边沿分布 F_X（X）分成四个区域（从中心向两边），其对应的二级区间分布为

左边：左 1 区 $F_{2L1}(x) = F(E_{LX} \hat{<} x \hat{<} E_0)$，左 2 区 $F_{2L2}(x) = F(-\infty \leqslant x \hat{<} E_{LX})$；　(8.1.16)

右边：右 1 区 $F_{2R1}(x) = F(E_0 \hat{<} x \hat{<} E_{RX})$，右 2 区 $F_{2R1}(x) = F(E_{RX} \hat{<} x \leqslant \infty)$.　(8.1.17)

其对应的区间均值为

左边：左 1 区 $E_{2L1}(x) = E(E_{LX} \hat{<} x \hat{<} E_0)$，左 2 区 $E_{2L2}(x) = E(-\infty \leqslant x \hat{<} E_{LX})$；　(8.1.18)

右边：右 1 区 $E_{2R1}(x) = E(E_{RX} \hat{<} x \hat{<} E_0)$，右 2 区 $E_{2R2}(x) = E(E_{RX} \hat{<} x \leqslant \infty)$.　(8.1.19)

其对应的区间概率为

左边：左 1 区 $P_{2L1}(x) = P(E_{LX} \hat{<} x \hat{<} E_0)$，左 2 区 $P_{2L2}(x) = P(-\infty \leqslant x \hat{<} E_{LX})$；　(8.1.20)

右边：右 1 区 $P_{2R1}(x) = P(E_0 \hat{<} x \hat{<} E_{RX})$，右 2 区　$P_{2R2}(x) = P(E_{RX} \hat{<} x \leqslant \infty)$.　(8.1.21)

以期望值和一级边沿均值（E_{LY}, E_{0Y}, E_{BY}）为三条分割线，把二维边沿分布 $\mathrm{F_Y}$（Y）分成四个区域（从中心向两边）排列如下：

下边：下 1 区 $F_{2L1}(y) = F(E_{LY} \hat{<} y \hat{<} E_0)$，下 2 区 $F_{2L2}(y) = F(-\infty \leqslant y \hat{<} E_{LY})$；　(8.1.22)

上边：上 1 区 $F_{2B1}(y) = F(E_0 \hat{<} y \hat{<} E_{BY})$，上 2 区 $F_{2B1}(x) = F(E_{BY} \hat{<} y \leqslant \infty)$.　(8.1.23)

其对应的区间均值为

下边：下 1 区 $E_{2L1}(y) = E(E_{LY} \hat{<} y \hat{<} E_0)$，下 2 区 $E_{2L2}(y) = E(-\infty \leqslant y \hat{<} E_{LY})$；　(8.1.24)

上边：上 1 区 $E_{2B1}(y) = E(E_0 \hat{<} y \hat{<} E_{BY})$，上 2 区 $E_{2B2}(y) = E(E_{BY} \hat{<} y \leqslant \infty)$.　(8.1.25)

其对应的区间概率为

下边：下 1 区 $P_{2L1}(y) = P(E_{LY} \hat{<} y \hat{<} E_0)$，下 2 区 $P_{2L2}(y) = P(-\infty \leqslant y \hat{<} E_{LY})$；　(8.1.26)

上边：上 1 区 $P_{2B1}(y) = P(E_0 \hat{<} y \hat{<} E_{BY})$，上 2 区 $P_{2B2}(y) = P(E_{BY} \hat{<} y \leqslant \infty)$.　(8.1.27)

同理，也可以求三级，四级，……，及以上的线性特征参数参看 6.2 节.

8.2 p维随机向量边缘分布的线性特征参数

记$F(x_1,x_2,\cdots,x_p)=P(X_1\hat{<}x_1,X_2\hat{<}x_2,\cdots,X_p\hat{<}x_p)$为$p$维随机向量$X=(X_1,X_2,\cdots,X_p)$的联合分布函数，并且其数学期望$(\mu_1,\mu_2,\cdots,\mu_p)$存在. 记

$$F_k(x_k)=P(X_K\hat{<}x_k),k\neq i,i=1,2,\cdots,k-1,k+1,\cdots,n \text{ 其余}:X_i\leqslant\infty). \tag{8.2.1}$$

定义 8.2.1 称$F_k(x)$为$F(x_1,x_2,\cdots,x_p)$的一个边缘分布函数.

例：称$F_1(x_1)=F(x_1,\infty),F_2(x_2)=F(x_2,\infty),\cdots,F_i(x_i)=F(x_i,\infty),\cdots,F_p(x_p)=F(x_p,\infty)$分别为$p$维随机向量$X=(X_1,X_2,\cdots,X_i,\cdots,X_p)$的$p$个边缘分布函数.

由于边缘分布函数实质是一维分布，所以有类似第一节1.2——1.6的定义，

定义 8.2.2 设$F_k(x_k)$为p维随机向量$X=(X_1,X_2,\cdots,X_p)$关于x_k的边缘分布函数，当以下的积分收敛，则称$E_k(x_k)$为$F_k(x_k)$关于x_k的边缘数学期望，记为μ_k

$$\mu_k=E_k(x_k)=\int_{-\infty}^{\infty}x_k\mathrm{d}F_k(x_k),(k=1,2,\cdots,i,\cdots,p). \tag{8.2.2}$$

因为p维随机向量共有p个边缘数学期望，它们的集合就是其联合分布$F(x_1,x_2,\cdots,x_p)$的数学期望

$$E[F(x_1,x_2,\cdots,x_p)]=(\mu_1,\cdots,\mu_i,\cdots,\mu_p). \tag{8.2.3}$$

类似于二维边缘数学期望，上述的期望值即为p维随机向量的几何中心坐标.

例：三维随机向量的三个边缘数学期望值μ_X,μ_Y,μ_Z，其集合就是联合分布$F(X,Y,Z)$的数学期望（μ_X,μ_Y,μ_Z）是该几何体的中心坐标，物理意义是该物体的质心坐标值.

定义 8.2.3 设边缘分布$F_k(x_k)$具有边缘数学期望μ_k，以μ_k为界把$F_k(x_k)$分为下、上（小，大）两部分，（剖分的方法按照第1节）. 令

$$\begin{cases}P_{Lk}(x_k)=P\{X_k\hat{<}\mu_k\},(x_k\hat{<}\mu_k),\\P_{Bk}(x_k)=P\{X_k\hat{>}\mu_k\},(x_k\hat{>}\mu_k).\end{cases} \tag{8.2.4}$$

分别将$P_{LK}(x_k)$和$P_{Bk}(x_k)$称为$F_k(x_k)$的下边缘概率和上边缘概率.

这里：$P_k\{-\infty\leqslant x_k\leqslant+\infty\}=P_{Lk}\{x_k\}+P_{Bk}\{x_k\}=1$

定义 8.2.4 令

$$F_{Lk}(x_k)=\begin{cases}\dfrac{1}{P_{LK}}F_X(x_k), & x_k \hat{<} \mu_k \\ 1, & x_k \hat{>} \mu_k\end{cases}, \tag{8.2.5}$$

$$F_{Bk}(x_k)=\begin{cases}0, & x_k \hat{<} \mu_k \\ \dfrac{1}{P_{Bk}}[1-F_{Lk}(x_k)], & x_k \hat{>} \mu_k\end{cases}. \tag{8.2.6}$$

易知 $F_{Lk}(x_k)$ 和 $F_{Bk}(x_k)$ 均为分布函数，分别称 $F_{Lk}(x_k)$ 和 $F_{Bk}(x_k)$ 为 X_k 的下、上边缘分布函数.

定义 8.2.5　设以下的积分收敛，则

$$\begin{cases}\mu_{Lk}=E_{Lk}(x_k)=\int_{-\infty}^{+\infty}x\mathrm{d}F_{Lk}(x) \\ \mu_{Bk}=E_{Bk}(x_k)=\int_{-\infty}^{+\infty}x\mathrm{d}F_{Bk}(x)\end{cases} \tag{8.2.7}$$

分别称 μ_{Lk},μ_{Bk} 为 $F_k(x_k)$ 的小、大均值，并且 $\mu_{Lk} \hat{<} \mu_k \hat{<} \mu_{Bk}$.

定义 8.2.6　令

$$\begin{cases}-\tau_{Lk}=\mu_{Lk}-\mu_k \\ \tau_{Bk}=\mu_{Bk}-\mu_k\end{cases}. \tag{8.2.8}$$

分别称 $-\tau_{Lk}$ 和 τ_{Bk} 为 $F_{Xk}(x_k)$ 的负均差和正均差.

定义 8.2.7　令

$$M_k=-\int_{x\hat{<}\mu_X}(x_k-\mu_k)\mathrm{d}F_k(x_k)=\int_{x\hat{>}\mu_X}(x_k-\mu_k)\mathrm{d}F_k(x_k). \tag{8.2.9}$$

则称 M_K 为 $F_k(x_k)$ 的半均差，从上式可知：$M_k \geqslant 0$.

定理 8.2.1　（k 维边缘分布的平衡定理）设 k 维边缘分布的随机变量 X_k 的数学期望 μ_k 及正、负均差 τ_{Lk}，τ_{Bk} 存在，则有

$$P_{Lk}\tau_{Lk}=P_{Bk}\tau_{Bk}=M_k. \tag{8.2.10}$$

证　从（8.2.2）式，注意到当 $x_k \hat{<} \mu_k$ 时，

$$F_{Lk}(x)=\frac{F_k(x_k)}{P_{Lk}},$$

由（8.2.4）式左边得

$$\begin{aligned}M_k&=-\int_{x\hat{<}\mu_X}(x_k-\mu_k)\mathrm{d}F_k(x_k) \\ &=-\int_{x\hat{<}\mu_X}(x_k-\mu_k)\mathrm{d}F_{Lk}(x_k)=P_{Lk}\tau_{Lk}\end{aligned}$$

类似地可证 $M_k=P_{Bk}\tau_{Bk}$ ，证毕.

定理 8.2.2（k 维边缘分布的三均值定理）

设 X_k 为随机向量，它具有均值 μ_k 、小均值 μ_{Lk} 、大均值 μ_{Bk} ，下概率

P_{Lk} 、上概率 P_{Rk} ，则有三均值公式

$$\mu_{Lk}P_{Lk} + \mu_{Bk}P_{Bk} = \mu_k. \tag{8.2.11}$$

证 把（8.2.3）式代入 定理（8.1）：

$(\mu_k - \mu_{Lk})P_{LK} = (\mu_{Bk} - \mu_k)P_{BK}$,

$\mu_{Lk}P_{LK} + \mu_{Bk}P_{BK} = (P_{LK} + P_{BK})\mu_k$.

因为：$(P_{Lk} + P_{Rk}) = 1$ ，定理证毕.

8.3 二维随机向量条件分布的特征参数

以下无特别说明时，都是指二维随机向量的条件分布.

8.3.1 离散型随机向量的条件分布

定义 8.3.1 设 (X,Y) 是离散型随机向量，令

$$p(x_i \mid y_j) = \frac{p(X = x_i, Y = y_j)}{p(Y = y_j)} = \frac{p(i,j)}{p(\cdot,j)}, \tag{8.3.1}$$

$$p(y_j \mid x_i) = \frac{p(X = x_i, Y = y_j)}{p(X = x_i)} = \frac{p(i,j)}{p(i,\cdot)}. \tag{8.3.2}$$

称（8.3.1）式为在 $Y = y_j$ 条件下, X 的条件分布列；

称（8.3.2）式为在 $X = x_i$ 条件下, Y 的条件分布列.

定义 8.3.2 设 (X,Y) 是离散型随机向量，令

$$F(x \mid y_j) = P\{X < x \mid Y = y_j\} = \sum_{xi < x} \frac{p(i,j)}{p(\cdot,j)}, \tag{8.3.3}$$

$$F(y \mid x_i) = P\{Y < y \mid X = x_i\} = \sum_{y_j < y} \frac{p(i,j)}{p(j,\cdot)}, \tag{8.3.4}$$

称 $F(x \mid y_j)$ 为在 $Y = y_j$ 条件下, X 的条件分布函数；

称 $F(y \mid x_i)$ 为在 $X = x_i$ 条件下, Y 的条件分布函数.

8.3.2 连续型随机向量的条件分布

设 (X,Y) 为二维连续型随机向量, $f(x,y)$,$f_X(x)$,$f_Y(y)$ 分别为 (X,Y) 的联合密度函数以及 X 或 Y 的边缘密度函数.

定义 8.3.3 记

$$f(x \mid y) = \frac{f(x,y)}{f_Y(y)}, f_Y(y) > 0.$$

$$f(y \mid x) = \frac{f(x,y)}{f_X(x)}, f_X(x) > 0. \tag{8.3.5}$$

称 $f(x \mid y)$ 为在 $Y = y$ 条件下, X 的条件密度函数；称 $f(y \mid x)$ 为在 $X = x$

条件下 Y 的条件密度函数.

定义 8.3.4　记

$$F(x \mid y) = P\{X \leqslant x \mid Y = y\} = \int_{-\infty}^{x} \frac{f(x,y)}{f_Y(y)} \mathrm{d}x, f_Y(y) > 0. \tag{8.3.6}$$

$$F(y \mid x) = P\{Y \leqslant y \mid X = x\} = \int_{-\infty}^{y} \frac{f(x,y)}{f_X(x)} \mathrm{d}y, f_X(x) > 0. \tag{8.3.7}$$

称 $F(x \mid y)$ 为在 $Y = y$ 条件下, X 的条件分布函数, $F(y \mid x)$ 为在 $X = x$ 条件下, Y 的条件分布函数.

8.3.3　随机向量的条件数学期望

定义 8.3.5　如果下面的积分收敛,

$$\begin{cases} E(X \mid Y) = \int_{-\infty}^{\infty} x \mathrm{d}F(x \mid y), \\ E(Y \mid X) = \int_{-\infty}^{\infty} y \mathrm{d}F(y \mid x). \end{cases} \tag{8.3.8}$$

称 $E(X \mid Y)$ 为在 $Y = y$ 条件下, X 的条件数学期望. 称 $E(Y \mid X)$ 为在 $X = x$ 条件下, Y 的条件数学期望.

8.3.4　离散型随机向量的条件数学期望

定义 8.3.6　如果下面的级数收敛,

$$\begin{cases} E(X \mid y_j) = \sum_{i=1}^{\infty} x_i \frac{p_{ij}}{p_{i\cdot}} \\ E(Y \mid x_i) = \sum_{j=1}^{\infty} y_j \frac{p_{ij}}{p_{\cdot j}} \end{cases} \tag{8.3.9}$$

则称 $E(X \mid y_j)$ 为在 $Y = y_j$ 条件下的数学期望. 称 $E(Y \mid x_i)$ 为在 $X = x_i$ 条件下 Y 的数学期望.

8.3.5　连续型随机向量的条件数学期望

定义 8.3.7　如果下面的积分收敛,

$$\begin{cases} E(X \mid y) = \int_{-\infty}^{\infty} x \frac{f(x,y)}{f_Y(y)} \mathrm{d}x, \\ E(Y \mid x) = \int_{-\infty}^{\infty} y \frac{f(x,y)}{f_X(x)} \mathrm{d}y. \end{cases} \tag{8.3.10}$$

称 $E(X\mid y)$ 为在 $Y=y$ 条件下, X 的条件数学期望. 称 $E(Y\mid x)$ 为在 $X=x$ 条件下, Y 的条件数学期望.

定义 8.3.8 设条件分布 $F(x\mid y)$ 具有条件期望 $E(X\mid y)$，以此为界把 $F(x\mid y)$ 分为左，右（小，大）两部分. 令

$$\begin{cases}P_L(x\mid y)=P\{X\hat{<}E(X\mid y)\}\\P_R(x\mid y)=P\{X\hat{>}E(X\mid y)\}\end{cases}. \tag{8.3.11}$$

分别称 $P_L(x\mid y)$ 和 $P_R(x\mid y)$ 为在 $Y=y$ 条件下, X 的左条件概率和右条件概率.

同理令

$$\begin{cases}P_D(y\mid x)=P\{Y\hat{<}E(Y\mid x)\}\\P_U(y\mid x)=P\{X\hat{>}E(Y\mid x)\}\end{cases}. \tag{8.3.12}$$

分别称 $P_D(y\mid x)$ 和 $P_U(y\mid x)$ 为在 $X=x$ 的条件下, Y 的下条件概率和上条件概率. 这里:

$$\begin{cases}P\{x\mid y)\leqslant\infty\}=P_L\{x\mid y\}+P_R\{x\mid y\}=1\\P\{y\mid x)\leqslant\infty\}=P_D\{y\mid x\}+P_U\{y\mid x\}=1\end{cases}. \tag{8.3.13}$$

定义 8.3.9 设条件分布 $F(x\mid y)$，令

$$\begin{cases}F_L(x\mid y)=\dfrac{1}{P_L(x\mid y)}F(x\mid y),x\hat{<}\mu_x\\F_R(x\mid y)=\dfrac{1}{P_R(x\mid y)}[1-P_L(x\mid y)],x\hat{>}\mu_x\end{cases}. \tag{8.3.14}$$

分别称 $F_L(x\mid y)$ 和 $F_R(x\mid y)$ 为在 y 的条件下, $F(x\mid y)$ 的左、右条件分布函数为

$$F_L(x\mid y)=(-\infty\leqslant x\hat{<}\mu_X,-\infty\leqslant y\leqslant\infty),$$

$$F_R(x\mid y)=(\mu_X\hat{<}x\leqslant\infty,-\infty\leqslant y\leqslant\infty).$$

定义 8.3.10 设条件分布 $F(y\mid x)$，令

$$\begin{cases}F_D(y\mid x)=\dfrac{1}{P_D(y\mid x)}F(y\mid x),y\hat{<}\mu_y\\F_U(y\mid x)=\dfrac{1}{P_U(y\mid x)}[1)-P_L(y\mid x)],y\hat{>}\mu_y\end{cases}. \tag{8.3.15}$$

分别称 $F_D(y\mid x)$ 和 $F_U(y\mid x)$ 为在 x 的条件下, $F(x\mid y)$ 的下、上条件分布函数

$$\begin{cases}F_D(y\mid x)=(-\infty\leqslant x\leqslant\infty,-\infty\leqslant y\hat{<}\mu_y)\\F_U(y\mid x)=(-\infty\leqslant x\leqslant\infty,\mu_y\hat{<}y\leqslant\infty)\end{cases}. \tag{8.3.16}$$

下面计算条件分布的一级特征参数.

定义 8.3.11　设条件分布为 $F(x \mid y)$，令

$$\begin{cases} \mu_{XL} = \int_{-\infty}^{\mu x} x \mathrm{d}F(x \mid y) \\ \mu_{XR} = \int_{\mu x}^{\infty} y \mathrm{d}F(y \mid x) \end{cases}. \tag{8.3.17}$$

分别称 μ_{XL} 和 μ_{XR} 为在 $Y = y$ 的条件下，X 的左、右条件均值.

定义 8.3.12　设条件分布为 $F(y \mid x)$，令

$$\begin{cases} \mu_{Yd} = \int_{-\infty}^{\mu y} y \mathrm{d}F(y \mid x) \\ \mu_{YU} = \int_{\mu y}^{\infty} y \mathrm{d}F(y \mid x) \end{cases}. \tag{8.3.18}$$

分别称 μ_{YD} 和 μ_{YU} 为在 $X = x$ 的条件下，Y 的下、上条件均值.

定义 8.3.13　设条件分布为 $F(x \mid y)$，令

$$\begin{cases} -\tau_{LX} = \mu_{LX} - \mu_X \\ \tau_{RX} = \mu_{RX} - \mu_X \end{cases}. \tag{8.3.19}$$

分别称 $-\tau_{LX}$ 和 τ_{RX} 为 $F(x \mid y)$ 的负均差和正均差.

定义 8.3.14 设条件分布为 $F(y \mid x)$，令

$$\begin{cases} -\tau_{DY} = \mu_{DY} - \mu_Y \\ \tau_{UY} = \mu_{RX} - \mu_Y \end{cases}. \tag{8.3.19}$$

分别称 $-\tau_{DY}$ 和 τ_{UY} 为 $F(y \mid x)$ 的负均差和正均差.

由于条件分布相当于一维分布，它们都有平衡定理及三均值定理.

定理 8.3.14　设条件分布为 $F(x \mid y)$，有关于 X 的平衡定理：

$$P_{LX}\tau_{LX} = P_{RX}\tau_{RX}. \tag{8.3.20}$$

定理 8.3.15　设条件分布为 $F(y \mid x)$，有关于 Y 的平衡定理：

$$P_{DY}\tau_{DY} = P_{UY}\tau_{UY}. \tag{8.3.21}$$

定理 8.3.16　设条件分布为 $F(x \mid y)$，有关于 X 的三均值定理：

$$\mu_{XL}P_{XL} + \mu_{XR}P_{XR} = \mu_X. \tag{8.3.22}$$

定理 8.3.17　设条件分布为 $F(y \mid x)$，有关于 Y 的三均值定理：

$$\mu_{YD}P_{XD} + \mu_{YU}P_{YU} = \mu_Y. \tag{8.3.23}$$

定理 8.3.14～定理 8.3.17 的证明请参考定理 2.1 及推论 2.1.

8.4　二维随机向量分为两个局部区域的线性特征参数

预备知识：哈达马积（Hadamard's product）.

设矩阵 $A = (a_{ij})_{m\times n} \in F^{m\times n}$，$B = (b_{ij})_{m\times n} \in F^{m\times n}$，定义

$$A^\circ B = (a_{ij}b_{ij}) = \begin{pmatrix} a_{11}b_{11} & \cdots & a_{1n}b_{1n} \\ \vdots & \ddots & \vdots \\ a_{m1}b_{m1} & \cdots & a_{mn}b_{mn} \end{pmatrix}. \tag{8.4.1}$$

则称矩阵 $A^\circ B$ 为矩阵 A 与矩阵 B 的哈达马积（即两个矩阵的对应项相乘），其运算规律类似于矩阵加法.

它有很多优良的特性，因而得到广泛的应用.

8.4.1 多维分布的主成分

按一般的多元统计分析文献叙述.

有一组多元分布，有 p 个不同的随机变量，每个变量有 n 个不同的值，用矩阵表示如下：

$$\underset{(n*p)}{X} = \begin{bmatrix} x_{11}x_{12}\cdots x_{1p} \\ x_{21}x_{22}\cdots x_{2p} \\ \cdots\cdots \\ x_{n1}x_{n2}\cdots x_{np} \end{bmatrix} \tag{8.4.2}$$

考虑它的线性变换：

$$\underset{(n\times P)}{Z} = \underset{(n\times p)}{A^\circ X} = \begin{bmatrix} a_{11}a_{12}\cdots a_{1p} \\ a_{21}a_{22}\cdots a_{2p} \\ \cdots \\ a_{n1}a_{n2}\cdots a_{np} \end{bmatrix} \circ \begin{bmatrix} x_{11}x_{12}\cdots x_{1p} \\ x_{21}x_{22}\cdots x_{2p} \\ \cdots \\ x_{n1}x_{n2}\cdots x_{np} \end{bmatrix} \tag{8.4.3}$$

首先求出它的均值向量：

它的总体均值为

$$E[A][Z] = [\overline{a_1X_1} + \overline{a_2X_2} + \cdots + \overline{a_pX_P}]. \tag{8.4.4}$$

把（8.4.2）式用矩阵的方法求出它的特征值（$\lambda_1,\lambda_2,\cdots,\lambda_{p-1},\lambda_p$）及特征向量（$e_1,e_2,\cdots,e_{p-1},e_p$），$\lambda$ 已按从大到小排列，即：$\lambda_1 \geqslant \lambda_2, \geqslant \cdots \geqslant \lambda_{p-1} \geqslant \lambda_p$（注意：特征值是矩阵中对 λ 的特称，与本文的特征参数是两个不同的概念）.

有特征矩阵如下：

$$AX = \lambda X. \tag{8.4.5}$$

λ 的对角阵为：

$$[\lambda] = \begin{bmatrix} \lambda_1 \cdots\cdots 0 \\ 0 \cdots\cdots 0 \\ 0 \cdots \lambda_j \cdots 0 \\ 0 \cdots\cdots 0 \\ 0 \cdots\cdots \lambda_p \end{bmatrix} \tag{8.4.6}$$

定义 8.4.1　这里称 λ_1 为第一主成分，λ_2 为第二主成分，……. λ_j 为第 j 主成分，……. 设：$\lambda_1 \geqslant \lambda_2 \geqslant \cdots\cdots \lambda_{j-1} \geqslant \lambda_j \geqslant \cdots\cdots \geqslant \lambda_p$.

定义 8.4.2　称 $Z_j = \dfrac{\lambda_j}{\sum\limits_{i=1}^{p} \lambda_i}$ 为第 j 个主成分的贡献率 Z_j；又称 $\sum\limits_{i=1}^{x} Z_j \div$

$\sum\limits_{j=1}^{p} Z_j = \sum\limits_{i=1}^{j} \lambda_i \div \sum\limits_{i=1}^{p} \lambda_i$ 为主成分 $\lambda_1, \lambda_2, \cdots, \lambda_j, (j < p)$ 的累计贡献率.

通常取累计贡献率达到 80% 以上的 j 时，此时 $\lambda_1, \lambda_2, \cdots, \lambda_j$ 可以用来代替 $X_1 X_2, \cdots, X_p$，因为 $(j < p)$ 所以此时既达到降维的目的，所损失的信息也不多.

8.4.2　二维随机向量的研究

本着从易到难的原则，下面先研究二维随机向量．二维随机变量记作 ${}^2X_i$，$(i=1,\ 2)$，其左肩上的 2 字表示 2 维．这时只有两个随机变量 X_1, X_2 ，或者多维随机变量的两个主成分 $\lambda_1 + \lambda_2$ 的累计贡献率以达到 80% 以上.

为着研究的方便，在不影响以后分析的基础上，本文在这里，

1）把坐标原点移到该二维分布的数学期望上，即三点（数学期望，原点，中心点）重合.

$$E'[\underset{(2,2)}{X}] = E[0], \tag{8.4.7}$$

2）再把坐标旋转，即用旋转因子

$$\begin{bmatrix} X_{\lambda 1} \\ X_{\lambda 2} \end{bmatrix} = \begin{bmatrix} \cos\theta & -\sin\theta \\ \sin\theta & \cos\theta \end{bmatrix} \begin{bmatrix} X_1 \\ X_2 \end{bmatrix}. \tag{8.4.8}$$

把原坐标轴转至新坐标轴 $x_{\lambda 1}, x_{\lambda 2}$ 与 e_1，e_2 重合，以后对其他多维分布都经过这样处理．在不会产生混乱的情况下（因为以后研究多维分布就是经过这样处理后的），$X_{\lambda 1}, X_{\lambda 2}$ 就写作 X_1, X_2 ，这两轴互相垂直，并且分别与第一，第二主成分同方向.

8.4.3　二维随机向量的一级特征参数

0 级特征参数就是总体均值. 在此，均值已被平移至坐标原点 $E'[X_1, X_2] = E[0,0]$ ．一级局部特征参数共 10 个，X_1 轴有左、右平均，左、

右均差，半均差 M_1；X_2 轴有上、下平均，上、下均差，半均差 M_2.

因为总体均值就在0点，左均差就等于左平均，证：$\tau_L = (E_L - E_0) = E_L$.

同理可证右均差就等于右平均，上、下均差就等于上、下平均. 这样一级特征参数就只剩下6个. 这就是把原点移到总体均值处的好处.

8.4.4 二维随机向量左、右两个局部区域及其线性特征参数

设 (X_1,X_2) 为任一概率空间为 (Ω,F,P) 的随机向量，记它的联合分布为 $F(x_1,x_2)$，它的数学期望 (EX_1,EX_2) 存在并等于 [0，0]；把二维概率空间分成两个对分的区域进行研究，称为一级局部区域. 符号约定：下标有写1及1’的表示沿 X_2 轴（纵轴）进行剖分，分为左、右两个子区域；沿着 X_1 轴正方向的设为 Ω_1 区域，其积分区域为0至 ∞，反之在 X_2 轴左边，沿着 X_1 轴负方向的设为 $\Omega_{1'}$ 区域，其积分区域为 $-\infty$ 至0. 而沿着 X_2 轴方向的积分区域都为 $-\infty$ 至 ∞.

右区域 $$\Omega_1 = \begin{cases} X_1 = (0 \hat{<} x_1 < \infty) \\ X_2 = (-\infty < x_2 < \infty) \end{cases}, \tag{8.4.9}$$

左区域 $$\Omega_{1'} = \begin{cases} X_{1'} = (-\infty < x_{1'} \hat{<} 0) \\ X_2 = (-\infty < x_2 < \infty) \end{cases}. \tag{8.4.10}$$

为以后定理、公式的简明扼要，在不会引起混乱的情况下，没分割的区域分量可以不写出来. 令

$$\begin{cases} P_1 = P_1(X_1,X_2) = \int_{X_1=0}^{\infty}\int_{X_2=-\infty}^{\infty} \mathrm{d}F(x_1,x_2), 0 = E_{x_1} \hat{<} x_1 \leqslant \infty \\ P_{1'} = P_{1'}(X_1,X_2) = \int_{-\infty}^{X_1=0}\int_{X_2=-\infty}^{\infty} \mathrm{d}F(x_1,x_2), -\infty \leqslant x_{1'} \hat{<} E_{x_1} = 0 \end{cases}. \tag{8.4.11}$$

定义 8.4.3 分别称 $P_1 = P_1(X_1,X_2)$ 为右区域的区域概率，称 $P_{1'} = P_{1'}(X_1,X_2)$ 为左区域的区域概率.

它们符合归一律：$P_1 + P_{1'} = 1$. (8.4.12)

由于随机变量原点被移到数学期望点，所以0级数学期望为 $E_0(X_1,X_2) = (0,0)$. 记

$$\begin{cases} F_1(x_1,x_2) = \dfrac{1}{P_1}\int_{X_1=0}^{X_1}\int_{X_2=-\infty}^{\infty} \mathrm{d}F(x_1,x_2), x_1 \hat{>} EX = 0 \\ F_{1'}(x_1,x_2) = \dfrac{1}{P_{1'}}\int_{-\infty}^{X_1}\int_{X_2=-\infty}^{\infty} \mathrm{d}F(x_1,x_2), x_{1'} \hat{<} EX = 0 \end{cases}. \tag{8.4.13}$$

定义 8.4.4 分别称 $F_1(x_1,x_2)$ 为右区域的分布函数，称 $F_{1'}(x_1,x_2)$ 左区

域的分布函数.

上述分布函数关于 X_1 轴上下对称，所以左、右两个区域分布函数的左、右均值关于 X_2 方向的分量分别为 0，即

$$E_1(\cdot,X_2) = E_{1'}(\cdot,X_2) = 0. \tag{8.4.14}$$

现在只需研究左、右均值关于 X_1 方向的分量，下面记

$$\begin{cases} E_1 = E_1(X_1,\cdot) = \dfrac{1}{P_1}\displaystyle\int_0^{\infty} x_1 \int_{-\infty}^{\infty} \mathrm{d}F(x_1,x_2) \\ E_{1'} = E_{1'}(X_1,\cdot) = \dfrac{1}{P_{1'}}\displaystyle\int_{-\infty}^{0} x_1 \int_{-\infty}^{\infty} \mathrm{d}F(x_1,x_2) \end{cases}. \tag{8.4.15}$$

定义 8.4.5　设以上积分都收敛，分别称 $E_1 = E_1(X_1,\cdot), E_{1'} = E_{1'}(X_1\cdot)$ 为二维分布右、左区域的一级均值. 其均值向量为：$E_1 = E_1\ (X_1,\ O)$，$E_1' = E_1'\ (X_1,\ O)$.

由于规定条件（8.4.7）式，（8.4.8）式，（8.4.14）式，所以一级均差向量为：

$$\begin{cases} \tau_1 = E_1 - E = E_1 \\ -\tau_{1'} = E_{1'} - E = E_{1'} \end{cases}. \tag{8.4.16}$$

定义 8.4.6　设（8.4.15）积分收敛，分别称 $\tau_1,\tau_{1'}$）为二维分布右、左区域的一级均差向量.

定理 8.4.7　设本节以上几个积分收敛，则有二维随机变量左、右区域的三均值定理

$$E_1P_1 + E_{1'}P_{1'} = E_0(X_1) = 0. \tag{8.4.17}$$

把它写成矩阵形式

$$[P_1P_{1'}][E_1E_{1'}]' = [E_0]$$

或

$$[P_1P_{1'}]\begin{bmatrix} E_1 \\ E_{1'} \end{bmatrix} = [E_0]. \tag{8.4.17a}$$

证法如（2.6）式.

在二元概率空间中，上述三个均值可以连成一条直线. 根据（8.4.14），$(E(0,0)$ 是 $(\overline{X}_1,0),(\overline{X}_{1'},1)$ 的线性组合，因此这三个均值点在同一直线上.

定义 8.4.8　设（8.4.15）积分都收敛，分别称 $M_1 = M_1(X_1,\cdot) = -M_{1'}(X_1,\cdot)$ 为右、左区域的半均差.

$$M_1 = P_1\tau_1 = P_{1'}\tau_{1'}. \tag{8.4.18}$$

这也就是特殊的平衡定理.

定理 8.4.9　平衡定理

从半均差的定义（2.0）及（2.1），（2.2）以及（8.4.18）式可知，这两

个半均差是相等的，与（8.4.18）式等价并且

$$M_1 = P_1 E_1 = -P_{1'} E_{1'}. \qquad (8.4.18a)$$

8.4.4 二维随机向量上、下两个局部区域及其线性特征参数

设 (X_1, X_2) 为任一二维概率空间 (Ω, F, P) 的随机向量，记它的联合分布为 $F(x_1, x_2)$，它的数学期望 $(E_0 X_1, E_0 X_2)$ 存在并等于（0，0）；以 X_1 轴（水平轴）把此随机向量分为上、下两个区域，

$$\text{上区域} \qquad \Omega_2 = \begin{cases} X_1 = (-\infty < x_1 < \infty) \\ X_2 = (0 \hat{<} x_2 < \infty) \end{cases}. \qquad (8.4.19)$$

$$\text{下区域} \qquad \Omega_{2'} = \begin{cases} X_1 = (-\infty < x_1 < \infty) \\ X_2 = (-\infty < x_2 \hat{<} 0) \end{cases}. \qquad (8.4.19a)$$

本节与上一节相仿，也有类似的定义、定理和定律，只不过把左、右两字改为上、下两字便可，在此约定凡角标写 2 字的为大于 0 区域的上随机向量，而写 2’字的为小于 0 区域的下随机向量．令

$$\begin{cases} P_2 = P_2(X_1, X_2) = \int_0^{X_2 = \infty} \int_{-\infty}^{X_1 = \infty} \mathrm{d}F\ (x_1, x_2), x_2 \hat{>} E = 0 \\ P_{2'} = P_{2'}(X_1, X_2) = \int_{X_2 = 0 - \infty} \int_{-\infty}^{X_1 = \infty} \mathrm{d}F\ (x_1, x_2), x_2 \hat{<} E = 0 \end{cases}. \qquad (8.4.20)$$

定义 8.4.11 分别称 P_2 为上区域的区域概率，称 $P_{2'}$ 为下区域的区域概率.

它们符合归一律 $P_2 + P_{2'} = 1$. (8.4.21)

记

$$\begin{cases} F_2(x_1, x_2) = \dfrac{1}{P_2} \int_0^{X_2} \int_{-\infty}^{X_1 = \infty} \mathrm{d}F\ (x_1, x_2), x_2 \hat{>} E = 0, \\ F_{2'}(x_1, x_2) = \dfrac{1}{P_{2'}} \int_{-\infty}^{X_2'} \int_{-\infty}^{X_1 = \infty} \mathrm{d}F\ (x_1, x_2), x_{2'} \hat{<} E = 0. \end{cases} \qquad (8.4.22)$$

定义 8.4.12 分别称 $F_2(x_1, x_2)$ 为上区域的分布函数，称 $F_{2'}(x_1, x_2)$ 为下区域的分布函数.

上述两分布函数关于 X_2 轴对称，所以上、下两个区域分布函数的上、下均值关于 X_1 方向的分量为0，即：

$$E_1(X_1, X_2) = E_1(X_1, X_{2'}) = 0. \qquad (8.4.23)$$

现在只需研究上、下均值关于 X_2 轴方向的分量，下面记

$$\begin{cases} E_2(X_1, X_2) = \dfrac{1}{P_2} \int_0^{\infty} x_2 \int_{-\infty}^{\infty} x_1 \mathrm{d}F(x_1, x_2) \\ E_{2'}(X_1, X_{2'}) = \dfrac{1}{P_{2'}} \int_{-\infty}^{0} x_{2'} \int_{-\infty}^{\infty} x_1 \mathrm{d}F(x_1, x_2) \end{cases} \qquad (8.4.24)$$

定义 8.4.13　设以上积分都收敛，分别称 $\overline{X}_2 = E_2(0,X_2),\overline{X}_{2'} = E(0,X_{2'})$ 为二维分布上、下区域的一级均值．其均值向量为：

$$E_2 = \sqrt{[E_1(X_1,X_2)]^2 + [E_2(X_1,X_2)]^2} = |E_2(0_1,X_2)| \tag{8.4.25}$$

$$E_{2'} = -\sqrt{[E_1(X_1,X_{2'})]^2 + [E_{2'}(X_1,X_{2'})]^2} = -|E_{2'}(0_1,X_{2'})| \tag{8.4.25a}$$

定义 8.4.14　设（8.4.24）积分收敛，分别称（$\tau_2,\tau_{2'}$）为二维分布上、下区域的一级均差向量.

由于规定条件：(8.4.4)，(8.4.5)，(8.4.23)，所以此时一级均差向量为

$$\begin{cases}\tau_2 = E_2 - E_0 = E_2 \\ -\tau_{2'} = E_{2'} - E_0 = E_{2'}\end{cases} \tag{8.4.26}$$

定理 8.4.15　设本节以上几个积分收敛，则有二维随机变量上、下区域的三均值定理：

$$E_2P_2 + E_{2'}P_{2'} = E_0(X) = 0. \tag{8.4.27}$$

证法如（2.6）式.

把它写成矩阵形式：$[P_2P_{2'}]\begin{bmatrix}E_2\\E_{2'}\end{bmatrix} = [E_0]$.　　(8.4.27a)

在二元概率空间中，上述三个均值可以连成一条直线．根据式（8.4.27）E_0 是 $(0,\overline{X}_2),(0,\overline{X}_{2'})$ 的线性组合，因此这三个均值点在同一直线上.

定义 8.4.16　设（8.4.24）的积分都收敛，分别称 $M_2 = M_2(X_1,X_2,) = -M_{2'}(X_1,X_2)$ 为上、下区域的半均差向量.

$$M_2 = P_2\tau_2 = -M_{2'} = P_{2'}\tau_{2'}. \tag{8.4.28}$$

这也就是上下区域的平衡定理：

定理 8.4.17　平衡定理

从半均差的定义（2.0）及（2.1），（2.2）以及（8.3.23）式可知，这两个半均差是相等的，与（8.4.28）式等价并且

$$M_2 = P_2E_2 = -P_{2'}E_{2'}. \tag{8.4.28a}$$

1）把几种特征参数写成特殊的矩阵形式：

$$\begin{bmatrix} & P_2 & \\ P_{1'} & (P_0) & P_1 \\ & P_{2'} & \end{bmatrix}, \tag{8.4.29}$$

$$\begin{bmatrix} & E_2 & \\ E_{1'} & (E_0) & E_1 \\ & E_{2'} & \end{bmatrix}. \tag{8.4.30}$$

注：上述两矩阵中，$P_0=1$，$E_0=0$，角空白处均为0，省略不写以下均相同.

2）把（8.4.30）式左、右两边分别减去中间值，得

$$\begin{cases} \tau_1 = E_1 - E_0 = E_1 \\ \tau_{1'} = E_{1'} - E_0 = E_{1'} \end{cases}. \tag{8.4.31}$$

3）同样处理上下方向的其他特征向量值：

$$\begin{cases} \tau_2 = E_2 \\ \tau_{2'} = E_{2'} \end{cases}. \tag{8.4.32}$$

类似上述几个特殊方阵，也可以把均差写成的特殊方阵：

$$\begin{bmatrix} & \tau_2 & \\ \tau_{1'} & 0 & \tau_1 \\ & \tau_{2'} & \end{bmatrix}. \tag{8.4.33}$$

上式与（84.29）式用对应项相乘（哈达马乘积见8.4.1式）：

$$\begin{bmatrix} & \tau_2 & \\ \tau'_1 & 0 & \tau_1 \\ & -\tau'_2 & \end{bmatrix} \circ \begin{bmatrix} & P_2 & \\ P'_1 & 1 & P_1 \\ & P'_2 & \end{bmatrix}$$

$$= \begin{bmatrix} & \tau_2 P_2 & \\ \tau'_1 P'_1 & 0 & \tau_1 P_1 \\ & \tau'_2 P'_2 & \end{bmatrix} = \begin{bmatrix} & M_2 & \\ M_1 & 0 & M_1 \\ & M_2 & \end{bmatrix} \tag{8.4.34}$$

这就是平衡定理的特殊矩阵.

8.4.5　二维随机变量两局部区域分布与边缘分布的关系

定理 8.4.5.1　几何关系：二维随机变量关于 X 的边缘分布的各项线性特征参数等于 X_1 轴相对应项左、右区域分布的线性特征参数；而关于 Y 的边缘分布的各项线性特征参数等于 X_2 轴相对应项上、下区域分布的线性特征参数.

1）关于 X 的边缘分布的各项线性特征参数与左、右区域分布关于 X_1 轴对应的特征参数的关系如下：

定理 8.4.5.2　二维随机变量关于 X 的边缘概率的左部 $P_{LX}(X)$ 和边缘概率的右部 $P_{BX}(X)$，分别等于两区域 X_1 轴的左区域分布概率 $P_1(X)$ 及右区域分布概率 $P_{1'}(X)$，即

$$\begin{cases} P_{RX}(x) = P_1 \\ P_{LX}(x) = P_{1'} \end{cases}. \tag{8.4.5.1}$$

定理 8.4.5.3　二维随机变量中，关于 X 的边缘分布的小均值和大均值 E_LX, E_BX，分别等于两区域分布中关于 X_1 轴的的左区域均值及右区域均值 $E_1(X), E_{1'}(X)$，即

$$\begin{cases} E_LX = E_{1'} \\ E_BX = E_1 \end{cases}. \tag{8.4.5.2}$$

定理 8.4.5.4　二维随机变量中，关于 X 的边缘分布的负均差和的正均差，分别等于两区域分布中关于 X_1 轴的负均差及正均差，即

$$\begin{cases} -\tau_{LX} = -\tau_{1'} \\ \tau_{BX} = \tau_1 \end{cases}. \tag{8.4.5.3}$$

定理 8.4.5.5　二维随机变量中，关于的边缘分布的半均差 M_x，等于两区域分布中关于 X_1，轴的半均差 M_1 .

$$M(X) = M_1 \tag{8.4.5.4}$$

同理有：

2）关于 Y 的边缘分布的各项线性特征参数等于两区域分布中关于 X_2 轴相对应项的线性特征参数：

$$\begin{cases} P_L(Y) = P_{2'} \\ P_B(Y) = P_2 \end{cases}, \tag{8.4.5.5}$$

$$\begin{cases} E_L(Y) = E_{2'} \\ E_B(Y) = E_2, \end{cases} \tag{8.4.5.6}$$

$$\begin{cases} -\tau_{LY} = -\tau_{2'} \\ \tau_{BY} = \tau_2 \end{cases}, \tag{8.4.5.7}$$

$$M(Y) = M_2. \tag{8.4.5.8}$$

这些定理的证明很简单，主要理解了定理 8.4.5.1 的几何关系便可.

既然有这些对应关系，也就有与之对应的平衡定理 8.4.17 及三均值定理 8.4.15. 证明从略.

8.4.6 二维随机向量的四个局部区域及其线性特征参数

1) 设 (X_1, X_2) 为任一概率空间为（Ω, F, P），的二维随机向量，它的联合分布函数是 $F(x_1, x_2)$. 它的数学期望 $E(X_1, X_2)$ 存在，把原点平移至此中心作为新坐标的原点. 旋转坐标，使 X_1 轴与第一主成分方向重合，X_2 轴与第二主成分方向重合. 以 X_1, X_2 两轴把此二维概率空间分成四个子区域（四个子空间），然后按照坐标逆时针旋转编号分别称为：1 号区域 ${}^2\Omega_1 = \Omega_{12}$，2 号区域 ${}^2\Omega_2 = \Omega_{1'2}$，3 号区域 ${}^2\Omega_3 = \Omega_{1'2'}$，4 号区域 ${}^2\Omega_4 = \Omega_{12'}$，（类似于平面直角坐标的四个象限）.

符号左肩上的 2 字为二级特征参数（有时可省），当左肩上的 1 字为一级特征参数（省略）. 下面角标为两个坐标轴的编号，带撇号（′）的为该坐标的负方向，编号不分前后. 有以下几个定义：

定义 8.4.6.1 称 ${}^2P_k = P_{ij}$，i，$j = 1$，2，1′，2′；$k = 1$，2，3，4. 为第 k 象限的区域概率.

具体地，令

$$\begin{cases} {}^2P_1 = P(0 \hat{<} x_1 \leqslant \infty, 0 \hat{<} x_2 \leqslant \infty) \\ {}^2P_2 = P(-\infty \leqslant x_1 \hat{<} 0, 0 \hat{<} x_2 \leqslant \infty) \\ {}^2P_3 = P(-\infty \leqslant x_1 \hat{<} 0, -\infty \leqslant x_2 \hat{<} 0) \\ {}^2P_4 = P(0 \hat{<} x_1 \leqslant \infty, -\infty \leqslant x_2 \hat{<} 0) \end{cases} \tag{8.4.6.1}$$

则称 ${}^2P_1$ 为第 1 象限的区域概率，称 ${}^2P_2$ 为第 2 象限的区域概率，称 ${}^2P_3$ 为第 3 象限的区域概率，称 ${}^2P_4$ 为第 4 象限的区域概率.

定义 8.4.19 设 (X_1, X_2) 为任一概率空间为（Ω, F, P），的二维随机向量，则称 ${}^2F_K$（x_1, x_2）$= F_{ij}$，i，$j = 1$，2，1′2′，为第 k 象限的区域分布函数.

具体地，称 ${}^2F_1$（x_1, x_2）$= F_{12}$ 为 1 区域的分布函数，称 ${}^2F_2$（x_1, x_2）$= F_{1'2}$ 为 2 区域的分布函数，称 ${}^2F_3$（x_1, x_2）$= F_{1'2'}$ 为 3 区域的分布函数，称 ${}^2F_4$（x_1, x_2）$= F_{1'2'}$ 为 4 区域的分布函数. 区域分布函数其实是一种特殊的条件分布函数. 计算公式如下

$$\begin{cases} {}^2F_1(x_1,x_2) = \dfrac{1}{{}^2P_1}F(x_1,x_2),(0 \hat{<} x_1 \leqslant \infty, 0 \hat{<} x_2 \leqslant \infty) \\ {}^2F_2(x_1,x_2) = \dfrac{1}{{}^2P_2}F(x_1,x_2),(-\infty \leqslant x_1 \hat{<} 0, 0 \hat{<} x_2 \leqslant \infty) \\ {}^2F_3(x_1,x_2) = \dfrac{1}{{}^2P_3}F(x_1,x_2),(-\infty \leqslant x_1 \hat{<} 0, -\infty \leqslant x_2 \hat{<} 0) \\ {}^2F_4(x_1,x_2) = \dfrac{1}{{}^2P_4}F(x_1,x_2),(0 \hat{<} x_1 \leqslant \infty, -\infty \leqslant x_2 \hat{<} 0) \end{cases} \tag{8.4.6.2}$$

令

$${}^2E_K(x_1,x_2) = \begin{cases} {}^2E_K(x_1) = \iint_{\Omega K} x_1 \mathrm{d}F_K(x_1)\mathrm{d}F_K(x_2) \\ {}^2E_K(x_2) = \iint_{\Omega K} x_2 \mathrm{d}F_K(x_1)\mathrm{d}F_K(x_2) \end{cases} \tag{8.4.6.3}$$

$$(K = 1,2,3,4).$$

定义 8.4.6.2　称 ${}^2E_K$ (x_1, x_2) 为第 K 象限的区域均值 $(K = 1,2,3,4)$. 具体地，称 ${}^2E_1(x_1,x_2)$ 为第 1 象限的区域均值：

$${}^2E_1(x_1,x_2) = \begin{cases} {}^2E_1(x_1) = \iint_{\Omega 1} x_1 \mathrm{d}F_1(x_1)\mathrm{d}F_1(x_2) \\ {}^2E_1(x_2) = \iint_{\Omega 1} x_2 \mathrm{d}F_1(x_1)\mathrm{d}F_1(x_2) \end{cases},$$

$$(0 \hat{<} x_1 \leqslant \infty, 0 \hat{<} x_2 \leqslant \infty). \tag{8.4.6.3a}$$

${}^2E_2$ (x_1, x_2) 为第 2 象限的区域均值：

$${}^2E_2(x_1,x_2) = \begin{cases} {}^2E_2(x_1) = \iint_{\Omega 2} x_1 \mathrm{d}F_2(x_1)\mathrm{d}F_2(x_2) \\ {}^2E_2(x_2) = \iint_{\Omega 2} x_2 \mathrm{d}F_2(x_1)\mathrm{d}F_2(x_2) \end{cases},$$

$$(-\infty \leqslant x_1 \hat{<} 0, 0 \hat{<} x_2 \leqslant \infty). \tag{8.4.6.3b}$$

${}^2E_3$ (x_1, x_2) 为第 3 象限的区域均值：

$${}^2E_3(x_1,x_2) = \begin{cases} {}^2E_3(x_1) = \iint_{\Omega 3} x_1 \mathrm{d}F_3(x_1)\mathrm{d}F_3(x_2) \\ {}^2E_3(x_2) = \iint_{\Omega 3} x_2 \mathrm{d}F_3(x_1)\mathrm{d}F_3(x_2) \end{cases},$$

$$(-\infty \leqslant x_1 \hat{<} 0, -\infty \leqslant x_2 \hat{<} 0). \tag{8.4.6.3c}$$

${}^2E_4$ (x_1, x_2) 为第 4 象限的区域均值：

$$^2E_4(x_1,x_2)=\begin{cases}^2E_4(x_1)=\iint_{\Omega 4}x_1\mathrm{d}F_4(x_1)\mathrm{d}F_4(x_2)\\ ^2E_4(x_2)=\iint_{\Omega 4}x_2\mathrm{d}F_4(x_1)\mathrm{d}F_4(x_2)\end{cases},$$

$$(0\ \hat{<}\ x_1\leqslant\infty,\ -\infty\leqslant x_2\ \hat{<}\ 0).\tag{8.4.6.3d}$$

注意：1）以上各均值对应于各个积分区域的变化.

2）把二维概率空间划分成四象限后分别与两区域的关系，只要把 4 个象限看成为二区域（上，下或左，右区域）的一个分区域，就不难有以下的一些定理.

定理 8.4.21 左、右两个一级区域的区域概率分别等于该区域内对应二级区域象限的概率之和. 即

$$\begin{cases}P_1={}^2P_1+{}^2P_4\\ P_{1'}={}^2P_2+{}^2P_3\end{cases}.\tag{8.4.6.4}$$

定理 8.4.22 上、下两个一级区域的区域概率分别等于该区域内对应二级区域象限的概率之和. 即

$$\begin{cases}P_2={}^2P_1+{}^2P_2\\ P_{2'}={}^2P_3+{}^2P_4\end{cases}.\tag{8.4.6.5}$$

3）各象限对 1 轴的均差：

定义 8.4.23 称 τ_{1K} 为第 K 象限对 1 轴的均差（$K=1,2,3,4$）.

注：τ_{1K} 的角标按顺序排列，第一个为对 1 轴的均差，字母 k 为第 k 象限（$K=1,2,3,4$）. 因为

$$\tau_{1K}={}^2E_K(x_1,x_2)-0={}^2E_K(x_2).\tag{8.4.6.6}$$

因此 τ_{1K}，具体有

$$\begin{cases}\tau_{11}={}^2E_1(x_2)\\ \tau_{12}={}^2E_2(x_2)\\ -\tau_{13}={}^2E_3(x_2)\\ -\tau_{14}={}^2E_4(x_2)\end{cases}.\tag{8.4.6.6a}$$

其中有两个是负的：$-\tau_{13}$，$-\tau_{14}$.

4）各象限对 2 轴的均差：

定义 8.4.24 称 τ_{2K} 为第 K 象限对 2 轴的均差，（$K=1,2,3,4$）.

角标的意义类似于对 1 轴的均差，因为

$$\tau_{2K}={}^2E_K(x_1,x_2)-0={}^2E_K(x_1).\tag{8.4.6.7}$$

各象限对 2 轴的均差具体也有

$$\begin{cases} \tau_{21} = {}^2E_1(x_1) \\ -\tau_{22} = {}^2E_2(x_1) \\ -\tau_{23} = {}^2E_3(x_1) \\ \tau_{24} = {}^2E_4(x_1) \end{cases}. \tag{8.4.6.7a}$$

其中有两个是负的：$-\tau_{22}$，$-\tau_{23}$.

4）各象限对 1 轴的半均差向量：

定义 8.4.25　称

$$M_{1K} = {}^2P_K\tau_{1K}. \tag{8.4.6.8}$$

为第 K 象限对 1 轴的半均差，$(K = 1,2,3,4)$. 按照（8.4.6.3）的附加条件，以及以 1 轴为对称轴，则第 1 象限与第 4 象限成镜像，第 2 象限与第 3 象限成镜像 . 四象限对 1 轴的半均差具体只有一个：

$$M_{11} = |-M_{14}| = M_{12} = |-M_{13}| . \tag{8.4.6.9}$$

上面的 $M_{11},\cdots,M_{14}$ 分别表示第 K 区域（$K=1$，2，3，4）对 1 轴的半均差，用可以类似于定义 2.1 证明（8.4.6.9）式.

5）各区域对 2 轴的半均差向量：

定义 8.4.26　称

$$M_{2K} = {}^2P_K\tau_{2K}, \tag{8.4.6.10}$$

为第 K 象限对 2 轴的半均差，$(K = 1,2,3,4)$. 按照（8.4.6.4）的附加条件，以及以 2 轴为对称轴，则第 1 象限与第 2 象限成镜像，第 3 象限与第 4 象限成镜像 . 四象限对 2 轴的半均差具体也只有一个：

$$M_{21} = = |-M_{22}| = M_{24} = |-M_{23}| . \tag{8.4.6.10a}$$

上面的 $M_{21},\cdots,M_{24}$ 分别表示第 K 象限（$K=1$，2，3，4）对 2 轴的半均差. 用类似于定义 2.1 的方法可以证明上式.

6）各象限对原点（中心点）的均差向量：

定义 8.4.26　称

$$\tau_{0K} = ({}^2E_K - E_0), \tag{8.4.6.11}$$

为第 K 区域对原点的均差向量，$K = 1,2,3,4$.

因为期望值已经变换为（0，0）点，所以

$$\tau_{0K} = ({}^2E_K - E(0,0) = {}^2E_K \tag{8.4.11a}$$

此向量的模为

$$\begin{aligned} |\tau_{0K}| &= \sqrt{\tau_{1K}^2 + \tau_{2K}^2} \\ &= \sqrt{E_{1K}^2 + E_{2K}^2},(K = 1,2,3,4). \end{aligned} \tag{8.4.6.12}$$

上述的角标的 $0K$ 表示 K 象限的均值向量对中心点的均差，$1K,2K$ 分别表示 K 象限中均值向量对 1 轴或 2 轴的分量.

7）各区域对原点（期望值）的二级半均差向量：

定义 8.4.27 称

$$ {}^2M_K = {}^2(P_K\tau_K), \quad (8.4.6.13) $$

为第 K 区域对原点的 2 级的半均差向量，$K=1,2,3,4$. 参数 ${}^2(P_K\tau_K)$ 的意义参照（8.4.6.9）. 因为期望值已经变换为（0，0）点，所以：$M_K = {}^2P_k\ [{}^2E_K - E(0,0)] = {}^2(P_kE_k)$

此向量的模为

$$ |{}^2M_k| = {}^2P_K\sqrt{\tau_{K1}^2+\tau_{K2}^2} $$

$$ = {}^2P_K\sqrt{E_{K1}^2+E_{K2}^2},\ (K=1,2,3,4). \quad (8.4.6.14) $$

上述的角标的 $K1,K2$ 分别表示任一象限中某一向量对 1 轴或 2 轴的分量.

8.4.7 二维随机向量四区域的关系

8.4.7.1 二维随机向量四区域的概率之和

定理 8.4.7.1 二维随机变量四区域的二级概率之和等于 1，

$$ \sum_{i=1}^{4} {}^2P_i = P_0 = 1. \quad (8.4.7.1) $$

根据全概率定理便可证得.

在前面所述同样的条件下，

8.4.7.2 二维随机向量对原点的二级全均值定理

定理 8.4.7.2 设二维随机向量的四个象限的均值以及总体的均值都存在，则有二级全均值定理如下：

$$ E_0 = \sum_{i=1}^{4} {}^2(P_iE_i) = 0. \quad (8.4.7.2) $$

即 $E_0 = {}^2(P_1E_1) + {}^2(P_2E_2) + {}^2(P_3E_3) + {}^2(P_4E_4) = 0$. （8.4.7.2a）

注：字母符号左肩上的 2 字，表示为 2 级特征参数.

证 根据随机向量的全均值定理，以及假设总体均值为 0，便可证得.

8.4.7.3 二维随机向量四区域对期望值的半均差之关系

定理 8.4.7.3 设二维随机向量的四个象限的均值以及总体的均值都存在，并且四区域的二级半均差都存在，则有

$$ {}^2M_1 = {}^2M_2 = {}^2M_3 = {}^2M_4. \quad (8.4.7.3) $$

证　因为 ${}^2M_1 = M_{21} + M_{11}, {}^2M_2 = M_{22} + M_{12}$，而 ${}^2M_{21} = {}^2M_{22}$，${}^2M_{11} = {}^2M_{12}$，所以 ${}^2M_1 = {}^2M_2$，同理可证 ${}^2M_1 = {}^2M_3 = {}^2M_4$.

定理 8.4.7.4　二维随机向量对原点的平衡定理：

$$^2(P_1\tau_1) = {}^2(P_2\tau_2) = {}^2(P_3\tau_3) = {}^2(P_4\tau_4). \tag{8.4.7.4}$$

证　因为 ${}^2M_1 = {}^2(P_1\tau_1), {}^2M_2 = {}^2(P_2\tau_2), {}^2M_3 = {}^2(P_3\tau_3), {}^2M_4 = {}^2(P_4\tau_4)$，结合定理 8.4.7.3 可证得.

8.4.8　二维随机向量一、二级特征参数的统一矩阵表示

1）区域概率矩阵：

$$\begin{bmatrix} {}^2P_2 & P_2 & {}^2P_1 \\ P_{1'} & P_0(1) & P_1 \\ {}^2P_3 & P_{2'} & {}^2P_4 \end{bmatrix}. \tag{8.4.8.1}$$

这一矩阵的特点是：线性相关，两边的行（或列）相加，其和等于中间行（列）.

如：${}^2P_1 + {}^2P_4 = P_1, {}^2P_3 + {}^2P_4 = P_{2'}$，$P_{1'} + P_1 = 1$，等等.

2）区域均值矩阵如下：

$$\begin{bmatrix} {}^2E_2 & E_2 & {}^2E_1 \\ E_{1'} & E_0(0) & E_1 \\ {}^2E_3 & E_{2'}{}^2 & E_4 \end{bmatrix}. \tag{8.4.8.2}$$

注：与（8.4.8.1）式不同，这一矩阵两边所指中间的均值并不是两边均值之和，而是两均值的几何中心.

如：${}^2E_1$ 与 ${}^2E_4$ 的几何中心为 E_1，${}^2E_3$ 与 ${}^2E_4$ 的中心为 $E_{2'}$，$E_{1'}$ 与 E_1 的中心为 $E_0 = (0,0)$.

3）把上述两矩阵的中间列（行）提出来，分别组成两个分块矩阵：

（8.4.8.1）矩阵变为两个分块矩阵：$\begin{bmatrix} {}^2P_2 \; {}^2P_1 \\ P_{1'} \; P_1 \\ {}^2P_3 \; {}^2P_4 \end{bmatrix}, \begin{bmatrix} P_2 \\ 1 \\ P_{2'} \end{bmatrix}$.　　(8.4.8.3)

(8.4.8.2) 矩阵也变为两个分块矩阵：

$$\begin{bmatrix} {}^2E_2\,{}^2E_1 \\ E_{1'}E_1 \\ {}^2E_3\,{}^2E_4 \end{bmatrix},\begin{bmatrix} E_2 \\ E_0 \\ E_{2'} \end{bmatrix}. \tag{8.4.8.4}$$

4) 然后求上述两矩阵左边的哈达马积：

$$\begin{bmatrix} {}^2E_2\,{}^2E_1 \\ E_{1'}E_1 \\ {}^2E_3\,{}^2E_4 \end{bmatrix}\circ\begin{bmatrix} {}^2P_2\,{}^2P_1 \\ P_{1'}\,P_1 \\ {}^2P_3\,{}^2P_4 \end{bmatrix}=\begin{bmatrix} {}^2(E_2P_2) & {}^2(E_1P_1) \\ E_{1'}P_{1'} & E_1P_1 \\ {}^2(E_3P_3) & {}^2(E_4P_4) \end{bmatrix}. \tag{8.4.8.5}$$

其右边的哈达马积：

$$\begin{bmatrix} E_2 \\ E_0 \\ E_{2'} \end{bmatrix}\circ\begin{bmatrix} P_2 \\ 1 \\ P_{2'} \end{bmatrix}=\begin{bmatrix} E_2P_2 \\ E_0 \\ E_{2'}P_{2'} \end{bmatrix}. \tag{8.4.8.6}$$

把 (8.4.8.5) 矩阵右边同一行的两对应列加起来等于 (8.4.8.6) 矩阵的右边：

$$\begin{bmatrix} {}^2(E_2P_2)+{}^2(E_1P_1) \\ E_{1'}P_{1'}+E_1P_1 \\ {}^2(E_3P_3)+{}^2(E_4P_4) \end{bmatrix}=\begin{bmatrix} E_2P_2 \\ E_0 \\ E_{2'}P_{2'} \end{bmatrix}. \tag{8.4.8.7}$$

这就是以列为计量的三均值公式.

同理以行为计量的三均值（经转置后）的三均值公式为：

$$\begin{bmatrix} {}^2(E_2P_2)+{}^2(E_3P_3) \\ E_2P_2+E_{2'}P_{2'} \\ {}^2(E_1P_1)+{}^2(E_4P_4) \end{bmatrix}=\begin{bmatrix} E_{1'}P_{1'} \\ E_0 \\ E_1P_1 \end{bmatrix}. \tag{8.4.8.8}$$

注意：上述两矩阵的中间行均为一级三均值公式. 而上下两行均为二级三均值公式.

5) 或者更形象化的：

$$\begin{bmatrix} {}^2P_2 & P_2 & {}^2P_1 \\ P_{1'} & 1 & P_1 \\ {}^2P_3 & P_{2'} & {}^2P_4 \end{bmatrix}\circ\begin{bmatrix} {}^2E_2 & E_2 & {}^2E_1 \\ E_{1'}\rightarrow & E_0(0) & \leftarrow E_1 \\ {}^2E_3\rightarrow & E_{2'} & {}^2E_4 \end{bmatrix}=\begin{bmatrix} {}^2(P_2E_2)\Rightarrow & P_2E_2 & \Leftarrow({}^2P_1E_1) \\ \Downarrow & \downarrow & \Downarrow \\ P_{1'}E_{1'}\rightarrow & E_0 & \leftarrow P_1E_1 \\ \Uparrow & \uparrow & \Uparrow \\ {}^2(P_3E_3)\Rightarrow & P_{2'}E_{2'} & \Leftarrow{}^2(P_4E_4) \end{bmatrix}. \tag{8.4.8.9}$$

上面右边的矩阵组成了三均值公式：即矩阵行（列）两边两乘积加起来等于箭头中间行（列）的乘积，把它分解为两部分：

a）中间十字线单箭头可以组成两个一级行（列）的三均值公式.

b）其余四周按双箭头方向分别组成四个二级行（列）的三均值公式.

（8.4.8.9）式的四象限均值之和等于总均值（中间项），组成总均值定理：

$$\begin{bmatrix} {}^2(P_2E_2) & + & ({}^2P_1E_1) \\ + & E_0 & + \\ ({}^2P_3E_3) & + & {}^2(P_4E_4) \end{bmatrix}. \tag{8.4.8.10}$$

写成向量代数式：

$$ {}^2(PE)_1 + {}^2(PE)_2 + {}^2(PE)_3 + {}^2(PE)_4 = E_0 \tag{8.4.8.10a}$$

把（8.4.8.2）矩阵的左右两列（行）各减去中间列（行），实际上是在直角坐标系中对 2 轴（1 轴）求均差. 均差向量用${}^2T_{i2}$，（$i=1$，2，3，4）表示，下角标第一位 2 字，表示 2 轴，左上角的 2 字表示 2 级均差，并且由于 x 在 2 轴的均值分量为 0，所以有：

$$\begin{bmatrix} -{}^2T_{22} & {}^2T_{21} \\ -T_{1'} & T_1 \\ -{}^2T_{23} & {}^2T_{24} \end{bmatrix}. \tag{8.4.8.11}$$

求上式与（8.4.9.3）矩阵的哈达玛积

$$\begin{bmatrix} {}^2P_2 & {}^2P_1 \\ P_{1'} & P_1 \\ {}^2P_3 & {}^2P_4 \end{bmatrix} \circ \begin{bmatrix} -{}^2T_{22} & {}^2T_{21} \\ -T_{1'} & T_1 \\ -{}^2T_{23} & {}^2T_{24} \end{bmatrix} = \begin{bmatrix} -{}^2(PT)_{22} & {}^2(PT)_{21} \\ -(PT)_{1'} & (PT)_1 \\ -{}^2(PT)_{23} & {}^2(PT)_{24} \end{bmatrix} = \begin{bmatrix} -{}^2M_{22}^2 & M_{21} \\ -M_{1'}{}^2 & M_1 \\ -{}^2M_{23}^2 & M_{24} \end{bmatrix} = \begin{bmatrix} {}^2M_{21}^2 & M_{21} \\ M_1{}^2 & M_1 \\ {}^2M_{24}^2 & M_{24} \end{bmatrix}.$$

简化为：

$$\begin{bmatrix} -{}^2(PT)_{22} & = {}^2(PT)_{21} \\ -(PT)_{1'} & = (PT)_1 \\ -{}^2(PT)_{23} & = {}^2(PT)_{24} \end{bmatrix} = \begin{bmatrix} M_{21} \\ M_1 \\ M_{24} \end{bmatrix}. \tag{8.4.8.12}$$

注意上面矩阵右边同一的半均差相同，即分别是：中间行为左、右两边对 2 轴的平衡定理，前面已经证明. 上下两行分别是四象限特征参数对 2 轴的平衡定理，

$$\begin{cases} {}^2(PT)_{22} = {}^2(PT)_{21} = {}^2M_{21} \\ {}^2(PT)_{23} = {}^2(PT)_{24} = {}^2M_{24} \end{cases}. \tag{8.4.8.13}$$

同理也可以有四象限特征参数对 1 轴的平衡定理，中间项为左、右两边对 1 轴的平衡定理，其他两项为四象限特征参数对 1 轴的平衡定理，

$$\begin{bmatrix} {}^{2}(PT)_{12} = {}^{2}(PT)_{11} \\ (PT)_{2'} = (PT)_{2} \\ {}^{2}(PT)_{13} = {}^{2}(PT)_{14} \end{bmatrix} = \begin{bmatrix} {}^{2}M_{11} \\ M_{2} \\ {}^{2}M_{14} \end{bmatrix}. \tag{8.4.8.14}$$

即：

$$\begin{cases} {}^{-2}(PT)_{12} = {}^{2}(PT)_{11} = {}^{2}M_{11} \\ {}^{-2}(PT)_{13} = {}^{2}(PT)_{14} = {}^{2}M_{14} \end{cases}. \tag{8.4.8.14a}$$

把上两式结合起来去掉中间行及中间列有

$$\begin{bmatrix} {}^{2}P_{2} --- {}^{2}P_{1} \\ | \quad\quad | \\ | \quad\quad | \\ {}^{2}P_{3} --- {}^{2}P_{4} \end{bmatrix} \circ \begin{bmatrix} \backslash \quad -{}^{2}T_{22} - | - {}^{2}T_{21} / \\ {}^{2}T_{12} \quad | \quad {}^{2}T_{11} \\ | ------0 ----| \\ -{}^{2}T_{13} \quad | \quad {}^{2}T_{14} \\ / \quad -{}^{2}T_{23} - | - {}^{2}\mathbf{T}_{24} \backslash \end{bmatrix} = \begin{bmatrix} \backslash -{}^{2}M_{22} = {}^{2}M_{21} / \\ {}^{2}M_{12} \quad\quad {}^{2}M_{11} \\ \| \quad 0 \quad \| \\ {}^{2}-M_{13} \quad\quad -{}^{2}M_{14} \\ / -{}^{2}M_{23} = -{}^{2}M_{24} \backslash \end{bmatrix}$$

(8.4.8.15)

把四象限的 T 分量合成，变成对以 $E_0 = (0,0)$ 为原点的均差向量，上式可合成为：

$$\begin{cases} {}^{2}T_{10} = \sqrt{({}^{2}\tau_{11})^{2} + ({}^{2}\tau_{21})^{2}} \\ {}^{2}T_{20} = \sqrt{({}^{2}\tau_{12})^{2} + (\tau_{22})^{2}} \\ {}^{2}T_{30} = \sqrt{({}^{2}\tau_{13})^{2} + ({}^{2}\tau_{23})^{2}} \\ {}^{2}T_{40} = \sqrt{({}^{2}\tau_{14})^{2} + ({}^{2}\tau_{24})^{2}} \end{cases}. \tag{8.4.8.16}$$

注意角标的不同意义，字母左肩上的 2 字表示 2 级参数，右肩上的 2 字代表 2 次方；脚标的第一个数字 1 表示对 1 轴的参数，2 字表示对 2 轴的参数；第二个数字表示象限数.

同理四象限的 M 分量合成，变成对以 $E_0 = (0,0)$ 为原点的半均差向量，

$$\begin{cases} {}^{2}M_{10} = \sqrt{({}^{2}M_{11})^{2} + ({}^{2}M_{21})^{2}} \\ {}^{2}M_{20} = \sqrt{({}^{2}M_{12})^{2} + (M_{22})^{2}} \\ {}^{2}M_{30} = \sqrt{({}^{2}M_{13})^{2} + ({}^{2}M_{23})^{2}} \\ {}^{2}M_{40} = \sqrt{({}^{2}M_{14})^{2} + ({}^{2}M_{24})^{2}} \end{cases}. \tag{8.4.8.17}$$

与（8.4.7.1）用矩阵的哈达马积表示，即对应项相乘就是平衡定理：

$$\begin{bmatrix} {}^2P_2 & \rightarrow & P_2 & \leftarrow & {}^2P_1 \\ \downarrow & & \downarrow & & \downarrow \\ P_{1'} & \rightarrow & 1 & \rightarrow & P_1 \\ \uparrow & & \uparrow & & \uparrow \\ {}^2P_3 & \rightarrow & P_{2'} & \leftarrow & {}^2P_4 \end{bmatrix} \circ \begin{bmatrix} {}^2\mathrm{T}_{20} & & \mathrm{T}_2 & & {}^2\mathrm{T}_{10} \\ & \diagdown & | & \diagup & \\ \mathrm{T}_{1'} & — & 0 & — & \mathrm{T}_1 \\ & \diagup & | & \diagdown & \\ {}^2\mathrm{T}_{30} & & \mathrm{T}_{2'} & & \mathrm{T}_{40} \end{bmatrix} = \begin{bmatrix} {}^2\mathrm{M}_{20} & & \mathrm{M}_2 & & {}^2\mathrm{M}_{10} \\ & \searrow & | & \swarrow & \\ \mathrm{M}_{1'} & — & 0 & — & \mathrm{M}_1 \\ & \nearrow & | & \nwarrow & \\ {}^2\mathrm{M}_{30} & & \mathrm{M}_{2'} & & {}^2\mathrm{M}_{40} \end{bmatrix}$$

(8. 4. 8. 18)

写成通常的矩阵形式：

$$\begin{bmatrix} {}^2P_2 & P_2{}^2 & P_1 \\ P_1{}' & 1 & P_1 \\ {}^2P_3 & P_2{}' & {}^2P_4 \end{bmatrix} \circ \begin{bmatrix} {}^2T_{20} & T_2 & {}^2T_{10} \\ T_1{}' & 0 & T_1 \\ {}^2T_{30} & T_2{}' & {}^2T_{40} \end{bmatrix} = \begin{bmatrix} {}^2M_{20} & M_2 & {}^2M_{10} \\ M_1{}' & 0 & M_1 \\ {}^2M_{30} & M_2{}' & {}^2M_{40} \end{bmatrix}.$$

(8. 4. 8. 18a)

四个象限对均值（0，0）点的均差还有与各自对角象限的平衡定理：

$$\begin{cases} {}^2(PT)_{10} = {}^2M_{10} = {}^2(PT)_{30} = {}^2M_{30} \\ {}^2(PT)_{20} = {}^2M_{20} = {}^2(PT)_{40} = {}^2M_{40} \end{cases}. \tag{8. 4. 8. 19}$$

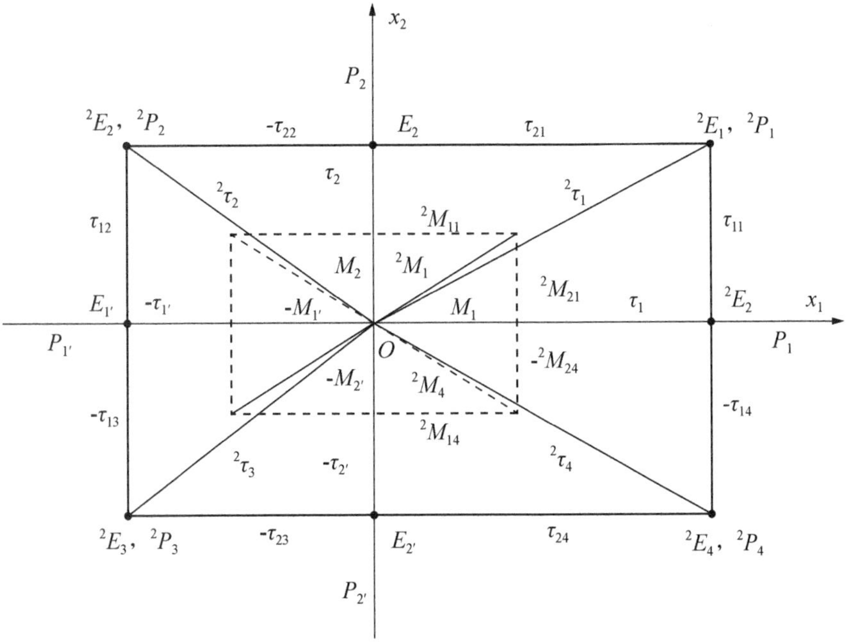

图 8. 4. 1　二维随机变量的一、二级特征参数

注：1）图中外面实线长方形为各种一、二级均值及均差．图中可见：

a）由于坐标原点被移至总体均值，所以：一级均差的数值等于同向的一级均值；二级均差等于同向的二级均值．即：各一级均值对期望点的一级均差向量：

$$\tau_i = E_i, (i = 1,2,3,4). \qquad (8.4.8.20)$$

各象限区域均值对期望点的二级均差向量：

$$^2\tau_i = {}^2E_i, (i = 1,2,3,4). \qquad (8.4.8.21)$$

b）以二级区域均值$^2E_1, {}^2E_2, {}^2E_3, {}^2E_4$为顶点，组成了一个偏心的长方形，该长方形的中心点并不与总体均值重合，但四条边分别平行于x_1, x_2轴．

c）各象限区域均值对x_1轴或x_2轴的二级均差分量有如下等式：

$$^2\tau_{11} = {}^2\tau_{12}, {}^2\tau_{13} = {}^2\tau_{14}, {}^2\tau_{24} = {}^2\tau_{21}, {}^2\tau_{22} = {}^2\tau_{23}. \qquad (8.4.8.22)$$

并且如下均差分量方向相反，（但一般情况下不相等）：

$$^2\tau_{11} \text{ 与 } {}^2\tau_{14}, {}^2\tau_{13} \text{ 与 } {}^2\tau_{12}; \tau_{21} \text{ 与 } \tau_{22}, \tau_{24} \text{ 与 } \tau_{23} \qquad (8.4.8.22a)$$

2）图中虚线较小的长方形为各个M所组成的封闭图形，它们是各种一、二级半均差，由于M既是原点对称，也是X轴及y轴对称的，所以为了使得图形更简明清晰一点，在不影响理解的情况下，把负X轴的各种M的标注省去．

a）一、二级半均差组成了以期望值为中心对称点的长方形，它既是中心对称图形，又具有x_1轴，及x_2轴的轴对称．由于是对称长方形，所以也有对角线相等，即其所有二级半均差的范数相等：

$$\|^2M_1\| = \|^2M_2\| = \|^2M_3\| = \|^2M_4\|. \qquad (8.4.8.23)$$

并且下列的二级半均差方向相反，数值相等：

$$\begin{aligned} ^2M_1 &= -{}^2M_3, \\ ^2M_2 &= -{}^2M_4, \end{aligned} \qquad (8.4.8.24)$$

b）该长方形的半长轴在x_1轴上，半短轴在x_2轴上，它们分别是两个不同的一级半均差：

$$\begin{cases} M_1 = -M_{1'} \\ M_2 = -M_{2'} \end{cases}. \qquad (8.4.8.25)$$

c）对1轴的二级半均差分量分别相等

$$^2M_{11} = -{}^2M_{12} = {}^2M_{14} = -{}^2M_{13} \qquad (8.4.8.26)$$

对2轴的二级半均差分量分别也相等

$$^2M_{21} = -{}^2M_{24} = {}^2M_{22} = -{}^2M_{23}.$$

在上述的半均差公式中，凡有^kM_j，（i，j，k=1，2，3，4）都可以表成平衡定理．

d）因为平均差是半均差的2倍，因此凡是过中心点或过中线的两个绝对

值相等的半均差，其绝对值之和就表示为该区域的平均差. 如

$$\begin{cases} M_{D1} = M_1 + |M_{1'}| = 2M_1 \\ M_{D2} = M_2 + |M_{2'}| = 2M_2 \end{cases}. \qquad (8.4.8.27)$$

8.4.9　二维随机向量特征参数沿角度的变化

为了研究特征参数的沿角度变化（图 8.4.2），首先把坐标原点移到期望值 $E_0'(x_1, x_2) = E_0(0,0)$，然后选用极坐标系统，其极轴沿着 x_1 轴，此时沿角度的均差向量：$\tau_\theta(r,\theta) = E_\theta(r,\theta)$，便有简单的向量对应关系：

$$\begin{cases} \tau_1 = E_1 \\ -\tau_1 = E_{1'} \\ \tau_2 = E_2 \\ -\tau_2 = E_{2'} \end{cases} \qquad (8.4.9.1)$$

所以本节主要研究 $E_\theta(r,\theta)$ 及 $M_\theta(r,\theta)$ 沿角度变化就可以了.

（1）先把二维随机向量沿（$\theta = 0$，$-\infty \leqslant r \leqslant \infty$）分割，然后分别求出上半区域的均值 $E_{YU}(0 \leqslant \theta \leqslant \pi)$ 及下半区域的均值 E_{rD}（$\pi \leqslant \theta \leqslant 2\pi$）向量，这两个向量与分割线垂直，再求出上、下半区域的概率 $P_{ra}(0 \leqslant \theta \leqslant \pi)$ 及 $P_{rD}(\pi \leqslant \theta \leqslant 2\pi)$.

（2）然后求出上半区域的半均差 $M_{ru} = (EP)_{ru}$，用平衡定理可以证明上、下半区域的半均差相等，即：$M_{ru} = -M_{rD}$.

（3）在完成上述工作之后，把分割线转过一个小角度（连续分布转过 $\mathrm{d}\theta$，离散分布转过 $\Delta\theta$），以（$\theta = 0 + \Delta\theta$，$-\infty \leqslant r \leqslant \infty$）为界把二维随机向量分割成两半，再重复（1），（2）的工作.

（4）继而以（$\theta_{i+1} = \theta_i + \Delta\theta$，$-\infty \leqslant r \leqslant \infty$）重复，（1）—（3）的操作，上述工作一直重复做到 $\theta = \pi$，就完成了，因为每画一条线，就求得上下两对区域均值向量：$E_{ru}(\theta), E_{rD}(\theta)$，两对区域概率 $P_{ru}(\theta), P_{rD}(\theta)$；以及两对区域半均差 $M_{ru}(\theta)$，$-M_{rD}(\theta)$.

（5）把上述所求得的各个值标志在极坐标上，就得到了区域均值向量：$E_r(\theta), E_r'(\theta)$、区域概率 $P_{ru}(\theta), P_{rD}'(\theta)$ 沿角度变化的情况. 它应该是不规则的闭合曲边形.

（6）把上述所求得的各个 $M_{ru}(\theta)$，及 $M_{rD}(\theta) = -M_{ru}(\theta)$ 值标志在极坐标上，就得到了半均差沿角度变化的情况. 它应该是闭合的椭圆形. 其半长轴沿着主方向 x_1，即对应着 $M_r(\theta = 0) = M_1$，及 $M_r(\theta = \pi) = -M_1$. $M_r(\theta = \pi/2) = M_2$ 及 $M_{ru}(\theta = 3/2\pi) = -M_2$ 和半短轴对应着.

（7）一级区域均值（均差）沿角度变化的特点.

见图 8.4.2 当坐标原点与随机向量中心点 $E=(EX_1,EX_2)$ 重合时，$E_\theta=\tau_\theta$，故本图只画了一般的 τ_θ 及几个特殊角的均差（$\tau_{k\pi/2}$）

1）这图围绕中心点 $E=(EX_1,EX_2)$，成封闭图形.

2）图形可以反映二维随机分布的情况.

3）该图形旋转 360 度，为闭合图形，图形一般不对称，但当随机分布对称时，则均差分布图也对称.

4）与一级区域概率曲线（8）成互补因子关系：$\tau_\theta P_\theta=M_\theta$.

（8）一级区域概率沿角度变化的特点：

与（7）第 4 小节）相对应，与一级区域均差曲线（7）成互补因子关系.

（9）一级的半均差（平均差）沿角度变化的特点：

1）、2），两点与上述（7 的 1），2）相似.

3）该图形旋转 360 度，为闭合图形，图形为对称的椭圆形，半长轴在 1 轴上，半短轴在 2 轴上.

4）平均差是半均差的两倍，过中心点 $E=(EX_1,EX_2)$，分布在整个图形上的长轴、短轴以及所有过中心点的沿角度变化的各个轴线都是沿该角度的平均差.

5）由于 $M_D(\theta)=2M_\theta$，若要求平均差沿沿角度的变化只要把该角度的半均差值延长道 2 倍便可得到，它们是 M_θ 的相似图形，所有特点与 M_θ 图形相似.

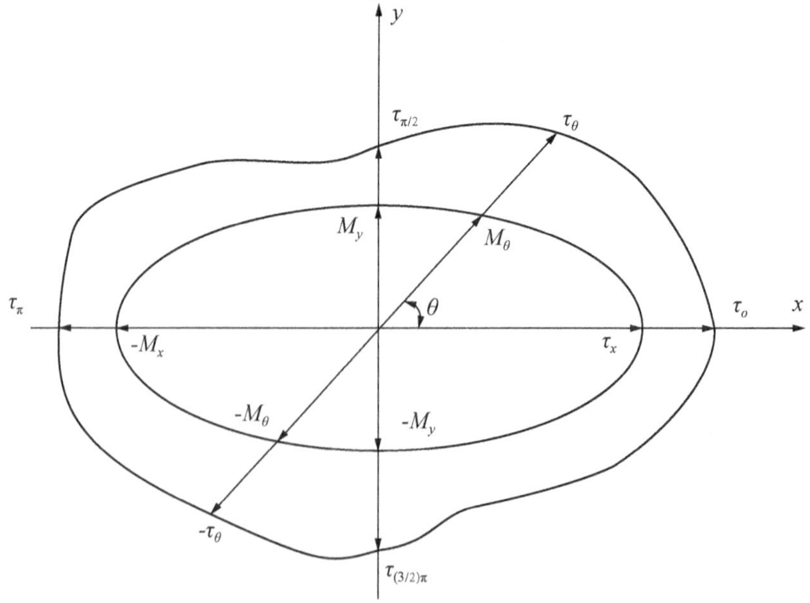

图 8.4.2　二维随机向量中半均差 M_θ 及均差 τ_θ

随坐标旋转角而变化示意

8.4.10　二维分布的偏态系数与峰态系数

1）偏态系数.

定义 8.4.10.1　二维的随机向量分布，以一级特征参数表征其偏态系数，在 $0-2\pi$ 的整个范围内，取最大偏态方向作为整个随机向量分布的偏态系数，即

$$S_k = \mathrm{Max}\{P_\theta(0 \leqslant \theta \leqslant 2\pi)\}. \tag{8.4.10.1}$$

在已经取主成分及标准化的二维随机变量中偏态最厉害的方向总是出现在主方向 λ_1 上，而由于该节开始时已说明，为了以后使用方便已把坐标原点移到总体均值处，把并且把坐标 X_1 轴旋转至与 λ_1 相同的方向. 因此与该方向垂直的直线所分割出来的平面所占整个二维随机向量的概率就可以作为偏态系数了.

定义 8.4.10.2　设 P_1，P_1'为二维随机向量沿 X_2 轴分割区域的两个对恰的一级概率，令：

$$S_K = P_1' - P_1. \tag{8.4.10.2}$$

则称 S_K 为二维随机向量的偏态系数. 上式就是计算偏态系数的新公式. 这公式计算既简便，意义又明确.

2）峰态系数（向心系数）.

模仿一维随机变量的峰态系数，下面给出二维随机向量的峰态系数（以极坐标）的定义及公式.

设 T_θ（r，θ）为沿角度旋转而变化的二维随机向量的一级均差向量，E_θ（r，θ）为其一级均值向量，当以数学期望为坐标原点时，

$$T_\theta(r,\theta) = E_\theta(r,\theta)$$

定义 8.4.10.3　令

$$C_k = \oiint_S p_r(r,\theta)\,\mathrm{d}\sigma\,. \tag{8.4.10.3}$$

则称 C_k 为二维随机向量的峰态系数（向心系数）. 式中以数学期望为中心点，以 T_θ（r，θ）为长度变量，σ 为所取的面积元素，积分区域 S 以一级均差 T_θ（r，θ）为边界，θ 从 0 到 2π，p_r 为该区域的概率. 当选取极坐标及一级特征参数时，

上述积分变成：

$$C_k = \int_0^{2\pi}\mathrm{d}\theta\int_0^{T_\theta} p_r(r,\theta)\,r\mathrm{d}r, \tag{8.4.10.4}$$

二维以上的峰态系数，也可叫作向心系数. 而三维以上的峰态系数则叫作

向心系数比较恰当.

8.4.11 二维分布的一、二级线性特征参数小结

当要对多维随机变量进行分析时，先求出多维随机变量的主成分，当第一、第二主成分的累计贡献率达到 80% 以上时，便可以二维随机变量代替原来的多维随机变量. 通过线性变换，把坐标原点移到原来的期望值处，并旋转二维坐标架构，使新的水平坐标轴与第一主成份重合，被称为 X_1 轴，该轴通过左、右均值（E_1，E_1'）. 垂直坐标轴与第二主成份重合，被称为 X_2 轴，并且通过上、下均值（E_2，E_2'）. 这样通过平移及旋转组成新的直角坐标系.

然后把二维随机向量分别分成四个区域（左、右区域）及（上、下）区域，每个区域分别求出该区域的概率（P_1，P_1'）及（P_2，P_2'）、区域均值（E_1，E_1'）及（E_2，E_2'），（均差），以及半均差 M_1，以上这些被称为一级特征参数.

新的直角坐标轴把二维随机向量平面划分成四个区域（即 4 个象限），每个区域求出它的区域概率 ^2P_i 及区域均值 ^2E_i，（$i=1$，2，3，4），这些被称为二级特征参数.

每个二级区域均值 ^2E_i 可以分别对 1 轴或 2 轴求均差 $^2\tau_{ij}$ 该均差与该区域概率可以分别组成平衡定理，其值为 $^2M_{ij}$，每个区域概率与区域均值可以分别对 1 轴或 2 轴组成三均值公式.

同一象限对 1 轴及 2 轴所产生的均差 τ_{1j}，τ_{2j} 可以合成对期望值（原点）的统一均差 τ_{0j}，与斜对面的 τ_{0j}'，及对应的区域概率 P_{ij} 及 P_{ij}'，可以组成另一种平衡定理，其值为 M_{0j}.

8.5 三维及多维随机向量的线性特征参数

8.5.1 三维随机向量（与 8.4.3 及 8.4.4 节类似）

当多维分布的两个主成分的累计贡献率小于 80% 时，就应该多取一些主成分，如三个主成分的累计贡献率达到 80% 及以上，就可以作为三维随机主变量来研究；若三个主成分的累计贡献率达不到 80%，则需要考虑四个或多个随机变量，下面假设三个主成分的累计贡献率达到 80% 及以上，研究三维随机主向量.

与二维随机向量研究一样，首先：把坐标原点移到三维随机向量的期望点处，变换为 $E_0(X_1)=0$，$E_0(X_2)=0$，$E_0(X_3)=0$；p 维时 $E_0(X_1)=$

0，E_0（X_2）=0，…，E_0（X_p）=0.

由于各主成分的主方向互相垂直，然后将坐标轴旋转至第一主成分与 X_1 轴重合（左右方向）. 第二主成分与 X_2 轴重合（上下方向）. 第三主成分与 X_3 轴重合（前后方向）. ……，第 p 主成分与 X_P 轴重合. 下面先分析三维随机主变量的一级特征参数，多级随机变量依法类推.

（1）用 X_2 轴 X_3 轴所组成的平面把三维随机向量分成左右两份，每一份各自求出其区域的一级概率与均值；

一级概率有两个（P_1 及 P'_1），一个在分割平面的右边，称为右概率 P_1，另一个在左边，称为左概率 P'_1. 一级均值也有两个，这两个均值垂直于分割平面，位于总体均值的两边，正好在 X_1 轴上，所以记为：E_1（X_1），$E'_1(X_1)$，前者为正号，后者为负号；沿该轴的正均差正好等于正平均，负均差正好等于负平均，

$$\begin{cases} T_1 = E_1 \\ -T'_1 = E'_1 \end{cases}. \tag{8.5.1.1}$$

同理有：

（2）用 X_1 轴 X_3 轴所组成的平面把三维随机向量分成上下两份，每一份各自求出其区域的一级概率与均值，这样分割的一级概率有两个（P_2 及 P'_2），前者在分割平面的上边，称为上概率；后者在分割平面的下边，称为下概率. 这样分割的一级均值也有两个，这两个均值垂直于分割平面，正好在 X_2 轴上，位于总体均值的上、下两边，称为上、下均值记为 E_2（X_2），$E'_2(X_2)$，通常前者为正，后者为负；沿该轴的正均差等于上平均，负均差正好等于下平均.

$$\begin{cases} T_2 = E_2 \\ -T'_2 = E'_2 \end{cases}. \tag{8.5.1.2}$$

（3）用 X_1 轴 X_2 轴所组成的平面把三维随机向量分成前、后两份，每一份各自求出其区域的一级概率与均值，这样分割的一级概率也有两个（P_3 及 P'_3），前者在分割平面的前边，称为前概率；后者在分割平面的后边，称为后概率. 一级均值也有两个，这两个均值垂直于分割平面，位于总体均值的两边，正好在 X_3 轴上，所以称为 E_3（X_3），$E'_3(X_3)$，通常前者为正，后者为负. 沿该轴的正均差正好等于前平均，负均差正好等于后平均.

$$\begin{cases} T_3 = E_3 \\ -T'_3 = E'_3 \end{cases}. \tag{8.5.1.3}$$

（4）其余随机变量重复上面的工作. 一般来说有第 i 维随机向量的区域均值为：E_i（X_i），$E'_i(X_i)$，正好在 X_i 轴上，总体均值的两边，通常前者为正，

后者为负. 区域概率为: $P_i(X_i)$, $P'_i(X_i)$, 与区域均值同区域. 并且沿该轴的正均差正好等于正平均, 负均差正好等于负平均.

$$\begin{cases} T_1 = E_i \\ -T'_i = E'_i \end{cases}. \tag{8.5.1.4}$$

......

这样的工作一直做到需要提取的主成分累计贡献率达到80%以上为止; 但很多情况下, 三维主成分已经足够了.

8.5.2 三维及多维随机向量的一级特征参数几何解释

三维随机向量的特征参数可以用立体几何进行解释. (对于高于三维的随机向量其特征参数就不可以直观地用几何图形进行解释了).

(1) 三维一级区域均值及对原点的均差各有6对,

在 X_1 轴上各有两个: 见 (8.5.1.1) 式,

在 X_2 轴上也各有两个: 见 (8.5.1.2) 式,

在 X_3 轴上也各有两个: 见 (8.5.1.3) 式.

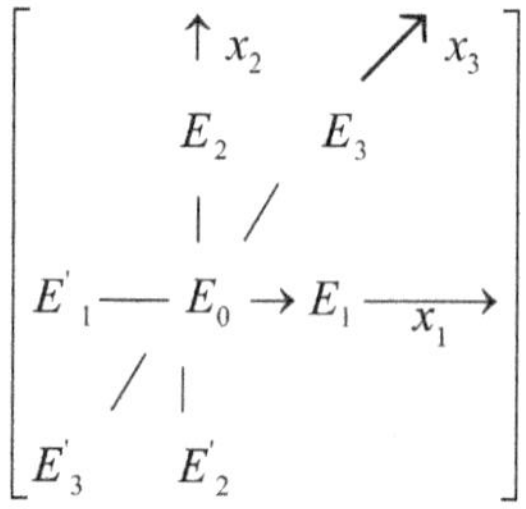

$$\begin{bmatrix} & \uparrow x_2 & \nearrow x_3 \\ & E_2 & E_3 \\ & | \ / \\ E'_1 \!-\! E_0 \to E_1 \xrightarrow{\ x_1\ } \\ & / \ | \\ & E'_3 & E'_2 \end{bmatrix} \tag{8.5.2.1}$$

(2) 与此对应的一级区域概率共有6个:

$$\begin{bmatrix} & \uparrow x_2 & \nearrow x_3 \\ & P_2 & P_3 \\ & | \ / \\ P'_1 \!-\! P_0 \!-\!-\! P_1 \xrightarrow{\ x_1\ } \\ & / \ | \\ & P'_3 & P'_2 \end{bmatrix} \tag{8.5.2.2}$$

......

在 X_i 轴上也各有两个: 见 (8.5.1.4) 式.

(3) P 维随机向量的一级区域概率符合归一律:

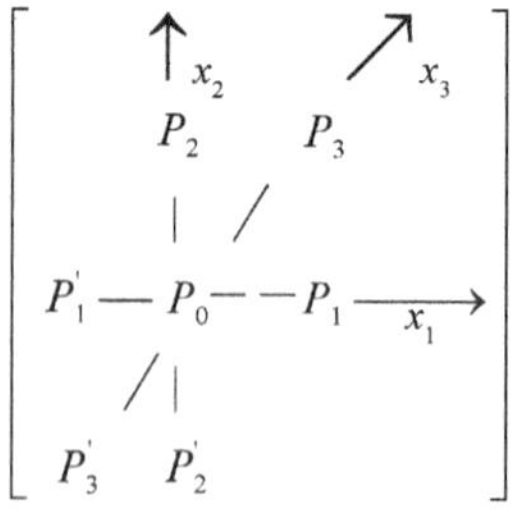

$$\begin{cases} P_1 + P'_1 = P_0 = 1 \\ P_2 + P'_2 = 1 \\ P_3 + P'_3 = 1 \\ \cdots\cdots \\ P_i + P'_i = 1 \end{cases} \qquad (8.5.2.3)$$

（4）每一轴上的区域均值及概率与期望值组成三均值定理：

$$\begin{cases} P_1E_1 + (P_1E_1)' = E_0 = 0 \\ P_2E_2 + (P_2E_2)' = E_0 = 0 \\ P_3E_3 + (P_3E_3)' = E_0 = 0 \\ \cdots\cdots \\ P_iE_i + (P_iE_i)' = E_0 = 0 \end{cases} \qquad (8.5.2.4)$$

（5）由于坐标原点在 E_0 上，因此每一轴上的均差等于该轴的对应均值：

$$\begin{cases} E_1 = T_1, E'_1 = -T'_1 \\ E_2 = T_2, E'_2 = -T'_2 \\ E_3 = T_3, E'_3 = -T'_3 \\ \cdots\cdots \\ E_i = T_i, E'_i = -T'_i \end{cases} \qquad (8.5.2.5)$$

（6）每一区域的概率与该区域轴上的均差组成平衡定理：

$$\begin{cases} P_1T_1 = (P_1T_1)' = M_1 \\ P_2T_2 = (P_2T_2)' = M_2 \\ P_3T_3 = (P_3T_3)' = M_3 \\ \cdots\cdots \\ P_iT_i = (P_iT_i)' = M_i \end{cases} \qquad (8.5.2.6)$$

8.5.3　三维及多维随机向量的二级特征参数及其几何解析（与 8.4.6 节类似）

用三条坐标轴垂直交叉所组成的三个平面，分别围成 8 个区域，即立体解析几何所称的 8 个象限，每一个象限区域为：${}^2\Omega_k$，（$k=1, 2, \cdots, 8$）然后分别求出它的二级区域概率以及二级区域均值.

1）各区域二级概率计算如下：

$${}^2P_K = \iiint_{{}^2\Omega K} \mathrm{d}F(X_1, X_2, X_3), (K = 1, 2, \cdots, 8). \qquad (8.5.3.1)$$

积分区域为该卦限的全部面积.

定义 8.5.3.1 设 (X_1, X_2, X_3) 为任一概率空间 (Ω, F, P) 的三维向量，称 ${}^2P_k$，$(k=1, 2, \cdots, 8)$ 为三维概率空间中第 k 卦限的二级区域概率.

令：$k=1, 2, \cdots, 8$，具体有：

$$\begin{cases} {}^2P_1 = P(0 \hat{<} x_1 \leqslant \infty, 0 \hat{<} x_2 \leqslant \infty, 0 \hat{<} x_3 \leqslant \infty) \\ {}^2P_2 = P(-\infty \leqslant x_1 \hat{<} 0, 0 \hat{<} x_2 \leqslant \infty, 0 \hat{<} x_3 \leqslant \infty) \\ {}^2P_3 = P(-\infty \leqslant x_1 \hat{<} 0, -\infty \leqslant x_2 \hat{<} 0, 0 \hat{<} x_3 \leqslant \infty) \\ {}^2P_4 = P(0 \hat{<} x_1 \leqslant \infty, -\infty \leqslant x_2 \hat{<} 0, 0 \hat{<} x_3 \leqslant \infty) \\ {}^2P_5 = P(0 \hat{<} x_1 \leqslant \infty, 0 \hat{<} x_2 \leqslant \infty, -\infty \leqslant x_3 \hat{<} 0) \\ {}^2P_6 = P(-\infty \leqslant x_1 \hat{<} 0, 0 \hat{<} x_2 \leqslant \infty, -\infty \leqslant x_3 \hat{<} 0) \\ {}^2P_7 = P(-\infty \leqslant x_1 \hat{<} 0, -\infty \leqslant x_2 \hat{<} 0, -\infty \leqslant x_3 \hat{<} 0) \\ {}^2P_8 = P(0 \hat{<} x_1 \leqslant \infty, -\infty \leqslant x_2 \hat{<} 0, -\infty \leqslant x_3 < 0) \end{cases} \tag{8.5.3.1a}$$

则称 ${}^2P_1$ 为（1）卦限的二级区域概率，…，${}^2P_8$ 为（8）卦限的二级区域概率.

各个卦限的二级区域概率之和符合归一律：

$$\sum_{i=1}^{8} {}^2P_i = 1. \tag{8.5.3.2}$$

同理若随机向量大于三维，则称 ${}^2P_k$，$(k=1, 2, \cdots, 8, \cdots, j)$ 为 j 维概率空间中第 k 卦限的区域概率.

2）三维二级区域均值向量计算如下：

$${}^2E_K = \frac{1}{P_K}\iiint_{VK} x_i \mathrm{d}F_K(X_1, X_2, X_3), (i = 1,2,3; K = 1,2,\cdots,8). \tag{8.5.3.3}$$

令：

$${}^2E_K(x_i) = \begin{cases} {}^2E_K(x_1) = \dfrac{1}{P_K}\iiint_{VK} x_1 \mathrm{d}F_K(x_1, x_2, x_3) \\ {}^2E_K(x_2) = \dfrac{1}{P_K}\iiint_{VK} x_2 \mathrm{d}F_K(x_1, x_2, x_3) \\ {}^2E_K(x_3) = \dfrac{1}{P_K}\iiint_{VK} x_3 \mathrm{d}F_K(x_1, x_2, x_3) \end{cases}$$

$$K = 1,2,\cdots,8. \quad i = 1,2,3 \tag{8.5.3.4}$$

定义 8.5.3.2 称，$(K=1, 2, \cdots, 8)$ 为第 K 卦限的二级区域均值向

量，它由三个分量组成．具体地：

称$^2E_1$（x_1，x_2，x_3）为第 1 卦限的二级区域均值向量，

$$^2E_1(x_1,x_2,x_3)=\begin{cases}^2E_1(x_1)=\dfrac{1}{P_1}\iiint_{V1}x_1\mathrm{d}F_1(x_1,x_2,x_3)\\ ^2E_1(x_2)=\dfrac{1}{P_1}\iiint_{V1}x_2\mathrm{d}F_1(x_1,x_2,x_3)\\ ^2E_1(x_3)=\dfrac{1}{P_1}\iiint_{V1}x_3\mathrm{d}F_1(x_1,x_2,x_3)\end{cases}. \quad (8.5.3.4a)$$

……，(8.5.3.4b)，…，(8.5.3.4g)

称$^2E_8$（x_1，x_2，x_3）为第 8 象限的二级区域均值向量，

$$^2E_8(x_1,x_2,x_3)=\begin{cases}^2E_8(x_1)=\dfrac{1}{P_8}\iiint_{V8}x_1\mathrm{d}F_8(x_1,x_2,x_3)\\ ^2E_8(x_2)=\dfrac{1}{P_8}\iiint_{V8}x_2\mathrm{d}F_8(x_1,x_2,x_3)\\ ^2E_8(x_3)=\dfrac{1}{P_8}\iiint_{V8}x_3\mathrm{d}F_8(x_1,x_2,x_3)\end{cases}. \quad (8.5.3.4h)$$

各卦限区域的概率表示该卦限内的所有随机向量概率之和，而区域均值则表示该区域内随机向量的中心点．

8.5.4　三维随机向量的各个二级均差向量

定义 8.5.4.1　令：

$$^2T_K=\sqrt[2]{(\tau_{K1}^2+\tau_{K2}^2+\tau_{K3}^2)},(k=1,2,\cdots,8). \quad (8.5.4.1)$$

分别称^2T_K为第 K 卦限的区域均值对原点的均差向量，其几何意义是该卦限随机向量的中心对整体随机向量中心的向量之差；称 τ_{K1}，τ_{K2}，τ_{K3}为第 K 卦限的均值对（x_1，x_2，x_3）轴的均差分量．

因为原点被移到总体均值处，与（8.4.9.1）的同样的理由，得

$$^2T_k={}^2E_k,(K=1,2,\cdots,8). \quad (8.5.4.2)$$

上式对各轴的投影分量为：

$$\begin{cases}^2\tau_{k1}={}^2E_{K1}\\ ^2\tau_{k2}={}^2E_{K2}\\ ^2\tau_{k3}={}^2E_{K3}\end{cases}. \quad (8.5.4.2a)$$

因此（8.5.4.1）式又可写作：

$$^2T_K={}^2E_K=\sqrt[2]{(E_{12}^2+E_{23}^2+E_{31}^2)_K}, \quad (8.5.4.1a)$$

$K=1,2,\cdots,8.$

定义 8.5.4.2 分别称 ${}^2T_K$ 为第 k 卦限的均值对期望值的均差向量. 共有 8 个.

$$\text{具体的}, {}^2T_K = \begin{cases} {}^2T_1 = \sqrt{{}^2(\tau_{11}^2 + \tau_{12}^2 + \tau_{13}^2)} \\ \cdots\cdots \\ {}^2T_8 = \sqrt{{}^2(\tau_{81}^2 + \tau_{82}^2 + \tau_{83}^2)} \end{cases}. \quad (8.5.4.2b)$$

8.5.5 三维随机向量对原点的一级半均差向量及其平衡定理

定义 8.5.5.1 由 (x_j, x_k), $(j, k \neq i, j \neq k)$ 两轴组成的平面把三维随机向量分成两大个区域，则有

$$\begin{cases} M_i = T_i P_i \\ -M'_i = -T'_i P'_i \end{cases}, (i = 1,2,3). \quad (8.5.5.1)$$

则分别称 M_i, M'_i 为这两区域的正向半均差及负向半均差，它们相等，因此统称为半均差. 共有 3 对.

由 (8.5.1.1) 至 (8.5.1.4) 式也可写成

$$M_i = M_i = E_i P_i = -E'_i P'_i, (i = 1,2,3). \quad (8.5.5.2)$$

推理 8.5.5.2 由 (x_2, x_3) 两轴组成的平面把三维随机向量分成两大个区域，则两区域的半均差可以组成平衡定理. 由于这两区域的均值都在 x_1 轴上，分别位于期望点的两侧，所以

$$M_1 = M'_1, \text{ 即} (EP)_1 = (-EP)'_1. \quad (8.5.5.3)$$

同理有：

$$M_2 = M'_2, \text{ 即} (EP)_2 = (-EP)'_2. \quad (8.5.5.4)$$

$$M_3 = M'_3, \text{ 即} (EP)_3 = (-EP)'_3. \quad (8.5.5.5)$$

平衡定理的物理意义相当于期望点两边的力矩平衡.

8.5.5.2 三维随机向量的各种二级半均差向量

1）三维随机向量各卦限区域均值对原点（期望值）的各个二级半均差向量.

$${}^2M_K = {}^2(TP)_K = {}^2(EP)_K, (K = 1,2,\cdots,8). \quad (8.5.5.6)$$

式中，左肩上的 2 字，表示为 2 级特征参数；右下角的 K 表示象限序号. 按照解析几何，任一卦限的区域均值对原点的二级半均差向量及其分量的关系为：

$${}^2M_K = \sqrt{{}^2(M_1^2 + M_2^2 + M_3^2)}_K. \quad (8.5.5.7)$$

式中，右下角的 1，2，3 表示该半均差向量在 x_1，x_2，x_3 轴的投影，

如 ${}^2M_{K1}$ 表示第 K 卦限的二级半均差向量在 x_1 轴的投影，同理 ${}^2M_{K2}$ 表示该半均差向量在 x_2 轴的投影，${}^2M_{K3}$ 表示该半均差向量在 x_3 轴的投影. 其余符号同上.

2）三维随机向量各卦限均值对各轴线二级的半均差向量.

每个卦限均值对期望点的二级半均差向量都各自对产生不同的半均差，共有 8 组，24 个，把（8.5.5.6）式结合半均差的定义有：

$$^{2}M_{K}=\begin{cases}^{2}M_{K1}={}^{2}(P_{K}\tau_{K1})={}^{2}(P_{K}E_{K1})\\ ^{2}M_{K2}={}^{2}(P_{K}\tau_{K2})={}^{2}(P_{K}E_{K2})\\ ^{2}M_{K3}={}^{2}(P_{K}\tau_{K3})={}^{2}(P_{K}E_{K3})\end{cases}$$

$$K=1,2,\cdots,8. \tag{8.5.5.8}$$

具体的，第 1 卦限对三轴线产生不同的半均差向量如下：

$$^{2}M_{1}={}^{2}(PT)_{1}=\begin{cases}^{2}(P\tau)_{11}={}^{2}(PE)_{11}\\ ^{2}(P\tau)_{12}={}^{2}(PE)_{12}\\ ^{2}(P\tau)_{13}={}^{2}(PE)_{13}\end{cases}. \tag{8.5.5.8a}$$

……（8.5.5.8b）……，（8.5.5.8h）

与二维类似，三维随机向量的二级半均差向量的几何图形既是中心对称，也是各轴分别对称的．因此分布于各轴两侧的半均差向量其数值相等，方向相反，组成二级平衡定理.

如

$$\begin{cases}^{2}M_{11}={}^{2}M_{81}\\ ^{2}M_{12}={}^{2}M_{42}\\ ^{2}M_{13}={}^{2}M_{23}\end{cases}. \tag{8.5.5.8b}$$

其中角标的第一个数字为象限数，第二个数字为坐标轴的序号数，这样的平衡定理共有 8 组，24 个.

3）同一轴线二级的几个半均差组成平衡定理：如：

$$\begin{cases}^{2}M_{11}+{}^{2}M_{21}={}^{2}M_{71}+{}^{2}M_{81}\\ ^{2}M'_{21}+{}^{2}M'_{31}={}^{2}M'_{51}+{}^{2}M'_{61}\end{cases}. \tag{8.5.5.9}$$

这样的平衡定理共有 24 个.

推理 8.5.5.3　过期望点的任一平面把三维随机向量分成两个区域，则两区域的半均差可以组成平衡定理.

如　$^{2}|M_{1}+{}^{2}M_{4}+{}^{2}M_{8}+{}^{2}M_{5}|=|{}^{2}M_{2}+{}^{2}M_{6}^{2}+M_{7}+{}^{2}M_{3}|$,

即

$$|M_{1}|=|M'_{1}|. \tag{8.5.5.10}$$

$$^{2}|M_{1}+{}^{2}M_{2}+{}^{2}M_{3}+{}^{2}M_{4}|=|{}^{2}M_{5}+{}^{2}M_{6}^{2}+M_{7}+{}^{2}M_{8}|,$$

即

$$|M_{2}|=|M'_{2}|. \tag{8.5.5.11}$$

或　$^{2}|M_{1}+{}^{2}M_{2}+{}^{2}M_{5}+{}^{2}M_{6}|=|{}^{2}M_{3}+{}^{2}M_{4}+{}^{2}M_{7}+{}^{2}M_{8}|$,

即

$$|M_3| = |M'_3|. \tag{8.5.5.12}$$

这是定理 8.5.2 第 6）点的合情推理.

推理 8.5.5.4 三维随机向量任一卦限的区域二级均值过期望点与对角卦限的对称均值可以组成一组平衡定理.

共有 4 组.

$$|{}^2M_i| = |{}^2M_k|, i \neq k; i, k \leq 8. \tag{8.5.5.13}$$

如

$$\begin{cases} |{}^2M_1| = |{}^2M_7| \\ |{}^2M_2| = |{}^2M_8| \\ |{}^2M_3| = |{}^2M_5| \\ |{}^2M_4| = |{}^2M_6| \end{cases}. \tag{8.5.5.13a}$$

8.5.6 三维随机向量的一级与二级特征参数的关系

综上所述，三维随机变量共有三条主轴，每条主轴有正、负两组一级特征参数，每组一级区域又可分为 4 个互相垂直的二级区域（象限），共 8 个，这两种区域之间有如下关系：

8.5.6.1 概率关系

定理 8.5.6.1 每个一级区域的概率，等于此区域所划分（包含）的 4 个卦限的二级概率之和.

$$P_i = \sum_{j=1}^{4} {}^2P_{ij}, (i = 1, 1', 2, 2', 3, 3'; j = 1, \cdots, 4). \tag{8.5.6.1}$$

具体的如包围正 X_3 轴的区域概率，包括 1，2，3，4 等四个卦限概率之和；包围该负 X'_3 轴的区域概率，包括 5，6，7，8 等四个卦限概率之和，

$$\begin{cases} P_2 = {}^2(P_1 + P_2 + P_3 + P_4) \\ P'_2 = {}^2(P_5 + P_6 + P_7 + P_8) \end{cases}. \tag{8.5.6.1a}$$

包围正 X_2 轴的区域概率，包括 1，4，8，5 等四个卦限概率之和；包围该负（X'_2）轴的区域概率，包括 2，3，7，6 等四个卦限概率之和，

$$\begin{cases} P_1 = {}^2(P_1 + P_4 + P_8 + P_5) \\ P'_1 = {}^2(P_2 + P_3 + P_7 + P_6) \end{cases}. \tag{8.5.6.1b}$$

包围正 X_2 轴的区域概率，包括 1，2，6，5 等四个卦限概率之和；包围该

负 X_2'轴的区域概率，包括 3，4，7，8 等四个卦限概率之和，

$$\begin{cases} P_3 = {}^2(P_1 + P_2 + P_5 + P_6) \\ P'_3 = {}^2(P_3 + P_4 + P_7 + P_8) \end{cases}. \tag{8.5.6.1c}$$

8.5.6.2　一、二级参数的多均值公式

定理 8.5.6.2　在三维随机向量中，每个一级区域的均值与概率的乘积，等于此区域所包含的 4 个卦限的二级均值与其区域概率的乘积之和，

$$E_iP_i = \sum_{j=1}^{4} {}^2(E_jP_j)_i,(i = 1,1',2,2',3,3';j = 1,\cdots,4). \tag{8.5.6.2}$$

具体的，如上述（8.5.6.1a）所示（包围 X_3 轴的区域），其区域的多均值公式如下：

$$\begin{cases} (EP)_2 = {}^2[(EP)_1 + (EP)_2 + (EP)_3 + (EP)_4] \\ (EP)'_2 = {}^2[(EP)_5 + (EP)_6 + (EP)_7 + (EP)_8] \end{cases}. \tag{8.5.6.2a}$$

包围 X_1 轴的区域，（8.5.6.1*b*）其区域的多均值公式如下：

$$\begin{cases} (EP)_1 = {}^2[(EP)_1 + (EP)_4 + (EP)_8 + (EP)_5] \\ (EP)'_1 = {}^2[(EP)_2 + (EP)_3 + (EP)_7 + (EP)_6] \end{cases}. \tag{8.5.6.2b}$$

包围 X_2 轴的区域，（8.5.6.1*c*）其区域的多均值公式如下：

$$\begin{cases} (EP)_3 = {}^2[(EP)_1 + (EP)_2 + (EP)_5 + (EP)_6] \\ (EP)'_3 = {}^2[(EP)_3 + (EP)_4 + (EP)_7 + (EP)_8] \end{cases}. \tag{8.5.6.2c}$$

8.5.6.3　一、二级参数的平衡定理

这些公式在上一节已经给出，这里再给出公式的另一种形式：

定理 8.5.6.3　在三维随机向量中，每个一级区域的均差与概率的乘积，等于此区域所包含的 4 个象限的二级均差与其区域概率的乘积之和，

$$T_iP_i = \sum_{j=1}^{4} {}^2(\tau_jP_j)_i,(i = 1,1',2,2',3,3';j = 1,\cdots,4). \tag{8.5.6.3}$$

证　因为坐标已标准化，有 $T_i = E_i$，结合（8.5.6.2）式，定理得证.

同理，具体的该公式共有三组子公式，类似（8.5.6.2a）至（8.5.6.2c）一样只要把式中的 E_i 改为 T_i 便可.

8.5.6.4　二级区域的全概率、全均值定理

全概率定理

$$\sum_{i=1}^{8} {}^2P_i = P_0 = 1,(i = 1,\cdots,8). \tag{8.5.6.4}$$

全均值定理

$$\sum_{i=1}^{8}{}^{2}(EP)_{i} = E_{0},(i = 1,\cdots,8). \qquad (8.5.6.5)$$

8.5.7 三维随机向量的各个径向一级均差与半均差所组成的曲面

用任意一个过期望点的平面把三维随机向量分成两半，这两半区域体积各自取该区域的概率，均值及其对原点的均差向量、半均差向量，这些向量与该分割平面垂直，与过期望点的法线重合. 当分割的平面无限多时，这些区域的均差（相当于均值）、概率、半均差也无限多，分别组成三个不同的三维曲面——区域均差（均值）与区域概率组成不规则的互补曲面，而区域半均差则组成三轴椭球面，类似于二维曲线（参看 8.4.9 节）.

（1）一级区域均差（均值）向量所组成的曲面：它是不规则的三维曲面，与该区域概率所组成的曲面为因子互补曲面，即区域均差与该区域概率的乘积等于对称边两者的乘积，也等于参数 M（半均差）.

（2）一级区域概率所组成的曲面：它也是不规则的三维曲面，与该区域均差所组成的曲面为因子互补曲面.

以上两曲面类似于 8.4.9 节的（7）、（8）两点.

（3）一级区域半均差（平均差）向量所组成的曲面：这是一个规则的三维曲面——三轴椭球面，第 1 主方向为长半轴，与 X_1 轴向重合；第 2 主方向为次长半轴，与 X_2 轴向重合；第 3 主方向为短半轴与 X_3 轴向重合.

注：1）不管分布是否为对称分布，由于有平衡定理在，一级区域半均差（平均差）向量所组成的曲面，都是对称的三轴椭球面.

2）由于每一个分割面都有一个与之相应的平衡定理：$|M_i| = |M'_i|$，$i = 1, 2, \cdots, 8$，因此有

定理 8.5.7.1 任一个二维及以上的随机向量有无限多个一级平衡定理，即只要用任一通过期望点的平面分割该随机向量，就有一个平衡定理出现.

8.5.8 三维随机向量分布的偏态系数与向心系数

（1）偏态系数. 仿照二维随机向量偏态系数的定义，在已经取主成分及标准化坐标的三维随机向量中，偏态最严重的方向总是出现在第一主方向上. 以垂直于该方向，并且过期望值的分割面的整个区域的概率积分来表示.

定义 8.5.8.1 三维随机向量分布，以一级特征参数表征其偏态系数，

在整个随机向量积分区域内，取最大偏态方向作为整个随机向量分布的偏态系数，即

$$S_K = P_1' - P_1 = \iiint\limits_{V_1'} \mathrm{d}Fx - \iiint\limits_{V_1} \mathrm{d}Fx \tag{8.5.8.1}$$

则称 S_K 为三维随机向量的偏态系数．式中 V_1'，V_1 为沿 X_1 轴方向，并且过期望值的分割面的整个区域的三维概率积分．

对于大于三维的 P 维随机向量偏态系数的定义及计算类似与上述所说，只不过要把积分区域改为半个 P 维超立方体积分．

（2）向心系数（峰态系数）．模仿二维随机变量的峰态系数，下面给出三维随机向量的向心系数的定义及公式．

设 T_1（r，θ，φ）为沿角度旋转而变化的三维随机向量的一级均差向量（用球面坐标表示），E_1（r，θ，φ）为沿角度旋转而变化的一级区域均值向量，当以数学期望为中心点时，有 E_r（r，θ，φ）$=T_r$（r，θ，φ）．

定义 8.5.8.2　令

$$C_k = \iiint\limits_{\Omega} p(T_r,\theta,\varphi)\,\mathrm{d}V. \tag{8.5.8.2}$$

则称 C_k 为三维随机向量的向心系数（峰态系数）．

式中 Ω 是沿角度旋转包含整个 T_r（r，θ，φ）的一级区域为界三维积分的体积；v 为所取的体积元素，p_r为该区域的概率微元，T_r 为该区域的均差向量，当选取球面坐标及一级特征参数时，上述积分变成：

$$C_k = \int_0^{2\pi} \mathrm{d}\theta \int_{-\pi}^{\pi} \sin\varphi \mathrm{d}\varphi \int_0^{T_r} p_r \mathrm{d}\tau. \tag{8.5.8.2a}$$

用其他坐标系进行积分求向心系数，或者用数值积分求向心系数，也是可以的，以容易求出为准．

二维以上的峰态系数，也可叫作向心系数．而三维以上的峰态系数则叫作向心系数比较恰当．

8.5.9　多维随机向量的研究

关于多维随机向量的各种分割方式，各种均值，均差，概率，半均差的研究方法类似于二、三维随机向量，其定义、定理也类似于二、三维随机向量，不过大于三维的随机向量，就不能有明显的几何图形表示，只能借助高维代数几何抽象空间的方法表示．

表 8.5.1　多维随机向量的各级特征参数的情况

特征参数 \ 维数		1	2	3	j
0 级		1 个（E_0）	1 个（E_0）	1 个（E_0）	1 个（E_0）
1 级	E_i	1 对，2 个	2 对，4 个	3 对，6 个	j 对，（$2j$ 个）
	P_i	1 对，2 个	2 对，4 个	3 对，6 个	j 对，$2j$ 个
	M_i	1 个	2 个	3 个	j 个
2 级	${}^2E_i$	2 对，4 个	$2^2=4$ 个	$2^3=8$ 个	$j2^j$ 个
	分量		$2^2\times 2=8$ 个	$2^3\times 3=23$ 个	$j\times 2^j=2^j j$ 个
	${}^2P_i$	2 对，4 个	$2^2=4$ 个	$2^3=8$ 个	2^j 个
	${}^2M_i$	2 个	$2^2=4$ 个	$2^3=8$ 个	2^j 个
	分量		$2^2\times 2=8$ 个	$2^3\times 3=8$ 个	$j\times 2^j=2^j j$ 个

注：1）特征参数包括区域均值、概率、均差、半均差（平均差）等等，因为${}^K M_{Di}=2^K M_i$，并且在标准化坐标中${}^K T_i={}^K E_i$，因此，这两个参数不列出来.

2）一维随机变量可以继续求三级以上的特征参数；除此之外，二维以上的随机向量由于求三级特征参数过于复杂，而又没多大的实用价值，所以一般就不需要求了.

3）三维及以上的随机向量特征参数及多均值公式、平衡定理，可以用高维张量及半张量[37]表示. 这是今后的一个重要的研究方向.

多维随机向量分布的偏态系数与峰态系数，类似于三维随机向量.

8.6　随机过程

定义 8.6.1　设（Ω，F，P）为概率空间，如果对任意 $\{X(t), t\in T\}$ 为一随机变量，则称 $X=\{X(t), t\in T\}$ 为一随机过程.

8.6.0　一维随机变量过程

随机过程一般是三维空间加一维时间，本文为了研究方便，先取一维空间与一维时间进行研究，其结果很容易推广到一般随机过程去. 一个随机过程就是一族随机变量 $\{X(t),\ t\in T\}$，可以看成是一种特殊的二维随机变量分布 $F\{x(t)\}$，其中时间参变量 $T=\{-\infty\leqslant t\leqslant\infty\}$ 也可以为有限的参变量，x 为随机变量，它随着 t 的变化而改变，这随机过程的时间参变量，相当于本文二维分布的随机变量 X_1，而随机过程变量 x 相当于 X_2. 当时间参变量为均匀分布，时域的期望值就等于它的中位数，$E_0(t)=\tilde{m}_0(t)$；时域的左均值等于它的 $\frac{1}{4}$ 分位数，$E_L(t)=m_{\frac{1}{4}}(t)$；时域的右均值等于它的 $\frac{3}{4}$ 分位数，$E_R(t)=m_{\frac{3}{4}}(t)$，这样拆分出来就很好分析.

8.6.1　一级线性特征参数

(1) 首先求出整个区域的随机变量及时域的期望值 $E_0(x,\ t)=\{E_0(x),\ \tilde{m}_0(t)=t_{1/2}\}$. 并以此为坐标原点.

(2) 再求出时间轴的右均值与左均值：

$$\begin{cases}E_1(x,t)=[E_1(x),m_{\frac{3}{4}}(t)]\\E'_1(x,t)=[E'_1(x),m_{\frac{1}{4}}(t)]\end{cases}. \tag{8.6.1.1}$$

(3) 以上述时域 $[E'_1(x,\ t),\ E_0(x,\ t),\ E_1(x,\ t)]$ 为新坐标1轴（即时间轴），把随机过程 X 变量分成上下两半.

(4) 分别求出随机变量 X 这两半的一级均值：

$$\begin{cases}E_2(x,t)=[E_2(x),m_0(t)]\\E'_2(x,t)=[E'_2(x),m_0(t)]\end{cases}. \tag{8.6.1.2}$$

(5) 按照前面所述的二维随机向量性质，当坐标原点被移到随机过程的期望点时，并把坐标1轴旋转到与 $E_1(x,\ t)$，$E'_1(x,\ t)$ 重合，2轴与 $E_2(x,\ t)$，$E'_2(x,\ t)$ 重合.

(6) 此时，一级均差在数值上就等于一级均值，

$$\begin{cases}\tau_1(x,t)=E_1(x,t)=[E_1(x),m_{\frac{3}{4}}(t)]\\\tau'_1(x,t)=E'_1(x,t)=[E'_1(x),m_{\frac{1}{4}}(t)]\end{cases}. \tag{8.6.1.3}$$

$$\begin{cases}\tau_2(x,t)=E_2(x,t)=[E_2(x),m_0(t)]\\\tau'_2(x,t)=E'_2(x,t)=[E'_2(x),m_0(t)]\end{cases}. \tag{8.6.1.4}$$

一级特征参数的应用：

(1) 若这些随机过程的点大概成线性分布，可以过上述三个均值点 $E_1(x,\ t)$，$E_0(x,\ t)$，$E'_1(x,\ t)$ 拟合一条直线方程：

$$\bar{X}_i=\hat{a}+\hat{b}t_i. \tag{8.6.1.5}$$

（2）它具有最小二乘法的功效，但比它简便的多，具体参看本文的第 11 章.

（3）在上述的基础上，以直线方程的斜率判断是何种随机过程.

8.6.2 二级线性特征参数

以数学期望作为新坐标原点，（E_0，E_1）方向作为新坐标 1 轴（E_0，E_2），方向作为新坐标 2 轴．用两条新坐标轴把随机过程分成四个区域，相当于二维随机变量的四个象限（图 8.4.1）.

1）把上述四个区域都求出二级均值.

$$\begin{cases} {}^2E_{1'2}(x,t) = [E_{1'2}(x), m_{1/4}(t)] \\ {}^2E_{1'2'}(x,t) = [E_{1'2'}(x), m_{1/4}(t)] \\ {}^2E_{12}(x,t) = [E_{12}(x), m_{3/4}(t)] \\ {}^2E_{12'}(x,t) = [E_{12'}(x), m_{3/4}(t)] \end{cases} \tag{8.6.2.1}$$

2）因为已经把普通坐标变换为标准坐标，所以四区域对的 2 轴的均差在数值上等于该点均值的分量即：

$$\begin{cases} \tau_{1'2}(x) = E_{1'2}(x) \\ \tau_{1'2'}(x) = E_{1'2'}(x) \\ \tau_{12}(x) = E_{12}(x) \\ \tau_{12'}(x) = E_{12'}(x) \end{cases} \tag{8.6.2.2}$$

3）连接 $E_{1'2}$（x，t），$E_{1'2'}$（x，t）两点，及 E_{12}（x，t），$E_{12'}$，（x，t）两点，则在直线方程 $\bar{X}_i = \hat{a} + \hat{b}t_i$ 的两边形成两条均差带，上部为正均差带，下部为负均差带；分析方法同以前.

8.6.3 随机过程的边沿分布

随机过程可以用边沿分布进行研究，一维随机过程可以分解成两个边沿分布：一个沿时间轴分布 F_t（x，t），另一个沿随机变量轴的分布 F_X（x，t）．像本章第一节所述，两个边沿分布都可以分别取从一级、二级，直到多级的线性特征参数（主要为各级均值及各级的区域概率）．一级的线性特征参数已在前面论述，下面主要论述二级以上的线性特征参数.

8.6.3.1 时间轴边沿分布的各级均值及各级概率

沿着时间（t）轴的边沿分布主要是均匀分布，其线性特征参数与对半分位数对应得很好（见第 7、10 章），如总体均值对应于中位数，一级（左、右）均值对应于四分位数，二级均值对应于八分位数……可以就这些分位数

（通常取四～八分位数就可以了）取它们的区间均值与区域概率，比较区间均值的平稳或升、降状况，就可以判定是何种随机过程了.

8.6.3.2　随机变量轴边沿分布的各级均值及各级概率

沿着随机变量 X（2）轴方向的边沿分布通常是各种随机变量的分布，其中最主要也是最常用的是正态分布，求出该分布的其各级特征参数与正态分布进行比对，（见第 7 章 7.2，7.3 节）便可以确定是否为该分布了.

8.6.4　相关函数与协方差函数

1. 一维随机变量过程

定义 8.6.4.1　对于任意两个固定的时刻 $t_1 t_2 \in T$，$[x(t_1), x(t_2)] \in X(t)$ 是两个随机变量，称二阶混合矩

$$R_X(t_1,t_2) = E[x(t_1) \times (t_2)] \qquad (8.6.4.1)$$

为随机过程的自相关函数. 这是表示这两时刻线性关系的紧密情度的指标.

定义 8.6.4.2　设 $[t_D = (t_{1/2} - t_0),\ t_F = (t_n - t_{1/2})] \in T$，$t_{1/4}$，$t_{3/4} \in T$，称二阶混合原点矩

$$R_X t_D, t_F) = E[\bar{x}(t_0 - t_{1/2}) \times \bar{x}(t_{1/2} - t_0)] \qquad (8.6.4.2)$$

为随机过程的平均相关函数.

定义 8.6.4.3　设 $t_1 t_2 \in T$，称二阶混合中心矩

$$C_{XX} = [EX(X(t_1) - EX(t_1')] \times [EX(t_2)] - EX(t_2')] \qquad (8.6.4.3)$$

为随机过程的自协方差函数.

定义 8.6.4.4　设 $t_{1/4} t_{3/4} \in T$，称二阶混合中心矩

$$\bar{C}_X = |[EX(t_{1/4})) - E_0 X(t_{1/2})] \cdot [EX(t_{3/4})) - E_0 X(t_{1/2})]| \qquad (8.6.4.4)$$

为随机过程的平均自协方差函数.

当原点移到期望点处，上式简化为

$$\bar{C}_{XX} = |EX(t_{1/4})) \cdot EX(t_{3/4}))|. \qquad (8.6.4.4a)$$

2. 二维随机变量过程（原点移到期望点）

互相关函数与协方差函数，

定义 8.6.4.5　设 $t_1 t_2 \in T$，称二阶混合矩，令

$$R_{XX}(t_1,t_2) = E[X(t_1) Y(t_2)] \qquad (8.6.4.5)$$

称为随机过程的互相关函数.

定义 8.6.4.6　设 $t_{1/4} t_{3/4} \in T$，称二阶混合矩，

$$\bar{R}_{XY}(t_{1/4}) = E[X(t_{1/4}) Y(t_{1/4})] \qquad (8.6.4.6)$$

为随机过程的左平均互相关函数.

$$\bar{R}_{XY}(t_{3/4}) = E[X(t_{3/4})Y(t_{3/4})] \quad (8.6.4.6a)$$

称 $\bar{R}_{XY}$ ($t_{3/4}$) 为随机过程的右平均互相关函数.

定义 8.6.4.7 设 t_1，$t_{3/4} \in T$，令

$$C_{XX}(t_1,t_2) = E[X(t_1) - E_0X(t_0)] \cdot [Y(t_2) - E_0Y(t_0)]. \quad (8.6.4.7)$$

称二阶混合中心矩 C_{XX} (t_1，t_2) 为随机过程的互协方差函数.

定义 8.6.4.8 设，$t_{1/4}$，$t_{3/4} \in T$，令

$$\bar{C}_{XX}(t_{1/4}) = E[X(t_{1/4}) - E_0X(t_0)] \cdot [Y(t_{1/4}) - E_0Y(t_0)]. \quad (8.6.4.8a)$$

称二阶混合矩 $\bar{C}_{XX}$ ($t_{1/4}$) 为随机过程的左平均协方差函数.

$$\bar{C}_{XX}(t_{3/4}) = E[X(t_{3/4}) - E_0X(t_0)] \cdot [Y(t_{3/4}) - E_0Y(t_0)]. \quad (8.6.4.8b)$$

称二阶混合矩 $\bar{C}_{XX}$ ($t_{3/4}$) 为随机过程的右平均协方差函数.

当原点移到期望点时：

$$\bar{C}_{XY}(t) = \bar{R}_{XY}(t) = E[X(t)Y(t)]. \quad (8.6.4.9)$$

$$\bar{C}_{XY}(t_{1/4}) = \bar{R}_{XY}(t_{1/4}) = E[X(t_{1/4})Y(t_{1/4})]. \quad (8.6.4.9a)$$

$$\bar{C}_{XY}(t_{3/4}) = \bar{R}_{XY}(t_{3/4}) = E[X(t_{3/4})Y(t_{3/4})]. \quad (8.6.4.9b)$$

8.6.5 随机数据的修匀

由于随机变量 X 参差不齐，围绕各时段（区间）的均值上下变化，而各时段均值变化也大，为了察看随机变量随时间的走势，需要修匀，以判断属于何种随机过程，随机过程的走势为直线还是曲线形状，采取下列的方法：

（1）移动平均法，该法在很多时间序列分析的书都可以找到，在此为避免混淆，特称为中心移动平均法，记为$\{\bar{X}_{0j} = E_0\ (\bar{X}_j)\}$，（$1 < j < n$）此处 j 为计算移动平均的随机变量数，详细请参看时间序列分析的文献，此处从略.

（2）上、下移动平均法：在中心移动平均法的基础上，以中心移动平均线 $\bar{X}_{0j}$为界，把随机过程数据分为上、下两部分，然后按照移动平均法，分别求上移动平均及下移动平均.

2a）上移动平均：凡随机变量在（$x_j \hat{>} \bar{x}_{0j}$）之上，计算它的上移动平均 $\{\bar{X}_{Uj} = E\ (\bar{x}_j \hat{>} \bar{x}_{0j})\}$，每次计算移动平均所需的随机变量数为 $j/2$，移动周期应该为所述中心移动平均法的 1/2.

2b）下移动平均：凡随机变量在（$x_j \hat{<} \bar{x}_{0j}$）之下，计算它的下移动平均 $\{\bar{X}_{Dj} = E\ (\bar{x}_j \hat{<} \bar{x}_{0j})\}$，每次计算移动平均所需的随机变量数也是 $j/2$，移动周期

也应该为中心移动平均法的 1/2.

3）把上述三种移动平均值分别标示在（x，t）坐标上，并且分别连成三条随时间变化的移动平均线.

3a）中间那条为中心移动平均线，是整个随机过程的移动平均线的走势，可以大致判断是何种随机过程.

3b）上、下两条分别为上、下移动平均线，它们分别表示上（下）随机变量的平均走势，也表示上（下）随机变量离中心移动平均线的平均距离，表示各个时点随机变量的离散程度，它们一般不对称.

这三条移动平均线形成了随机过程的”随机河流”中间的一条为“主流线”，两边的各有一条付“流线”分别表示两边的随机变量离主流线的平均距离.

8.6.6　线性随机过程的分析（以标准化坐标为基础）

（1）若随机变量均值不因时间推移而改变，即一级均值，

$$\begin{cases} |E_1{}'[x(t)]| = E_1[x(t)] \\ m_{1/4}(t) = -m_{3/4}(t) \end{cases} \tag{8.6.6.1}$$

就可定义为平稳随机过程.

（2）若随机变量 X 的边沿分布的各级均值（一般取到二级就够了，即 $X'_1(t_{1/4})$，X_1（$t_{3/4}$）），以及各级区域概率，符合正态分布的同名参数值，就可以判定为正态随机过程了.

（3）若随机变量 X 每时点的均值（即移动平均线），随着时间推移而线性地改变，就是线性随机过程，

$$E_1(x,t) = \begin{cases} E_1(x) = a_0 + a_1 t E_{1'}(x) \\ |m_{1/4}(t)| = |m_{1/4}(t)| \end{cases} \tag{8.6.6.2}$$

（3a）线性随机过程的平均变化率：

$$a_1 = \frac{E_1(x_{3/4}) - E_1(x_{1/4})}{m(t_{3/4}t) - m(t_{1/4}t)} \tag{8.6.6.3}$$

$a_1>0$，线性增长过程；

$a_1=0$，平稳过程；

$a_1<0$，负线性增长过程.

（3b）线性随机过程的相关方程：$\hat{x}_i = \hat{a}_0 + \hat{a}_i t_i$；它的求法参照本书后面的二元线性相关方程（11 章）.

（4）随机分布对时间轴的对称检验：

4a）若，$$|E'_2\{x(t_0)\}| \cong |E_2\{x(t_0)\}| \tag{8.6.6.4}$$

则随机过程为一级时间对称.

4b）若在前面对称的基础上，还有：

$$\begin{cases} \left|E_{1'2}\{x(t_0)\}\right| \cong \left|E_{1'2'}\{x(t_0)\}\right| \\ \left|E_{12}\{x(t_0)\}\right| \cong \left|E_{12'}\{x(t_0)\}\right| \end{cases} \tag{8.6.6.5}$$

则随机过程对时间为二级对称，即沿时域基本都平均的对称.

8.6.7 非线性随机过程的分析

（1）在观察中心移动平均线并非为直线时，可以确定该过程为非线性随机过程.

（2）当 $\hat{x}=f(t)$ 为曲线时，按照方程待定系数的个数，把时间轴分割成相等的分数，如为二次曲线，则平均分成三等分；三次曲线，则平均分成四等分；……，n 次曲线，则平均分成（$n+1$）等分. 然后参照本书 14 章的 n 次曲线相关方程的方法求出

$$x = a_0 + a_1 t + \cdots + a_n t^n. \tag{8.6.7}$$

8.6.8 均差分分析

以均值为 0 点，分别以 $\tau_L \tau_R$ 为步长向左和向右作均差分（平均差分），每节点之间取 $\overline{P}_{Li}$（x），$\overline{P}_{Ri}$（x），$i=1\cdots$，n 的平均值，$\triangle\overline{P}_{Ri}$ 为一级向前（向右）均差分，$\triangle^2\overline{P}_{Ri}$ 为二级向前（向右）均差分，…，$\triangle^m\overline{P}_{Ri}$ 为 m 级右向前均差分.

$\nabla\overline{P}_{Li}$ 为一级向后（向左）均差分，$\nabla^2\overline{P}_{Li}$ 为二级左向后均差分，…，$\nabla^m\overline{P}_{Li}$ 为 m 级左向后均差分.

8.6.1 二阶中心均差分表

<table>
<tr><td>K</td><td colspan="2">−3</td><td colspan="2">−2</td><td colspan="2">−1</td><td colspan="2">期望值</td><td colspan="2">+1</td><td colspan="2">+2</td><td colspan="2">+3</td></tr>
<tr><td>区间 $k\tau$</td><td colspan="2">$3\tau_L$</td><td colspan="2">$2\tau_L$</td><td colspan="2">τ_L</td><td colspan="2">μ_0</td><td colspan="2">τ_R</td><td colspan="2">$2\tau_R$</td><td colspan="2">$3\tau_R$</td></tr>
<tr><td>平均概率</td><td></td><td colspan="2">$\overline{P}_{3L}$（x）</td><td colspan="2">$\overline{P}_{2L}$（x）</td><td colspan="2">$\overline{P}_{L}$（x）</td><td colspan="2">$\overline{P}_{R}$（x）</td><td colspan="2">$\overline{P}_{2R}$（x）</td><td colspan="2">$\overline{P}_{3R}$（x）</td><td></td></tr>
<tr><td>∇，（△）</td><td colspan="2">一阶</td><td colspan="2">$\nabla\overline{P}_{L2}$</td><td colspan="2">$\nabla\overline{P}_{L1}$</td><td colspan="2"></td><td colspan="2">$\triangle\overline{P}_{R1}$</td><td colspan="2">$\triangle\overline{P}_{R2}$</td><td colspan="2"></td></tr>
<tr><td>∇^2，（$\triangle^2$）</td><td colspan="3">二阶</td><td colspan="2">$\nabla^2\overline{P}_{L1}$</td><td colspan="2"></td><td colspan="2"></td><td colspan="2">$\nabla^2\overline{P}_{R1}$</td><td colspan="3"></td></tr>
</table>

均差分的分析：

（1） 当一阶均差分为 0 时，属于平稳随机过程.

（2） 当二阶均差分为 0 时，属于线性随机过程.

（3） 当三阶均差分为 0 时，属于二次曲线随机过程.

（4） 当 m 阶均差分为 0 时，属于（$m-1$）次曲线随机过程

均差分与区间平均导数的关系：

$$\triangle^n f(\overline{X}_k) = h^n f(n)(\overline{X}_k), \overline{X}_k \in (x_k, x_{k+n}). \quad (8.6.8)$$

8.7　有待研究的新课题

三维及多维的一些平衡定理的证明.

第9章 线性特征参数统计

9.0 统计样本中的线性特征参数

（1）顺序统计量.

设有样本数据（x_1，…，x_i，…，x_n），把它们按由小到大的次序排列，则把排列后的样本数据（$x_{(1)}$，…，$x_{(k)}$，$x_{(k+1)}$，…，$x_{(n)}$），称为从总体抽取的一个样本 X 的顺序统计量.

顺序统计量包括两部分：其一为顺序统计量，如（$x_{(1)}$，…，$x_{(i)}$，…，$x_{(n)}$）等，它们表示这顺序统计量的实测值；其二为顺序号，就是顺序统计量的脚标，如（$i=1$，2，…，n）等，它们表示顺序统计量的排序位置.

顺序统计量及其线性函数具有充分性和完备性（如分位数 P_i，以及 U 统计量等），因而是对总体相应的同名统计量的最小方差无偏估计（本文以下都是研讨顺序统计量的，在不会引起误解的情况下，角标的括号可以省掉）.

（2）秩统计量. 所谓的秩，是指该统计数据在整个样本中按大小所占的位次，上述的顺序统计量中角码就是它的秩，如 x_1 的秩就是 $R_1=1$，x_i 的秩就是 $R_1=i$.

一般说来秩统计量就等于它的顺序号，在本文中，有时使用秩统计量的名称，有时使用顺序号的名称，这看需要而定.

（3）矩统计量. 利用样本的特征参数（各阶矩），估计总体的同名特征参数（同阶矩）. 如本文所述的各种均值，方差，均方差，及二阶以上的各阶矩.

（4）线性统计量. 参数的估计量是样本的线性函数，被称为线性统计量，其中 C_i 为给定的常数，即：

$$T(X_1,X_2,\cdots,X_n) = \sum_{i=1}^{n} C_iX_i \cdot \tag{9.0.1}$$

1）顺序统计量的线性函数：

$$T_k = \sum_{i=j}^{k} C_iX_i,(1 \leqslant j < k \leqslant n). \tag{9.0.2}$$

2）线性秩统计量：

$$L_k = \sum_{i=j}^{k} C_i i,(1 \leqslant j < k \leqslant n). \tag{9.0.3}$$

其中包括左、右频数及频率，各级区间频数及频率.

3）线性矩统计量：形如

$$E(X_1, X_2, \cdots, X_k) = \frac{1}{K}\sum_{i=1}^{n} C_i X_{(i)} \cdot \qquad (9.0.4)$$

其中包括平均值，左、右均值，一维及多维随机变量的一阶各级均值；左、右均差，半均差，平均差；一维及多维随机变量的一阶各级均差.

不含：二阶及以上的各阶均值与中心距，如方差、均方差，三阶四阶及以上的中心距.

（5）U 统计量（后面再详细介绍）.

线性 U 统计量：类似线性矩统计量.

上述的各种线性统计量都具有渐近正态性[16],[17],[25].

9.1　样本顺序统计量的各种线性特征参数

设（$x_{(1)}$，…，$x_{(k)}$，$x_{(k+1)}$，…，$x_{(n)}$）为总体 X 抽取的一个样本的顺序统计量，（$i=1$，…，k，$k+1$，…，n）为样本顺序数，它具有样本均值；以样本均值为界，将顺序统计量分为大、小二组，（分组方法按照第一节的方式进行）：

1）当分界点 $\bar{x}$ 位于两顺序统计量（k，$k+1$）之间：$x_{(k)} < \bar{x} < \bar{x}_{(k+1)}$时，就以此为界自然分成两组：

$$较小的组: X = \{x < \bar{X}\} \quad \begin{cases} R_i: 1, 2\cdots, k. \\ x_i: x_{(1)}, x_{(2)}, \cdots, x_{(k)} \end{cases}. \qquad (9.1.1)$$

$$较大的组: X = \{x > \bar{X}\} \quad \begin{cases} R_i: (k+1), (k+2), \cdots, (n) \\ x_i: x_{(k+1)}, \cdots, x_{(k+2)}, \cdots, x_{(n)} \end{cases}. \qquad (9.1.2)$$

2）当分界点等于某一顺序统计量 $\bar{x} = x_{(k)}$ 时，把该顺序号的一半（$k-0.5$），以及该顺序统计量值的一半 $x_{(k)}/2 = \bar{x}/2$ 分别分配到大、小组中去，即：

$$较小的组: X = \{x \hat{<} \bar{x}\} \quad \begin{cases} R_1: (1), (2)\cdots, (k-1), (k-0.5). \\ x_i: x_{(1)}, x_{(2)}, \cdots, x_{(k-1)}, x_k/2. \end{cases} \qquad (9.1.3)$$

$$较大的组\ X = \{x \hat{>} \bar{x}\} \quad \begin{cases} R_1: (k+0.5), (k+1), \cdots, n \\ x_i: x_k/2, x_{(k+1)}, \cdots, x_{(n)} \end{cases}. \qquad (9.1.4)$$

以上两种分界点统一设为 $\bar{x}, n_{\bar{x}}$，或简记为 $\bar{x}, \bar{n}$，其中第二个字母表示均值所对应的顺序统计量.

定义 9.1.1 由 $X=\{x\hat{<}\overline{X}\}$所组成的样本分布函数，称为样本左分布，类似（1.4）式.

由 $X=\{x\hat{>}\overline{X}\}$所组成的样本分布函数，称为样本右分布，类似（1.5）式.

定义 9.1.2 称样本左分布对应的最大顺序号为样本较小组频数称为左频数 $n_L\hat{<}\overline{n}$，其频率称为左频率：

$$\nu_L = n_L/n \cdot \tag{9.1.5}$$

定义 9.1.3 称样本总频数与左频数之差为样本为右频数，$n_R=(n-n_L)\hat{>}\overline{n}$，其频率称为右频率：$\nu_R=n_R/n$. (9.1.5a)

按本节第 1）种分界：

$$\begin{cases}n_L = k\\ n_R = n-k\end{cases}. \tag{9.1.6a}$$

按第 2）种分界：

$$\begin{cases}n_L = k-0.5\\ n_R = n-k+0.5\end{cases}. \tag{9.1.6b}$$

左、右频率分别为：

$$\begin{cases}\nu_L = n_L/n\\ \nu_R = n_R/n\end{cases}. \tag{9.1.7}$$

定义 9.1.4 称样本左分布的平均值为样本左均值 $\overline{x}_L$，它的计算公式为：

按本节第 1）种分界，

$$\overline{x}_L = \frac{1}{n_L}\sum_{i=1}^{nL}x_i = \frac{1}{k}\sum_{i=1}^{k}x_i. \tag{9.1.8}$$

按第 2）种分界时，

$$\overline{x}_L = \frac{1}{n_L}\sum_{i=1}^{nL}x_i = \frac{1}{k-0.5}\left(\sum_{i=1}^{k-1}x_i+\overline{x}/2\right) \tag{9.1.9}$$

定义 9.1.5 称样本右分布的平均值为样本右均值 $\overline{x}_R$，它的计算公式为按 9.1 节第 1）种分界时，

$$\overline{x}_R = \frac{1}{n_R}\sum_{k+1}^{i=n}X_i = \frac{1}{n-k}\sum_{k+1}^{i=n}x_i \tag{9.1.10}$$

按第 2）种分界时，

$$\overline{x}_R = \frac{1}{n_R}\sum_{i\hat{>}\overline{n}}x_i = \frac{1}{n-(k-0.5)}\left(\sum_{k+1}^{i=n}x_i+\overline{x}/2\right) \tag{9.1.11}$$

设样本的负均差为 $-\tau_L$；正均差为 τ_R；平均差为 m_D；半均差（半中心矩）为 m. 则它们的定义及计算方法与离散型随机变量的同名特征参数相似

（参看第一章，第一节）具体如下，

定义9.1.6　设 $x_{(1)}$，…，$x_{(k)}$，$x_{(k+1)}$，…，$x_{(n)}$ 为总体 X 抽取的一个样本的顺序统计量，今定义以下统计量：

样本负均差

$$-\tau_L = \bar{x}_L - \bar{x}. \tag{9.1.12}$$

样本正均差

$$\tau_R = \bar{x}_R - \bar{x}. \tag{9.1.13}$$

样本平均差

$$m_D = \frac{1}{n}\sum_{i=1}^{n} | x_i - \bar{x} | \tag{9.1.14}$$

样本半均差（半中心矩）

$$m = -\frac{1}{n}\sum_{i\hat{<}\bar{n}} (x_i - \bar{x}) = \frac{1}{n}\sum_{i\hat{>}\bar{n}} (x_i - \bar{x}). \tag{9.1.15}$$

按第一节推导的公式同样有

$$m_D = 2m$$

样本的线性偏态系数

$$s_k = \nu_L - \nu_R = \frac{n_L - n_R}{n}. \tag{9.1.16}$$

当偏态系数为0时，

$$m_D = 2m = \tau_L = \tau_R. \tag{9.1.17}$$

样本的线性峰态系

$$C_k = \frac{1}{n}\sum_{i\hat{\leq} nL}^{\hat{<} nR} i \tag{9.1.18}$$

它们的定义及计算方法与离散型随机变量的同名特征参数相似（参看第一章，第一节）.

定理9.1.7　样本的统计平衡定理，综合（9.1.7）、（9.1.15a）把（1.15）式改写成：

$$\nu_L\tau_L = \nu_R\tau_R = m = m_D/2 \tag{9.1.19}$$

证　由于一阶中心矩恒为0，则

$$\sum_{i=1}^{nL} (x_i - \bar{x}) + \sum_{i>nL}^{n} (x_i - \bar{x}) = 0,$$

$$\sum_{i>nL} (x_i - \bar{x}) = -\sum_{i=1}^{nL} (x_i - \bar{x})$$

$$= \frac{n_R}{n}(\bar{x}_R - \bar{x}) = -\frac{n_L}{n}(\bar{x}_L - \bar{x}) = m = \frac{m_D}{2}.$$

根据（9.1.13）、（9.1.14）、（9.1.15）、（9.1.16）式，定理得证.

当把定义（9.1.1），（9.1.2）的 $\nu_L = n_L/n$、$\nu_R = n_R/n$ 代进（9.1.19）式时，样本的平衡定理变为

$$n_L\tau_L = n_R\tau_R = nm = nm_D/2. \tag{9.1.19a}$$

平衡定理也可以写成反比例式

$$\frac{\nu_L}{\nu_R} = \frac{n_L}{n_R} = \frac{\tau_R}{\tau_L}. \tag{9.1.20}$$

定理 9.1.8 样本三均值公式

$$\bar{x}_L\nu_L + \bar{x}_R\nu_R = \bar{x} \tag{9.1.21}$$

或

$$n_L\bar{x}_L + n_R\bar{x}_R = n\bar{x} \tag{9.1.22}$$

证 把（9.1.1）、（9.1.2）、（9.1.3）、（9.1.4）式代入（9.1.19）式得

$$\nu_L(\bar{x} - \bar{x}_L) = \nu_R(\bar{x}_R - \bar{x})$$

整理后得

$$\nu_L\bar{x}_L + \nu_R\bar{x}_R = (\nu_R + \nu_L)\bar{x}$$

因为

$$\nu_L + \nu_R = 1\text{，证得（9.19）式.}$$

把定义（9.1.2）、（9.1.3）代入（9.1.19）式，得到以频数表示的三均值公式（9.1.22）.

定理 9.1.8 设（X_1，X_2）为来自同一总体 X 抽取的两个样本，容量各为（n_1，n_2）它们的均值都存在，各为（$\bar{X}_1$、$\bar{X}_2$），则两样本的总频数

$$n = n_1 + n_2, \tag{9.1.23}$$

两样本之和的平均值

$$\bar{x} = \frac{n_1\bar{X}_1 + n_2\bar{X}_2}{n_1 + n_2}. \tag{9.1.24}$$

这定理的证明在很多数理统计书上都可以找到，实质上是加权平均的问题，此处从略. 把这定理推广到任意个均值的相加问题，有如下的加权平均定理：

定理 9.1.9 设（X_1，…，X_k）为从同一总体 X 抽取的 k 个样本，容量各为（n_1，n_2，…，n_k）它们的均值都存在，各为（$\bar{X}_1$，…，$\bar{X}_k$），当求这 k 个样本之和时，则总的样本的频数

$$n = \sum_{i=1}^{k} n_i \tag{9.1.25}$$

总的样本平均值是各个均值的加权平均

$$\overline{X} = \sum_{i=1}^{k} n_i \overline{X}_i \Big/ \sum_{i=1}^{k} n_i. \tag{9.1.26}$$

（证明方法同上，略）

定理 9.1.10 设 X_1，…，X_i，…，X_k，（$i=1$，…，k）为从同一总体 X 抽取的 k 个样本，容量各为（n_1，n_2，…，n_k）它们的均值都存在并相同，即（$\overline{X}_1=\overline{X}_2=\cdots=\overline{X}_k$），，当求这 k 个样本之和时，则有

1）频数总和等于各频数之和，

$$n_z = \sum_{i=1}^{k} n_i. \tag{9.1.27}$$

2）样本的总平均值等于原来的各个均值，

$$X_Z = \overline{X}_1 = \overline{X}_2 = \cdots = \overline{X}_k. \tag{9.1.28}$$

3）设第 i 个样本的左频数为 n_{Li}，右频数为 n_{Ri}，左，右频率各为 ν_{Li}，ν_{Ri}；则总样本的左、右频数等于原来各左、右频数之和

$$n_L = \sum_{i=1}^{k} n_{Li}, \tag{9.1.29}$$

$$n_R = \sum_{i=1}^{k} n_{Ri}. \tag{9.1.30}$$

4）样本总和的左、右频率各等于

$$V_L = n_L/n_Z = \sum_{i=1}^{k} n_{iL} \Big/ \sum_{i=1}^{k} n_i, \tag{9.1.31}$$

$$V_R = n_R/n_Z = \sum_{i=1}^{k} n_{iR} \Big/ \sum_{i=1}^{k} n_i. \tag{9.1.32}$$

5）样本总和的左、右均值是原来各左、右均值的加权平均

$$\overline{X}_L = \sum_{i=1}^{k} n_{iL}\overline{X}_{iL} \Big/ \sum_{i=1}^{k} n_{iL}, \tag{9.1.33}$$

$$\overline{X}_R = \sum_{i=1}^{k} n_{iR}\overline{X}_{iR} \Big/ \sum_{i=1}^{k} n_{iR}. \tag{9.1.34}$$

只有在上述特殊情况下（各样本均值相同）才有这些较为简单的公式.

至于各样本的均值不同时，一般这 k 个样本之和的左、右频数（频率）以及左、右均值就没有统一的计算公式；要计算这些统计量，就得把总样本重新按数据大小排序，以公式（9.1.24）所求得的总的样本平均值为界，把新的顺序统计量按本节开始所述那样分成左、右两边，然后按上述诸公式，求各种统计量.

定义 9.1.11 设（X_1，…，X_k，…，X_{k+1}，…，X_n）为总体 X 抽取的一个样本，定义以下样本的多级线性特征统计量：

称 $\overline{X}_{2Li}$ 为二级样本区间左均值，其中 $\overline{X}_{2L1}$，$\overline{X}_{2L2}$ 分别为样本的二级左 1 区、左 2 区的区间均值；

称 $\overline{X}_{2Ri}$ 为二级样本区间右均值，其中 $\overline{X}_{2R1}$，$\overline{X}_{2R2}$ 分别为样本二级右 1 区、右 2 区的区间均值.

称 ν_{2L1}，ν_{2L2} 分别为样本的二级左 1 区、左 2 区的区间频率；

称 ν_{2R1}，ν_{2R2} 分别为样本的二级右 1 区、右 2 区的区间频率……

同理

称 $\overline{X}_{kLi}$ 为 k 级样本左 i 区间均值，称 $\overline{X}_{kRi}$ 为 k 级样本右 i 区间均值.

称 ν_{kLi}，分别为样本的 k 级左 i 区间频率；称 ν_{kRi} 分别为样本的 k 级右 i 区间频率.

9.2 正态分布的样本均值的平均差与总体平均差的关系

定理 9.2.1 当总体是正态分布时，样本均值服从正态分布，$\overline{X}_{iR} \sim N\left(\mu, \frac{\sigma}{\sqrt{n}}\right)$. 样本均值的平均差与样本平均差的关系为

$$m_{D\bar{x}} = \frac{m_D}{\sqrt{n}}. \tag{9.2.1}$$

证 因为对于正态分布，样本均值的均方差与平均差的关系为 $m_{D\overline{X}} = \sqrt{\frac{2}{\pi}}\hat{\sigma}_{\overline{X}}$；总体均方差与平均差的关系式［20］为：$m_D = \sqrt{\frac{2}{\pi}}\sigma$；以及样本均值的均方差：$\hat{\sigma}_{\overline{X}} = \frac{\sigma}{\sqrt{n}}$，把后两式代进前一式，化简得到（9.2.1）式.

推理 9.2.2 当总体是正态分布时，样本均值服从正态分布，$\overline{X} \sim N\left(\mu, \frac{\sigma}{\sqrt{n}}\right)$，样本均值的半均差与样本半均差的关系也是

$$m_{\bar{x}} = \frac{M}{\sqrt{n}}. \tag{9.2.2}$$

证 因为样本平均差与半均差的关系为：$m_D = 2m$，代入（9.2.17）可证.

定理 9.2.3 当总体不是正态分布，而且总体的平均差及均方差也不知道时，样本均值渐近地服从正态分布：$\lim\limits_{n\to\infty}\overline{X} = N\left(\overline{X}, \frac{m_D}{\sqrt{n_D}}\right)$，其中 m_D 是样本平均差，$m_{D\bar{x}}$ 是样本均值的平均差，当 n 充分大时有

$$\lim_{n\to\infty} m_{D\bar{x}} = \frac{m_D}{\sqrt{n}}. \tag{9.2.3}$$

证　当总体不是正态分布，按照中心极限定理：当时 $n\to\infty$，样本均值渐近地服从 $N\left(\mu, \frac{\sigma}{\sqrt{n}}\right)$ 的正态分布[20]，与定理3.1同理便可得证.

推理9.2.4　当总体不是正态分布，而且总体的平均差及均方差也不知道时，样本均值渐近地服从正态分布：$\lim_{n\to\infty}\overline{X}=N\left(\mu, \frac{m}{\sqrt{n}}\right)$，其中 m 是样本半均差，$m_{\bar{x}}$ 是样本均值的半均差，当 n 充分大时有

$$\lim_{n\to\infty} m_{\bar{x}} = \frac{m}{\sqrt{n}} \tag{9.2.3a}$$

定理9.2.5　设 $X_1, X_2, \cdots, X_n$ 为来自正态总体 $N(\mu, \sigma^2)$ 的随机样本，$\overline{X}$，m 为样本均值与样本半均差，则样本左、右均值分别服从如下正态分布：

$$\overline{X}_L \sim N\left(\overline{X}_L, 2M\sqrt{\frac{\pi}{n}}\right), \tag{9.2.4}$$

$$\overline{X}_R \sim N\left(\overline{X}_R, 2M\sqrt{\frac{\pi}{n}}\right). \tag{9.2.5}$$

证　因为正态总体 $N(\mu, \sigma^2)$ 的特征函数为

$$\varphi(t) = \exp\left\{i\mu t - \frac{1}{2}\sigma^2 t^2\right\}$$

而

$$\mu_L = \frac{1}{n_L}x_1 + \frac{1}{n_L}x_2 + \cdots + \frac{1}{n_L}x_k,$$

$\overline{X}_L$的特征函数为

$$\begin{aligned}\varphi_{\mu L}(t) &= \left\{\exp\left[i\mu_L \frac{t}{n_L} - \frac{\sigma^2}{2}\left(\frac{t}{n_L}\right)^2\right]\right\}^{n_L} \\ &= \left\{\exp\left[i\mu_L \frac{t}{n_L} - \frac{\sigma^2}{2}\left(\frac{t}{n_L}\right)^2\right] n_L\right\} \\ &= \exp\left[i\mu_L t - \frac{t^2}{2}\left(\frac{\sigma}{\sqrt{n_L}}\right)^2\right],\end{aligned}$$

即证得在正态分布中左分布服从 $\overline{X}_L \sim N\left(\mu_L, \frac{\sigma}{\sqrt{n_L}}\right)$ 分布；同理可证右分布服从 $\overline{X}_R \sim N\left(\mu_R, \frac{\sigma}{\sqrt{n_R}}\right)$ 分布.

因为在正态分布中，根据（4）式，其中

$$\sigma = \sqrt{\frac{\pi}{2}}M_D = 2\sqrt{\frac{\pi}{2}}M,$$

并且 $n=2n_L=2n_R$,

$$=\exp\left[i\mu_L t-\frac{t^2}{2}\left(2m\sqrt{\frac{\pi}{n}}\right)^2\right].$$

所以 $\overline{X}_L \sim N(\mu_L, M_D\sqrt{\pi/n}) \sim N(\mu_L, 2M\sqrt{\pi/n})$ 分布;

$\overline{X}_R \sim N(\mu_R, M_D\sqrt{\pi/n}) \sim N(\mu_R, 2M\sqrt{\pi/n})$ 分布.

定理 9.2.6 设 X_1, X_2, …, X_n 为来自正态总体 N (μ, σ^2) 的随机样本,$\overline{X}$, m_D 为样本均值与样本平均差,则

样本平均差服从

$$m_D \sim N(m_D, \sqrt{\frac{\pi}{2n}}m_D) \text{ 的正态分布}, \tag{9.2.6}$$

证 $m_{LR}=\mu_R—\mu_L$ 设为左右均差.

由于 $\overline{X}_L$, $\overline{X}_R$ 互相独立,都同为正态分布,它们的线性组合 $m_{LR}=\overline{X}_R-\overline{X}_L$ 也从也应服从正态分布,即 $m_{LR}\sim N$ ($\overline{X}_R—\overline{X}_L$, σ_{RL}^2),[20],其中,$\sigma_{RL}^2=\sigma_R^2+\sigma_L^2$ $=\frac{2\sigma^2}{n_L}$. 由于正态分布为无偏的,所以 $m=m_{LR}=$ ($\overline{X}_R-\overline{X}_L$),其方差 D (m_D) $=$ ($\sigma_{RL}^2/2$)$^2=\sigma_{RL}^2/4=\sigma^2/n$,由于分布为正态,根据上面讨论,

$$D(m_D) = \frac{\pi}{2n}{m_D}^2. \tag{9.2.7}$$

9.3 概率统计中的不变性与协变性

9.3.1 概率统计中的不变性

定理 9.3.1 极大似然估计在函数变换下的不变性:如果($\hat{\theta}$ 是 θ 的 MLE (极大似然估计),g (·) 为可测函数,则 g_n ($\hat{\theta}$) 也是 g_n (θ) 的 MLE. 这就是极大似然估计在函数变换下的不变性[1],[4],[18].

定理 9.3.2 相合估计和渐近正态估计在函数变换下的不变性:设 $\hat{g})_n$ (X) 为 g (θ) 的相合估计及渐近正态估计,φ (g (θ)) 可导,且 φ' (g (θ)) $\neq 0$,则 φ ($\hat{g}_n$ (X)) 为 φ (g (θ)) 的相合估计及渐近正态估计[18].

定理 9.3.3 最小方差无偏估计在线性变换下的不变性:设 T_1, T_2 分别是参数 θ 的可估计函数 g_1 (θ) 和 g_2 (θ) 的最优无偏估计量,b_1, b_2 是常数,则 $b_1T_1+b_2T_2$ 是 b_1g_1 (θ) $+b_2g_2$ (θ) 的最优无偏估计量[1],[2].

把最小方差无偏估计线性变换下的不变性推广到任意多个线性函数:设

T_i 分别是参数 θ 的可估计函数 $g_i(\theta)$ 的最优无偏估计量，b_i 和 c 都是任意常数，则 $\left(\sum_{i=1}^{n} b_i T_i + c\right)$ 是 $\sum_{i=1}^{n} b_i g_i(\theta) + c$ 的最优无偏估计量[2]下册p44.

定理 9.3.4　设 $Y = aX + c$，X 为随机变量. 各级区域概率在线性变换下具有不变性.（3.3）

$$\begin{cases} P_L(Y) = P_L(X) \\ P_R(Y) = P_R(X), a > 0. \end{cases} \tag{9.3.1}$$

或概率互易性质（3.4）

$$\begin{cases} P_L(Y) = P_R(X) \\ P_R(Y) = P_L(X), a < 0. \end{cases} \tag{9.3.2}$$

定理 9.3.5　设 $Y = aX + c$，其中 X 是随机变量，Y 是 X 的线性函数，则平衡定理在线性变换下具有不变性，

设原函数时

$$\frac{P_L(X)}{P_R(X)} = \frac{\tau_R(X)}{\tau_L(X)} \tag{9.3.3}$$

则函数变换后

$$\frac{P_L(Y)}{P_R(Y)} = \frac{\tau_R(Y)}{\tau_L(Y)}. \tag{9.3.3a}$$

证　(1) 当 $a>0$ 时，由3.1节的（3.3）代入第2章的（2.2式）即可得证.

(2) 当 $a<0$ 时，由3.1节的（3.4），（3.8）式代入第2章的（2.2式）可得：

$$\frac{P_R(Y)}{P_L(Y)} = \frac{P_L(X)}{P_R(X)},$$

$$\frac{\tau_L(Y)}{\tau_R(Y)} = \frac{a\tau_R(X)}{a\tau_L(X)} = \frac{\tau_R(X)}{\tau_L(X)}.$$

因为 $\frac{P_L(X)}{P_R(X)} = \frac{\tau_R(X)}{\tau_L(X)}$，所以 $\frac{P_R(Y)}{P_L(Y)} = \frac{\tau_L(Y)}{\tau_R(Y)}$.

两边取倒数即证得. 这里不管线性系数 a，c 为正、负号的任何值，平衡定理都有形式的不变性.

定理 9.3.6　设 $Y = aX + c$，其中 X 是随机变量，Y 是 X 的线性函数，则三均值定理在线性变换下具有形式不变性：

设原函数时

$$\mu_{Lx} P_{Lx} + \mu_{Rx} P_{Rx} = \mu_x. \tag{9.3.4}$$

则函数变换后

$$\mu_{LY}P_{LY}+\mu_{RY}P_{RY}=\mu_Y. \tag{9.3.5}$$

证 因为区域概率的不变性（见式 9.3.1），(9.3.2) 式，左、右均值具有线性变换下的协变性见 (3.5)、(9.3.4)

函数变换后三均值定理左边：

$$\begin{aligned}&\mu_{LY}P_{LY}+\mu_{RY}P_{RY}\\&=(a\mu_{Lx}+c)P_{Lx}+(a\mu_{Rx}+c)P_{Rx}\\&=a(\mu_{Lx}P_{Lx}+\mu_{Rx}P_{Rx})+c(P_{Lx}+P_{Rx})\\&=a(\mu_{Lx}P_{Lx}+\mu_{Rx}P_{Rx})+c\\&=a\mu_x+c\end{aligned}$$

上面证明中的第三步，因为 $P_{LX}+P_{RX}=1$ 所以得第四步，最终有，

右边：　$\mu_Y=a\mu_x+c$，左边 = 右边，证毕.

9.3.2 概率统计中的协变性

定理 9.3.7 设 $Y=aX+c$，其中 X 是随机变量，Y 是 X 的线性函数，则平均值，左、右均值，正、负均差，半均差，平均差等线性特征参数在线性变换下具有协变性. 以下是各种不同线性特征参数在线性变换的协变性：

平均值

$$E\left(\sum_{i=1}^{n}a_iX_i+c\right)=\sum_{i=1}^{n}a_iE(X_i)+c. \tag{9.3.6}$$

半均差

$$M(aX+c)=|a|M(X). \tag{9.3.7}$$

平均差

$$M_D(aX+c)=|a|M_D(X). \tag{9.3.8}$$

左，右均值及正，负均差：

当 $a\geqslant 0$ 时，有线性变换下的协变规则

$$\begin{cases}E_L(a_X+c)=aE_L(X)+c\\E_R(a_X+c)=aE_R(X)+c\end{cases}, \tag{9.3.9}$$

$$\begin{cases}\tau_L(a_X+c)=a\tau_L(X)\\\tau_R(a_X+c)=a\tau_R(X)\end{cases}. \tag{9.3.10}$$

当 $a<0$ 时，有反线性变换下的协变规则

$$\begin{cases} E_L(Y) = aE_R(X) + c \\ E_R(Y) = aE_L(X) + c \end{cases}, \tag{9.3.11}$$

$$\begin{cases} \tau_L(Y) = a\tau_R(X) \\ \tau_R(Y) = a\tau_L(X) \end{cases}. \tag{9.3.12}$$

上述这些公式见第3章的（3.03），（3.1），（3.2），（3.5），（3.6），（3.7）（3.8）等公式的证明.

推理9.3.8　设 $Y = aX + c$，其中 X 是随机变量，Y 是 X 的线性函数，二级及以上的各区域概率，具有形式上的在线性变换下的不变性. 二级及以上的各区域的各种线性特征参数在线性变换下具有协变性（待证）.

为什么最小方差无偏估计以及平衡定理都具有在线性变换下的不变性呢？这是因为最小方差无偏估计及平衡定理都是线性变换，因此它们都具有在线性变换下的不变性这一性质.

在线性变换下，除了上述两者之外，还包括各种特征概率（频率），都具有不变性；而各种线性特征参数都具有协变性. 但是各种非线性特征参数（如，方差、均方差三阶矩、四阶矩）都没有这些优点，这是本文选用线性特征参数作为概率统计的新参数的原因之一.

9.3.3　概率统计中的不等式

1）Markrov 不等式

$$P\{|X| \geqslant \varepsilon\} \leqslant \frac{1}{\varepsilon^k} E|X|^k, k > 0. \tag{9.3.13}$$

2）一阶均差不等式，上式中当 $K = 1$ 时，有

$$P\{|X| \geqslant \varepsilon\} \leqslant \frac{1}{\varepsilon} E|X|. \tag{9.3.14}$$

用 $M_D = | X - EX |$ 代替式中的 X 就有

$$P\{|X - EX| \geqslant \varepsilon\} \leqslant \frac{1}{\varepsilon} M_D = \frac{2}{\varepsilon} M. \tag{9.3.15}$$

3）Chebyshey 不等式

$$P\{|X - EX| \geqslant \varepsilon\} \leqslant \frac{\sigma^2}{\varepsilon^2}. \tag{9.3.16}$$

从2），3）这两个式子，可以看出一阶均差及方差都是概率统计的离散值的有效量度.

9.4 线性特征 U 统计量在同名点估计中的作用

9.4.0 线性特征参数之同名点估计

现在概率分布的参数意义各异，千奇百怪，如：①均匀分布的参数 a，b 分别为该分布的起，末两点的值；②二项分布的参数 n，p 分别为该分布的总项数与出现的概率；③指数分布的参数 λ，是期望值的倒数，方差的倒数；④泊松分布的参数 λ，则与分布的期望值及方差为同一数值；⑤只有正态分布的参数 μ，σ 有点靠谱，它们分别是分布的期望值与均方差……

而现在数理统计的特征参数通常是：均值，方差（均方差）偏态系数，峰态系数等等，除正态分布之外，基本上与各概率分布的参数对不上号，这就导致除了正态分布之外，现有的参数估计都非常复杂，甚至是不可能的.

线性特征参数是保留了均值（期望值），另外加上本文关键词所述的右均值 μ_R，左均值 μ_L；正均差 τ_R，负均差 $-\tau_R$；右概率 P_R 和左概率 P_L；半均差 M，平均差 M_D；以及线性偏态系数、峰态系数；大于一级以上的局部均值、均差，局部概率等等；却不包含二阶及以上的非线性的特征参数（方差，均方差，三、四阶矩等）. 这些线性特征参数在各种概率分布中都有对应的特定的值，并且各种统计数据都可以很容易计算出来.

所谓线性特征参数同名点估计就是以各种统计数据的线性特征参数去估计各种不同概率分布函数的同名特征参数，而不用管这是何种分布，这就是它们（与其线性函数）一起构成的优点所在.

9.4.1 线性特征参数之线性矩统计量

定义 9.4.1 线性特征参数 $T(F)$ 的估计量 $T(\hat{F})$ 是样本 X_1，X_2，…，X_n 的线性函数是指：

$$T(\hat{F}) = T(X_1, X_2, \cdots, X_n) = \sum_{i=1}^{n} C_i X_i, \tag{9.4.1}$$

其中 c_i 是给定的各个常数[2]p47；已证明：

定理 9.4.2 当 $c_i = 1$ 时，设 T_j（$j = 1, 2, \cdots, n$）为可估函数 $g(\vartheta)$ 的 l 个 iid 的无偏估计量，而且它们有相同的方差 $D(T_j) = \sigma^2 < \infty$，$j = 1, 2, \cdots n$；则统计量

$$\overline{T} = \frac{1}{l}\sum_{j=1}^{n} T_j. \tag{9.4.2}$$

是 T_j 的线性组合类可估函数 $g(\vartheta)$ 中的最小方差线性无偏估计量，且有 $D_\vartheta(T)=\frac{\sigma^2}{l}$.

（本文的可估函数记为 $g(\vartheta)$ 而不用 $g(\theta)$，目的是同通常的参数估计相区别）.

这就是最优无偏估计的线性规则（定理9.3.3及定理9.4.2），凡线性统计量都具有这样以上的优点，而非线性统计量却是没有的，这就是本文研究线性特征参数的出发点.

线性特征统计量包括以下4点：

1）各种一阶均值，如平均值，左，右均值，一维及多维的一阶特征参数中的二级及多级区域均值.

2）各种一阶均差，如，正、负均差，一维及多维的一阶特征参数中的二级及多级区域均差.

3）各种半均差及平均差.

4）左、右频率及各种区域的区域频率对左、右概率及各种区域的区域概率的估计[2]下册p30.

9.4.2　线性 U 统计量

U 统计量是一类重要的统计量，有关它的论述已十分丰富[4],[16],[17],[18]现摘录如下：

定义9.4.2.1　对分布 F 的参数 ϑ，如果存在样本量为 r 的样本 X_1，…，X_r 的统计量 $h(X_1, \cdots, X_n)$ 使得

$$E_F h(X_1,\cdots,X_n)=\vartheta, \text{对一切 } F\in\Omega \tag{9.4.2.1}$$

则称特征参数 ϑ 对分布族 F 是 r 可估的，其中 $E_F h(\cdot)$ 表示统计量 $(\cdot)$ 在总体分布为 F 时的期望值，使上式成立的最小的 r 称为可估参数 ϑ 的自由度.

这里 $h(\cdot)$ 称为 ϑ 的核. 现假定 $h(\cdot)$ 为对称函数（$h(\cdot)$ 对称即指 $h(\cdot)$ 之值与其变元之次序无关）.

定义9.4.2.2　设随机变量 $(X_1, \cdots, X_n)$ 是总体 $F(x)\in F$ 的样本. r 可估参数 ϑ 有对称核，$h(X_1, \cdots, X_n)$ 则由 $h(\cdot)$ 形成的统计量，

$$U_n(X_1,\cdots,X_n)=\binom{n}{r}^{-1}\sum_{i,\cdots i_r} h_i(X_1,\cdots,X_n). \tag{9.4.2.2}$$

称为参数 ϑ 的 $h(\cdot)$ 统计量，其中 $\sum\limits_{i,\cdots i_r} h_i(X_1,\cdots,X_n)$ 表示对 $(1,\cdots,n)$ 中所有可能的 r 个一切组合 $(i_1, \cdots, i_r)$ 求和，则称为 U_n 以 $h(\cdot)$ 核，基

于（X_1，…，X_n）的 U 统计量.

当 $r=1$ 时，h（·）为对称函数，此时为各种一阶矩的 U 统计量，记为 U_1，特别的，设 F 为一维分布族，且对任何 $F(x) \in F$，均值 $E[F(Q)] = \int_{\infty}^{-\infty} x\mathrm{d}f(x)$ 存在且有限. 这个分布族适合上述定义所指出的条件，又 $h(x_1) = x_1 h(x_1) = x$ 显然适合上式，

$$U_1 = U_n(X_1,\cdots,X_n) = \binom{n}{1}^{-1}\sum_{i=1}^{n} X_i$$

$$= \frac{1}{n}\sum_{i=1}^{n} X_i = \overline{X} \tag{9.4.2.3}$$

此式与线性特征参数（9.4.1）及（9.4.2.2）式同构，是表达同一特征参数的两种不同的形式，综合上述两式，因此把 U_1（X_1，…，X_n）统称为线性 U 统计量（注意 U 的角标 1 为线性统计量，否则就不是）.

在 9.4.2.2 式中，当 $1<r\leqslant n$ 时，此时的 U 统计量不再是线性的，如二阶矩，三阶矩，四阶矩，等等；这些 h（·）不再是对称核，需要置换成对称核，由于这一置换就引起诸多麻烦和矛盾，存在很多缺点，以后再论述.

根据平衡定理所导出的诸多线性特征参数，其对应的子样统计量（见表 9.2），都是线性 U 统计量. 这些样本的线性 U 统计量，都是属于其总体分布函数 $F(x)$ 的 U 统计量，并且是线性统计泛函[13].

线性特征参数的同名点估计，就是以样本的某一线性 U 统计量（包括各种一阶矩及各种特征频率（下表的第二行）去估计总体的同名线性特征参数（下表的第一行）简称线性特征参数估计，以区别于传统的参数估计[2],[13],[15],[16],[17].

表 9.1　样本的线性 U 统计量及其对应总体线性特征参数的估计

总体的线性特征参数	数学期望 μ	左概率 P_L	右概率 P_R	左均值 μ_L	右均值 μ_R	正均差 τ_R	负均差 $-\tau_L$	平均差 M_D	半均差 M	高级区域概率	高级区域均值
样本的线性特征参数	平均值 $\overline{x}$	左频率 ν_L	右频率 ν_R	左均值 $\overline{X}_L$	右均值 $\overline{X}_R$	正均差 τ_R	负均差 $-\tau_L$	平均差 m_D	半均差 m	高级区域概率	高级区域均值

线性特征参数的同名点估的合理性：当样本容量趋于无穷时，经验分布函数均匀收敛于总体分布函数. 所以在大样本情况下，可以用经验分布函数代替总体分布函数研究统计推断问题. 由于 U_1 统计量是样本的线性顺序统计量，

具有充分性和完全性，而具有充分完全性的统计量是其对应同名参数的UMVUE，（最小方差无偏估计）因此有

性质 9.4.2.1　线性 U 统计量是其对应总体同名线性特征参数的UMVUE，并且是渐近正态估计和强相合估计.

设样本的顺序统计量，$X = (x_1, x_2, \cdots, x_l, x_{l+1}, \cdots, x_n)$，$x_l \hat{<} \bar{x} \hat{<} x_{l+1}$，则样本左均值的表达式为

$$\bar{x}_L = \frac{1}{n_L} \sum_{x \hat{<} \bar{x}} X_i. \tag{9.4.2.4}$$

样本右均值的表达式为

$$\bar{x}_R = \frac{1}{n_R} \sum_{x \hat{>} \bar{x}} X_i. \tag{9.4.2.5}$$

这两式在形式上都与线性 U 统计量的公式相同，因此它们都是线性 U 统计量，而样本的各种平均值在上述文献中，早已证明了是线性 U 统计量，它们都具线性 U 统计量所具有的上述性质，因此有

推论 9.4.2.2　样本的平均值、左均值、右均值都分别是其对应总体分布的数学期望、左、右均值的UMVUE，并且是极大似然估计，还是渐近正态估计和强相合估计.

证　(1) 样本平均值是其对应总体分布的数学期望的UMVUE，并且是极大似然估计及渐近正态估计和强相合估计在很多教科书已有证明，从略.

(2) 下面用最小二乘法证明 $\bar{x}_R$ 是 μ_R 的UMVUE.

设 x_k，x_i 是 μ_R 的任一无偏估计，现欲确定 x_k 为何值时，x_i 对 x_k 的方差为最小：

$$D(\hat{x}_i - x_k) = \frac{1}{n_R/n} \sum_{x_i \hat{>} \mu} (x_i - x_k)^2,$$

$$\frac{\partial D}{\partial x_k} = -\frac{2n}{n_R} \sum_{x_i \hat{>} \mu} (x_i - x_k) = 0, \tag{9.4.2.6}$$

$$\frac{1}{n_R} \sum_{x_i \hat{>} \mu} x_i - \frac{1}{n_R} \sum_{x_i \hat{>} \mu} x_k = 0,$$

$$\bar{x}_R - x_k = 0,\ \text{即:}\ x_k = \bar{x}_R. \tag{9.4.2.7}$$

对（9.4.2.6）式求二阶导数，$\dfrac{\partial^2 D}{\partial x_k^2} = \dfrac{2}{n_R} \sum\limits_{x_i \hat{>} \mu} 1 > 0$，所以有极小值，即当 x_k 为 $\bar{x}_R$ 时均方误差最小.

(3) 当总体为正态分布时：证 $\bar{x}_R$ 是 μ_R 的极大似然估计及渐近正态估计和

强相合估计：

因为μ_R是总体右分布函数的数学期望，$\bar{x}_R$是样本右分布函数的均值，而样本均值是其总体数学期望的极大似然估计及渐近正态估计和强相合估计.

（4）同理可证样本的左均值也是其总体左均值的 UMVUE，并且是极大似然估计及渐近正态估计和强相合估计.

推论 9.4.2.3 样本的负、正均差是其总体负、正均差的 UMVUE，并且是极大似然估计；又当$x\to\infty$时，样本的负、正均差是其总体负、正均差的强相合估计和渐近正态估计[4],[15],[16],[17].

证 样本的负、正均差可以表示为（1.7）

$$\begin{cases} -\tau_L = \bar{x}_L - \bar{x} \\ -\tau_R = \bar{x}_R - \bar{x} \end{cases} . \tag{9.4.2.8}$$

因为$\bar{x}_L$，$\bar{x}_R$，$\bar{x}$分别是μ_L，μ_R，μ的 UMVUE，且$-\tau_L$，τ_R分别是$\bar{x}_L$，$\bar{x}_R$，$\bar{x}$的线性函数，根据定理 9.2.3 及定理 9.2.1，因此它们也是线性U统计量，根据线性U统计量的性质，样本的负、正均差是其总体负、正均差的 UMVUE，对于正态分布并且是极大似然估得证［11］；又当$X\to\infty$时，样本的负、正均差是其总体负、正均差的强相合估计和渐近正态估计[4],[15],[16],[17].

推论 9.4.2.4 样本的各级均值是其总体各级对应均值的 UMVUE，并且在$X\to\infty$时是总体对应特征参数的强相合估计和渐近正态估计.

证 对于样本各级左均值，可有通式：$\bar{x}_{jLk} = \dfrac{1}{j-K}\sum\limits_{x=k}^{j} x_i$，与（1.9），（3.5），（3.6）比较可知，各级左均值，都是总体各级对应左均值的的线性U统计量，因而具有线性U统计量的一切性质.

同理可证样本各级右均值也是其对应总体各级右均值的的线性U统计量，因而也具有线性U统计量的一切性质.

推论 9.4.2.5 当总体为正态分布时，样本的平均差是其对应总体平均差的极大似然估计.

证 当总体为正态分布时，因为样本方差$S_n^2 = \dfrac{1}{n}\sum\limits_{i=1}^{1}(x_i - \bar{x}_R)^2$是其总体方差$\sigma^2$的极大似然估计，而总体平均差$M_D$是$\sigma^2$的函数：$M_D = \sqrt{\dfrac{2}{\pi}\sigma^2}$；当抽样为$iid$时，样本的平均差$m_D$也是其方差$S_n^2$的函数：$M_D = \sqrt{\dfrac{2}{\pi}S_n^2}$，根据极大似然估计在函数变换下的不变性，便可证得. 因为$m = m_D/2$，同样可证半均差m也有这些性质.

9.5　各种特征概率的点估计

定义 9.5.1　（经验分布函数）设 x_1，…，x_j，…，x_n 是来自总体 $F_n(X)$ 的样本，其顺序统计量 $F(x_{(1)}, x_{(2)}, \cdots, x_{(k)}, \cdots, x_{(n)})$ 构成的经验分布函数记为 $F_n^*(X)$，

$$F_n^*(X) = k/n, (x_k^* \hat{<} x \hat{<} x_{k+1}^*, k = 1,2,\cdots n). \qquad (9.5.1)$$

从定义可以看出经验分布函数实际上是顺序统计量的线性函数，也是秩统计量的线性函数.

证　大量文献也证明了：样本的均值是其总体数学期望的 UMVUE，并根据大数定律当 $\lim\limits_{x\to\infty} E(\overline{X}) \to \mu$ 时，$\bar{x}$ 是 μ 渐近正态估计和强相合估计；样本均值 $\bar{x}$ 把样本经验分布函数分割成两个分布函数：样本左分布函数 $F_{nL}^*(x)$，$(x \hat{<} \bar{x})$ 和样本右分布函数 $F_{nR}^*(x)$，$(x \hat{>} \bar{x})$（相似于（1.7）、（1.7a）式），由于分割点（样本均值）既是总体均值的最小方差无偏估计，又是极大似然估计，还是最佳同变估计；所以这样的分割是最佳的分割. 根据（Giivenko）定理，样本经验分布函数 $F_{nL}^*(x)$，$(x \hat{<} \bar{x})$ 和 $F_{nR}^*(x)$，$(x \hat{>} \bar{x})$ 分别是其对应总体左、右分布函数的最佳描述的统计量.

定义 9.5.2　设随机变量 x_1，…，x_j，…，x_n 相互独立同分布，是来自总体 $F_n(X)$ 的样本，由 $F(\mathrm{x}_{(1)}, \cdots, \mathrm{x}_{(k)}, \cdots \mathrm{x}_{(n)})$ 构成的经验分布函数记为 $F_n^*(X)$，则其分位数为

$$n_p = inf\{F_n^*(X) \hat{>} p\}. \qquad (9.5.2)$$

实际上样本分位数 n_p 是 $F_n^*(X)$ 的某一特征参数，而本文所列出的所有特征频率，则是某些特殊的样本分位数，即某些特殊的经验分布函数. 顺序统计量、经验分布函数以及样本分位数的所有性质这些特征频率都具有.

推论 9.5.3　来自总体的分布族 F 的 $i.i.d$ 样本，其左、右频率是其总体左、右概率的最佳估计和强相合估计、而且具有渐近正态估计性质.

证　根据 Glivenko 定理，有 $P\{\lim\limits_{x\to\infty}[F_{nL}(x) - F_{nL}^*(x)] = 0\} = 1$，以及 $P\{\lim\limits_{x\to\infty}[F_{nR}^*(x) - F_{nR}(x)] = 0\} = 1$，所以样本经验的左、右分布函数分别是其对应的总体左、右分布函数的强相合估计[1],[4],[15],[16],[17].

另外根据伯努利大数定律及博雷尔强大数定律，$i.i.d$ 样本在 $n\to\infty$ 时，$\nu_L = n_L/n \to P_L$，$\nu_R = n_R/n \to P_R$，以概率 1 而收敛. 而且左、右频率也分别是经验分布函数的线性顺序统计量[21]，

$$\begin{cases} \nu_L = n_L/n = F_{nL}^*(\bar{x}) \\ \nu_R = n_R/n = 1 - F_{nL}^*(\bar{x}). \end{cases} \tag{9.5.3}$$

所以左、右频率是其总体左、右概率的最佳表述的统计量和强相合估计，且有渐近正态性估计.

推论 9.5.4 样本的各种多级区间频率是其总体对应多级区间概率的最佳估计，在 $n\to\infty$ 时是总体对应特征概率的强相合估计，且具有渐近正态分布.

证 以推论 9.5.2 为基础，用类似推论 9.5.3 的方法便可证得.

推论 9.5.5 样本的线性偏态系数 $\hat{s}_k$，是其对应母体线性偏态系数 $\hat{S}_k$ 的最佳估计.

证 样本的线性偏态系数 $\hat{s}_k = 1 - 2n_R/n = 2n_L/n - 1$，是样本的左（或右）频率的线性函数，因此根据推论 9.4.3，及线性函数的估计的不变性便可得证[1],[4],[7].

推论 9.5.6 样本的峰态系数 c_k 是其对应总体峰态系数 C_k 的最佳估计.

证明方法与推论 9.4.5 相同.

推论 9.5.7 样本的半均差（半中心矩）m 及平均差 m_D 是其总体半均差 M 及平均差 M_D 的 UMVUE 及强相合估计和渐近正态估计，当总体为正态分布时，也是其极大似然估计及.

证 样本的半均差是样本左（右）均值与平均值的线性函数，因此它也是线性 U 统计量

$$m = P_L(\bar{x}_L - \bar{x}). \tag{9.5.4}$$

同理由于样本平均差

$$m_D = 2m = 2P_L(\bar{x}_L - \bar{x}). \tag{9.5.5}$$

也是样本左（右）均值与平均值的线性函数，而样本左（右）概率是其总体左（右）概率的最佳估计，所以样本半均差及平均差也具有以上这些的优良特性：是其总体半均差 M 及平均差 M_D 的 UMVUE，及强相合估计和渐近正态估计，当总体为正态分布时也是其极大似然估计.

9.6 同变估计

定理 9.6.1 常用的位置参数的估计都是同变估计，如中位数，及次序统计量的加权平均（权数和为 1），如均值，以及最大似然估计都是同变估计[22],[26].

推论 9.6.2　样本的左、右均值是其对应总体左、右均值的同变估计.

证　因为左均值是左分布的平均值，右均值是右分布的平均值，根据上述定理证得.

推论 9.6.3　样本的各级均值，如一级均值，二级均值，…，k 级均值都是其总体各级对应均值的同变估计.

证　因为样本各级均值都是其对应区域的均值，根据定理 9.6.1 可证.

推论 9.6.4　样本的左、右均差，以及半均差、平均差是其对应总体的同名特征参数的同变估计.

证　1）左均差是其对应总体左均差的同变估计，设 x 是随机变量

$$Y = aX + b.$$

则

$$E(Y) = aE(X) + b$$
$$E_L(Y) = E_L(aX) + b$$
$$= aE_L(X) + b$$
$$\tau_L(Y) = E_L(Y) - E(Y)$$
$$aE_L(X)—aE(x)$$
$$= a\tau_L(X).$$

根据同变估计的定义，得证．同样可证右均差是其对应总体右均差的同变估计.

2）半均差是其对应总体半均差的同变估计，由（9.1.15）式，知

$$\begin{aligned} m(Y) &= P_L\tau_L(Y) \\ &= P_L\tau_L(aX + b) \\ &= aP_L\tau_L(X) \\ &= am(X). \end{aligned}$$

符合同变估计的定义，所以半均差是其对应总体半均差的同变估计.

因为 $m_D = 2m$，$M_D = 2M$ 根据同变估计的定义，所以是其总体平均差的同变估计.

9.7　线性特征参数与方差（均方差）点估计的比较

（参考第 10 章）

尺度参数需满足下列条件：

(1) 该尺度参数应是同变的，即 λ (aY) $=a\lambda$ (Y)，$a>0$.

(2) 该尺度参数应是位置不变的 λ $(Y+b)$ $=\lambda$ (Y).

（3）符号的不变性，$\lambda(Y)=\lambda(-Y)$，包括M、M_D，Q_{IR}，σ等.

（4）符号相反性，$\lambda(Y)=-\lambda(-Y)$，包括τ_L、τ_R，$Q_{1/4}$、$Q_{3/4}$，τ_s、τ_U等. 这些特征参数是本文所特有的.

显然，线性特征参数中的τ_L，τ_R以及M，M_D是尺度参数，σ也可以算尺度参数，而σ^2不应该算尺度参数，因为它不符合同变性要求（即第一条）：因为$\lambda(a\sigma)^2=a^2\lambda(\sigma^2)\neq a\lambda(\sigma^2)$但它却是目前还是应用最广泛最普遍的尺度参数代用品！这主要原因为样品的均方差s_{n-1}很难搞成总体σ的无偏估计估计值，是件很麻烦的事，这是很大的矛盾.

统计泛函的表达式

$$T_k(F_n^*)=\int_i^j r^k(x)\mathrm{d}F_n^*(x). \tag{9.7.1}$$

式中，k为特征参数的阶数.

讨论：1）当$k=0$时，上式是0阶统计泛函，包括各种特征频率、各种频数，分位数等统计特征参数，

$$T_0(F_n^*)=\int_i^j \mathrm{d}F_n^*(x). \tag{9.7.2}$$

这些特征参数具有最优秀的特性：它们在线性变换下具有形式的不变性.

2）当$k=1$时，（9.7.1）式是一阶线性统计泛函，包括各种均值、均差、半均差、平均差等等，它们在线性变换下具有协变性

$$T(F_n^*)=\int_i^j r(x)\mathrm{d}F_n^*(x) \tag{9.7.3}$$

当$K\leqslant 1$时，统称为线性统计泛函，它们在线性变换下具有不变性或线性协变性，这也是宝贵的特性，反之则没有.

3）当$k>1$时是非线性统计泛函，包括二阶及以上的原点矩与中心矩，如均方差，方差，三阶矩，四阶矩及其他高阶矩.

本文是研究0阶及一阶线性统计泛函，本文合称它们为线性特征参数，而第3）种称为非线性特征参数，现有的文献已经有大量论述. 下面比较线性特征参数与非线性特征参数的优缺点.

线性参数统计量它的优良性前面已经充分讨论了，不论是它们的最小方差无偏估计，还是同变估计，以及对正态分布的极大似然估计以及Cramer-Rao估计的下界，都是同一数值，如

$$\bar{x}\to\mu,\bar{x}_L\to\mu_L,\hat{\tau}_L\to\tau_L,m\to M\cdots\cdots \tag{9.7.4}$$

而非线性统计泛函，如均方差，方差，三阶矩，四阶矩等.（9.8.1）式右边积分后的分母j就不是一个线性常数，因此，对于正态分布而言是最佳估计，会因不同要求而不同，如方差：

a）对 σ^2 的最小方差无偏估计，取：

$$s_{n-1}^2 = \frac{1}{n-1}\sum_{i=1}^{n}(x_i - \bar{x})^2. \tag{9.8.5}$$

b）对正态分布 σ^2 的矩估计、极大似然估计以及 Cramer – Rao 估计方差的下界为

$$s_n^2 = \frac{1}{n}\sum_{i=1}^{n}(x_i - \bar{x})^2. \tag{9.8.6}$$

c）在均值未知时，对 σ^2 的最小均方误差及最佳同变估计：

$$s_{n+1}^2 = \frac{1}{n+1}\sum_{i=1}^{n}(x_i - \bar{x})^2. \tag{9.8.7}$$

这三种要求有三个结果，不知如何是对总体方差的最佳估计，按道理综合考虑，$s_n^2 \to \sigma^2$ 才最是佳估计，但最普遍使用的是 $s_{n-1}^2 \to \sigma^2$. 对均方差，三阶矩，四矩的最佳估计比这更复杂了.

很多文献都论述了：虽然 $s_{n-1}^2 \to \sigma^2$ 是最小方差无偏估计，但并不能得出的均方差 $s_{n-1} \to \sigma$ 是最小方差无偏估计结论，而 σ 的无偏估计的计算公式只能因不同的情况用不同的近似公式去计算：

$$\hat{\sigma} = k_\sigma s = \sqrt{\frac{n-1}{2}}\left[\Gamma\left(\frac{n-1}{2}\right)/\Gamma\left(\frac{n}{2}\right)\right]\sqrt{\frac{1}{n-1}\sum_{i=1}^{n}(x_i - \bar{X})^2}. \tag{9.8.8}$$

式中 k_σ 不是常数，而是 n 的 Γ 积分的函数，随着 n 的改变而不同，多么复杂的计算公式！实际上很少有使用价值.

而实际上和理论上都证明了 s_{n-1} 比 s_{n-1}^2 更能反映统计数据对均值的离散程度：其一，因为 s_{n-1} 的量纲与均值一致，而 s_{n-1}^2 的量纲却是均值的平方倍. 其二、各统计数据对 s_{n-1} 的影响几乎是成正比例的；而这些数据对 s_{n-1}^2 的影响却是与其平方成比例，个别离异特别大的数据对 s_{n-1}^2 的影响特别大，这是对稳定性影响最有害的. 虽然如此，由于 $\hat{\sigma}$ 无偏估计的计算是如此的复杂，人们还是对它敬而远之，而选择不太合理的 $s_{n-1}^2 \to \sigma^2$.

而表示对均值离散情度参数的线性特征统计参数如：P_L，P_R，$-\hat{\tau}_L$，$\hat{\tau}_R$，$\hat{m}_D$，$\hat{m}$ 等，对总体的估计比 $\hat{\sigma}^2$，$\hat{\sigma}$ 合理得多：

1）它们包含的信息量比 $\hat{\sigma}^2$，$\hat{\sigma}$ 大得多，除了表征数据对均值的分散情度之外，还包含了偏态情况……

2）它们同时都是统计数据对它的总体同名特征参数的矩估计、最小方差无偏估计，最大似然估计以及最佳同变估计.

3）因为它们都是线性统计参数，各数据对它们的影响是成正比例的，因

而稳定性比 s_{n-1}^2，S_{n-1}好得多（9.7 节）.

4）$-\hat{\tau}_L$，$\hat{\tau}_R$ 除了可以表示偏离情度大小之外，还表示出了负偏还是正偏；而 s_{n-1}^2，S_{n-1}没有这功能.

5）用半均差或平均差的线性函数就可以表示 σ 的最小方差无偏估计.

定理 9.7.1 对于正态分布，其样本的半均差或平均差的线性函数：$\hat{\sigma}=\sqrt{2\pi}\hat{m}$或 $\hat{\sigma}=\sqrt{\pi/2}\hat{m}_D$ 是其总体参数 σ 的最小方差无偏估计，也是其强相合估计和渐近正态估计.

证 $\hat{\sigma}=\sqrt{2\pi}\hat{m}$ 是 σ 的无偏估计，根据（7.2.7a）式，对于正态分布的样本也成立：

把上式两边取均值，右边为：

$$\hat{m}=\sqrt{\frac{1}{2\pi}}\hat{\sigma},$$

$$E(\sqrt{2\pi}\hat{m})=\sqrt{2\pi}\hat{m}.$$

$$=\sqrt{2\pi}\sqrt{\frac{1}{2\pi}}E(\hat{\sigma})=\sigma.$$

即 $\hat{\sigma}=\sqrt{2\pi}\hat{m}$ 是 σ 的无偏估计．另外根据推论 9.4.8，样本的半中心矩 m 是其总体半中心矩 M 的 UMVUE，也是其强相合估计和渐近正态估计. 而 M 是 σ 的线性函数，根据定理 9.3.2 与定理 9.3.3 可以证得本定理.

由 $\hat{m}_D=2\hat{m}$ 可知，样本平均差也有同样的优良特性.

6）残差大小的影响：

$$Q_{3/4}\leqslant M_{DM}\leqslant M_D\leqslant \sigma_n\leqslant \sigma_{n-1}^2$$

式中，$Q_{3/4}$为四分位差，M_{DM}对中平均绝对差，M_D 为绝对平均差，σ_n，σ_{n-1}^2分别为标准差和方差.

7）线性特征参数中的多级参数（级数≥2，见第六章），可以把分布函数各个局部的不同特征表露出来，以便于研究；而传统的非线性特征参数中（阶数≥2），却没有这一功能.

8）对于非正态分布的总体而言，它们（如均匀分布、二项分布……）的分布参数五花八门，用样本的均值与方差的组合去估计它们简直是一件吃力不讨好的事. 而用新的统计特征参数去估计它们总体的同名特征参数，是一件顺理成章，轻而易举的事（见表 9.2）.

因此用线性参数 U 统计量代替非线性统计泛函作为对总体同名参数的点估计，有巨大的优越性.

9.8　样本的基本形态检验

9.8.1　首先求出各种概率分布的线性偏态系数与峰态系数（见第7章）

表9.2

	密度函数 $f(x)$	偏态系数 S_k	峰态系数 C_k
均匀分布	$f(x)\ \frac{1}{2a}$，$x\in[-a,a]$	0	0.5
正态分布	$f(x)=\frac{1}{\sigma\sqrt{2\pi}}e^{\frac{(x-\mu)^2}{2\sigma^2}}$	0	0.576
指数分布	$f(x)=\lambda e^{-\lambda x}$，$x\geqslant 0$.	0.264>0，正偏	0.523
二项分布	$p=c_n^k p^k q^{n-k}$，$k<n$	当：$p=0.5$，无偏 $p<0.5$，正偏 $p>0.5$，负偏	随着 p，k 而改变
……	……	……	……

推论9.8.1　样本的线性偏态系数 $\hat{S}_k$，是其对应总体线性体偏态系数 S_k 的UMVUE估计.

证　样本的线性偏态系数 $\hat{S}_k=1-2n_R/n=2n_{L/n}-1$，是样本的左（或右）频率的线性函数，因此根据定理9.2.3，即线性函数的UMVUE估计的不变性便可得证[1],[4],[7].

推论9.8.2　样本的峰态系数 $\hat{C}_k$ 是其对应总体峰态系数 C_k 的UMVUE的估计.

证明方法与推论9.8.1相同.

9.8.2　偏态系数检验

1）偏态系数 S_k 的区间估计：上面业已证明，样本的线性偏态系数 $\hat{S}_k$ 是其对应母体线性偏态系数的UMVUE估计，其计算公式为

$$\hat{S}_k=\nu_L-\nu_R=\frac{n_L-n_R}{n}. \tag{9.8.2}$$

2）当保证率为99%时，只要 $|\hat{S}_k|\leqslant 1\%$，就可以近似地看成是无偏分布

了. 此时 $\hat{\tau}_L \cong \hat{\tau}_R \cong \hat{m}_D$，（等号当且仅当 $\hat{S}_k = 0$ 时出现），这样可以用样本的平均差 $\hat{m}_D$ 来作为总体的离散状况估计.

当 $n_L = n_R$，$\hat{S}_k = 0$，此时统计数据被称为一级对称样本；当 $n_{2L1} = n_{2R1}$，$n_{2L2} = n_{2R2}$ 被称为二级对称样本；依此类推得出

定义 9.8.3 当 $n_{kLj} = n_{kRj}$（$k = 1, 2, \cdots, \log_2 n$，$j = 1, 2, \cdots n/2$）时，称样本分布函数为 k 级对称样本.

设 $x_{(1)}$，$x_{(2)}$，…，$x_{(n)}$ 为总体 X 抽取的一个顺序统计样本，它具有从 1 到 k 级的各级均值和各级频数，则可进行以下对称检验：

1）当 $n_L = n_R$，$\hat{S}_k = 0$ 时，统计数据为无偏分布；此时若 $n_{2L1} \neq n_{2R1}$ 或 $n_{2R2} \neq n_{2L2}$ 时，则称这些数据最高为一级对称分布.

2）当统计数据已经被检验为一级对称分布，并且 $n_{2Lj} = n_{2Rj}$，但 $n_{3Rj} \neq n_{3Rj}$，（$j = 1, 2, 3$）时，则称这些数据最高为为二级对称分布.

3）推而广之，当统计数据已经被检验为 $k-1$ 级对称分布，并且 $n_{kLj} = n_{kRj}$，（$j = 1, 2, \cdots, k$）时，若：$n_{(k+1)Lj} \neq n_{k+1)Rj}$（$j = 1, 2, \cdots, k+1$），则称这些数据最高为 k 级对称分布.

4）当保证率为 99% 时，只要：$|\hat{S} > 1\%|$，此样本就是有偏分布了；此时一定要用负、正均差 τ_L，τ_R，来表征该样品的离散程度，并且以它们作为总体负、正均差的优良估计.

9.8.3 峰态系数检验

设（$x_{(1)}$，…，$x_{(k)}$，$x_{(k+1)}$，…，$x_{(n)}$）为总体 X 抽取的一个样本的顺序统计量，（$i = 1, \cdots, i_L, \cdots, I_R, \cdots, n$）为样本顺序数，其中 i_L，i_R 分别为左均值和右均值的顺序数，则总体峰态系数 C_k 的区间估计为：

$$\hat{C}_k = \frac{1}{n}(n_R - n_L), \tag{9.8.3}$$

求出样本的 $\hat{S}_k$，$\hat{C}_k$，与各种随机分布函数的 S_k，C_k 作比较，只要符合：$\hat{S}_k - 0.005 \leqslant S_k \leqslant \hat{S}_k + 0.005$，（99% 保证率）. $\hat{C}_k - 0.025 \leqslant C_k \leqslant \hat{C}_k + 0.025$，（95% 保证率）这两个条件，则这些样本数据的极限分布很大可能就是其总体的随机分布.

当总体为无偏分布（符合 4.1 的条件），因为均匀分布的 $\hat{C}_k = 0.5$，当保证率为 $\delta|\hat{S}_k| = 0.01$，$\delta|\hat{C}_k| = 0.01$ 时，若：$0.475 \leqslant \hat{C}_k \leqslant 0.525$，所以总体为

近似的均匀分布.

因为正态分布的 $\hat{C}_k=0.576$，当 $|\delta\hat{S}_k|=0.01$，$|\delta\hat{C}_k|=0.05$，保证率为95%时，若：$0.5472\leqslant\hat{C}_k\leqslant0.6048$ 时，总体为近似正态分布.

因为正态分布的 $\hat{C}=1.152$，当 $|\hat{C}_s|\leqslant1\%$，保证率为95%时，若：$1.10<\hat{C}_p\leqslant1.20$ 时，总体为近似正态分布.

样本的偏态系数 $\hat{S}_k$ 和峰态系数 $\hat{C}_k$ 分别是其母体对应系数的最大似然无偏估值. 因为每一种随机分布，就有一种与其对应的 S_k，C_k.

因此只要求出样本的这两个系数，便可以当成其母体对应系数的最佳估值，与其相近的分布就很有可能是其母体的概率分布函数.

9.9 χ^2 分布的拟合检验

χ^2 分布拟合检验是在总体 X 的分布未知时根据来自总体的样本，检验关于总体分布的假设的一种方法. 它是一种非参数检验. 具体方法请参阅[20] p105～109，本文以样本二到四级的区间频率作为总体同级区间概率的极大似然估计，从而估计该样本对应总体的分布函数.

设 $F_0(x)$ 为总体的理论分布，假设

H_0——总体 X 的分布函数为 $F_0(x)$，

H_1——总体 X 的分布函数不是 $F_0(x)$.

将总体的样本空间 S 划分为 m 个互不相容的子空间使得 $\bigcup_{i=1}^{m}A_1=S$，且 $A_iA_j=\phi$，$(i\neq j)$ 于是当假设成立时

$$p_i=P(x\in A_i),(i=1,2,\cdots,m). \tag{9.9.1}$$

以 $\frac{n_i}{n}$ 表示 n 次试验事件 $\{X\in A\}$ 出现的频率，p_i 表示其总体对应区间事件的概率，通常 $p_i\neq\frac{n_i}{n}$，但是当 H_0 成立，且 n 足够大时，p_i 与 $\frac{n_i}{n}$ 足够接近，即 $\lim_{n\to\infty}\left\{\frac{n_i}{n}\right\}\to p_i$.

K. Pearson 提出了下述检验统计量

$$\chi^2=\sum_{i=1}^{m}\frac{(n_i-np_i)^2}{np_i}. \tag{9.9.2}$$

并证明了如下定理：

定理9.9.1 设 $F_0(x)$ 为总体的理论分布，当 H_0 成立时，不论 $F_0(x)$ 是什么分布，当 n 充分大时，$(n\geqslant 50)$，χ^2 近似服从 $\chi^2(k-1)$ 分布.

当总体还含有未知参数时（这种情况很常见）此时有

定理9.9.2 设 $F_0(x)$ 为总体的理论分布，还含有未知参数；当 H_0 成立时，不论 $F_0(x)$ 是什么分布，当 n 充分大时，$(n\geqslant 50)$，χ^2 近似服从 $\chi^2(k-r-1)$ 分布.

这种状况下用极大似然估计.

文献［20］还提到统计量 χ^2 的定义与样本空间 S 的划分有关，由于通常用样本直方图来划分样本空间，直方图的划分因人而异，没有统一的标准，也不知那种划分较好，这就是现在 χ^2 分布拟合检验的缺点所在.

有了多级均值作为样本空间的划分界限（见第6章），这个问题就迎刃而解了：

1）该方法有唯一性，同一组数据，只要级数相同，划分是一样的.

2）由于数据划分点是上一级各段的均值，它们是对应总体同名均值的最佳估计，因此这种划分是最佳的划分.

3）剩下的问题是同一组数据要取到多少级？分多少段？通常是数据越多，级数越多，分段也多；反之就级数少，分段也少，一般取二级到四级之间，相应的分段数为四段、八段、十六段.

4）此种检验样本个数要求较多，$n\geqslant 50$，并且每个 $np_i\geqslant 5$.

9.10 线性特征参数的区间估计

当已知总体为正态分布时，现在通常用的参数估计包括：参数点估计、区间估计和假设检验. 对于 σ^2 的估计有三种各有优缺点的不同点估计，设

$$s^2 = \sum_{i=1}^{n}(x-\overline{X})^2,$$

则，最小方差线性无偏估计

$$s_{n-1}^2 = \frac{1}{n-1}s^2. \tag{9.10.1}$$

最大似然估计与渐近最小方差的估计

$$s_n^2 = \frac{1}{n}s^2. \tag{9.10.2}$$

最小均方误差估计与同变估计

$$s_{n+1}^2 = \frac{1}{n+1}s^2. \tag{9.10.3}$$

这就出现了很大的矛盾，这三个不同的 s_k^2 对 σ^2 的估计究竟哪个才是真正最好的？它们有没有唯一性？至今没有统一答案！在不同的情况下只能用不同的估计，因此就有 u 检验，t 检验，χ^2 检验等的不同.

本文推出的正态分布的线性特征参数的区间估计，是以（7.27）、（7.28）、（7.29）三式为根据的.

1）设总体 $X \sim N(\mu, \sigma^2)$，若以平均差（或半均差）（7.28）、（7.29）式代替方差作分布函数

$$F_{M_D}(x) = \frac{1}{\pi M_D}\int_{-\infty}^{x} e^{\frac{(x-\mu)^2}{\pi M_D^2}} dx, \text{或} F_M(x) = \frac{1}{2\pi M}\int_{-\infty}^{x} e^{\frac{(x-\mu)^2}{4\pi M^2}} dx.$$

μ 为未知参数，X_1，X_2，…，X_n 是取自 X 的一个样本. 以样本均值 $\overline{X}$ 作总体数学期望 μ 的区间估计，因为 $\sigma = \sqrt{\frac{\pi}{2}} M_D$，即以 $\overline{X}$ 作为樞轴量，对给定的置信水平 $1-\alpha$，得到置信区间

$$\left(\overline{X} - \mu_{\alpha/2}\frac{2M}{\sqrt{n}}\right) \hat{<} \mu \hat{<} \left(\overline{X} + \mu_{\alpha/2}\frac{2M}{\sqrt{n}}\right). \tag{9.10.4}$$

此时，

$$p\left\{-\mu_{\alpha/2} \hat{<} \frac{\overline{X}-\mu}{2M}\sqrt{n} \hat{<} \mu_{\alpha/2}\right\} = 1-\alpha. \tag{9.10.5}$$

当 $1-\alpha=0.95$ 时，$\overline{X} \pm 1.96\sigma/\sqrt{n} = \overline{X} \pm 2.247\ (2M)\ /\sqrt{n}$［表 3］作为 μ 的区间估计，这相当于 μ 的 95% 的置信区间

$$p\left\{\overline{X} - \frac{2.247(2M)}{\sqrt{n}} \hat{<} \mu \hat{<} \overline{X} + \frac{2.247(2M)}{\sqrt{n}}\right\} = 95\%. \tag{9.10.6}$$

当置信水平 $1-\alpha=0.99$ 时，以 $\overline{X} \pm 2.576\sigma = \overline{X} \pm 3.229\ (2M)$ 作为 μ 的区间估计见第 2 章［图 2］，这相当于 μ 的 99% 置信区间

$$p\left\{\overline{X} - \frac{3.229(2M)}{\sqrt{n}} \hat{<} \mu \hat{<} \overline{X} + \frac{3.229(2M)}{\sqrt{n}}\right\} = 99\%. \tag{9.10.7}$$

这一区间估计公式对 σ^2 是否已知并不要求，主要是因为这里全部采用统计数据的线性 U 统计量，上一节已证明：样本的均值、平均差是其总体分布的数学期望、总体平均差的最小方差无偏估计；并且当总体为正态分布时，还是其总体同名特征值的最大似然估计. 因此是最佳的唯一的点估计.

根据（9.2.1）、（9.2.4）式，当总体服从正态分布时，样本的均值、平均差也服从正态分布. 正因为如此，在此不管是否知道总体的数学期望和平均差，样本均值及样本均差作为其总体同名特征参数的的区间估计，也服从正态分布.

设总体 $X \sim N(\mu, \sigma^2)$，若以平均差代替方差作分布函数，M_D 为未知参数，$(x_1, x_2, \cdots, x_n)$ 是取自 X 的一个样本. 首先以样本左（右）平均 $\overline{X}_L$（$\overline{X}_R$）作为樞轴量，求总体左（右）平均的区间估计，根据（7.28）式：$\overline{X}_L \sim N\left(\mu_L, \sqrt{\frac{\pi}{2n}}M_D\right)$，当置信水平 $1-\alpha=0.95$ 时，以 $\mu_L \pm 2.247M_D/\sqrt{2n}$ 作为 μ_L（μ_R）的区间估计，这相当于95%置信区间，

$$p\left\{\overline{X}_L - \frac{2.247\ M_D}{\sqrt{2n}} \hat{<} \mu_L \hat{<} \overline{X}_L + \frac{2.247\ M_D}{\sqrt{2n}}\right\} = 95\%. \qquad (9.10.8)$$

求出 μ_L 的区间估计后，用 $\tau_L=\mu_L-\mu$，求出左均差.

由于对称性右平均及右均差也同样求出，并且 $M_D=\tau_L=\tau_R$.

2）当总体不是正态分布时，取一大子样 X_i，X_2，$\cdots$，X_n，按中心极限定理，上面公式都近似成立，用上面的方法所得的结果随着子样越来越大，而越来越准确.

著名的统计学家陈希孺教授说过："较好的点估计产生较好的区间估计."[1]实际上也会产生较好的其他统计分析，如假设检验、相关分析以及其他一些统计分析.

9.11 线性特征参数的假设检验

正态分布的参数假设检验在一般的数理统计书籍上都有论述，本文就不重复了.

本文所说的线性特征参数的假设检验，主要是说当已知总体为正态分布时，以（7.27）、（7.28）、（7.29）三式为依据对样本均值，样本平均差进行假设检验.

1. 一个正态分布总体情形

设总体：

$$X \sim N(\mu,\sigma^2) = N(\mu,2\pi M^2). \qquad (9.11.1)$$

x_i，x_2，$\cdots$，x_n 是取自 X 的一个样本，$\overline{X}$ 为样本均值，M，m 分别为总体及样本的半均差.

由于样本均值，样本半均差（$\overline{X}$，m）是其同名特征参数（总体均值 μ，总体半均差 M）的最小方差无偏估计，在正态分布的情况下还是其极大似然估计，因此是最佳的估计. 而且样本均值，样本半均差的抽样分布也是正态的，因此不管其总体的参数是否知道，都是以正态分布作为检验手段，以下具体讲述检验步骤.

要检验假设 H_0：$\mu=\mu_0$，H_1：$\mu\neq\mu_0$，其中 μ_0 为已知常数.

由于 $\overline{X}$ 是 μ_0 的极大似然估计，因此当 H_0 成立时 $|\mu|$ 不应太大，当 H_1 成立时，$|\mu|$ 有偏大的趋势；取检验统计量

$$U=\frac{\overline{X}-\mu}{\sqrt{2\pi}m/\sqrt{n}}. \tag{9.11.2}$$

它服从 N（0，1）分布，当给定的显着性水平 α 时，

$$P\{|U|\hat{>}\mu_{\alpha/2}\}=\alpha. \tag{9.11.3}$$

即

$$P\left\{-\mu_\alpha\hat{<}\frac{\overline{X}-\mu}{\sqrt{2\pi}m/\sqrt{n}}\hat{<}\mu_\alpha\right\}=1-\alpha. \tag{9.11.4}$$

通常取 $1-\alpha=0.95$ 时，

$$P\left\{-2.475\hat{<}\frac{\overline{X}-\mu}{\sqrt{2\pi}m/\sqrt{n}}\hat{<}2.475\right\}=0.95. \tag{9.11.5}$$

当：$1-\alpha=0.99$ 时，

$$P\left\{-3.229\hat{<}\frac{\overline{X}-\mu}{\sqrt{2\pi}m/\sqrt{n}}\hat{<}3.229\right\}=0.99. \tag{9.11.6}$$

因此拒绝域为

$$|\mu|=\left|\frac{\overline{X}-\mu_0}{\sqrt{2\pi}m/\sqrt{n}}\right|\hat{>}\mu_{\alpha/2}. \tag{9.11.7}$$

由于样本半均差 m 是总体半均差 M 的最小方差无偏估计，又是它的极大似然估计，因此不管 M 是否已知，在总体为正态分布时样本均值都服从，$X\sim N$（μ，$2\pi M^2$）因此都选用以上的方法.

2. 非正态总体均值的大样本假设检验

设非正态总体分布，但样本比较大（$n\to\infty$）时，由于 $\overline{X}$ 的分布趋近于正态分布，于是还可以用以上的方法进行检验.

9.12　有待研究的新课题

线性特征参数在贝叶斯统计中的应用.

第 10 章　半分位数的研究

10.1　分位数现在的研究水平及前沿

（1）传统分位数的定义：

$$F(p) = inf\{x: F(x) \geq p\}. \tag{10.1}$$

（2）位置测度分位数：

中位数 $m_{1/2} = x_{1/2}$.

四分之一分位数 $m_{1/4}$，四分之三分位数，$m_{3/4}$.

十分位数 $P_{1/10}$，百分位数 $P_{1/100}$.

最大值，最小值.

通常中位数记号为 m，在本文中为了看出中位数与其他分位数的关系，特记为 $m_{1/2}$.

（3）尺度测度：

1）全四分位差

$$Q_{IR} = m_{3/4} - m_{1/4}. \tag{10.2}$$

2）p 分位差

$$Q_{pR} = m_{1-p} - m_p, (p < 0.5). \tag{10.3}$$

3）P 分位差偏态

$$Q_{SK}^{P} = (m_{1-p} - m_{1/2})/(m_{1/2} - m_p) - 1, forp < 0.5. \text{[24]} \tag{10.4}$$

4）特例：四分位差偏态

$$Q_{SK}^{1/4} = (m_{3/4} - m_{1/2})/(m_{1/2} - m_{1/4}) - 1. \tag{10.5}$$

$$\begin{cases} Q_{SK}^{1/4} > 0, \text{右偏} \\ Q_{SK}^{1/4} = 0, \text{无偏.} \\ Q_{SK}^{1/4} < 0, \text{左偏} \end{cases} \tag{10.6}$$

5）中位绝对离差（Median Absolute Deviation）

$$M_{AD} = \text{median} \mid x_i - m_{1/2} \mid \text{[23]}. \tag{10.7}$$

6）相对于中位数的平均离差

$$M_{Dm} = \frac{1}{n} \sum_{i=1}^{n} \mid x_i - m_{1/2} \mid. \tag{10.8}$$

10.2　新设立的（1/2）l 次幂的分位数及其对中差

在此为了保证中位数的准确性及唯一性，以中连续分布函数为定义，以中极限为分割线，（见本文第一节（1.2）式）重新定义分位数.

定义 10.2.1　如下统计量被称为分位数，

$$F(p) = P\{X \hat{<} x_p\}.$$

$$= P\{X \hat{<} x_p\} + P\{X = x_p\}/2. \quad (10.2.1)$$

定义 10.2.2　半四分位差

$$Q_{HR} = Q_{IR}/2 = (m_{3/4} - m_{1/4})/2. \quad (10.2a)$$

注：之所以定义半四分位差，是因为全四分位差比通常的平均绝对差大一倍左右，而半四分位差与后者大小差不多，便于比较.

定义 10.2.3　已知四分之一分位数及中位数：$m_{1/4}$，$m_{1/2}$则称：$Q_{1/4}$为负四分一对中差

$$-Q_{1/4} = m_{1/4} - m_{1/2}, \quad (10.2.2)$$

式中，$-Q_{1/4}$恒为负值.

定义 10.2.4　已知四分之三分位数及中位数 $m_{3/4}$，$m_{1/2}$，则称 $Q_{3/4}$为正四分之三对中差：

$$Q_{3/4} = m_{3/4} - m_{1/2} \quad (10.2.3)$$

式中，$Q_{3/4}$恒为正值.

其中 $-Q_{1/4}$类比于负均差；$Q_{3/4}$类比于正均差.

从公式（10.2.1）、（10.2a）、（10.2.2）、（10.2.3）可知

$$Q_{IR} = Q_{3/4} + |Q|_{1/4}. \quad (10.2.4)$$

$$Q_{HR} = Q_{IR}/2 = (Q_{3/4} + |Q|_{1/4})/2. \quad (10.2.5)$$

定义 10.2.5　称 Q_{3-1}为四分位偏差

$$Q_{3-1} = Q_{3/4} - Q_{1/4} = m_{3/4} - m_{1/4}. \quad (10.2.6)$$

Q_{3-1}类似于 $Q_{SK}^{1/4}$，$Q_{3-1}=0$，无偏；$Q_{3-1}>0$ 右偏；$Q_{3-1}<0$，左偏.

定义 10.2.6　称 $m_{k/8}$，（$k=1, \cdots 7$）为八分位数.

它共有 7 个：$m_{1/8}, m_{2/8}, m_{3/8}, m_{4/8}, m_{5/8}, m_{6/8}, m_{7/8}$.

其中，下标的分位数可以约成最简分数，如：$m_{2/8} = m_{1/4}$，$m_{4/8} = m_{1/2}$，$m_{6/8} = m_{3/4}$.

定义 10.2.7　称 $Q_{k/8}$为八分位数对中差

$$Q_{k/8} = m_{k/8} - m_{1/2}, (k = 1,2,\cdots,7). \quad (10.2.5)$$

其中

$$\begin{cases} -Q_{1/8} = m_{1/8} - m_{1/2} \\ -Q_{2/8} = m_{2/8} - m_{1/2} = -Q_{1/4} \\ -Q_{3/8} = m_{3/8} - m_{1/2} \\ Q_{5/8} = m_{5/8} - m_{1/2} \\ Q_{6/8} = m_{6/8} - m_{1/2} = Q_{3/4} \\ Q_{7/8} = m_{7/8} - m_{1/2} \end{cases}, \tag{10.2.6}$$

它们类比于三级均差.

定义 10.2.8 设统计数据为 n 个，$m_{k/j,}$（$j=2^l<n$，$l=1$，2，…，j^{-1}）被称为（1/2）l 的次幂的分位数，其级数为 l 级，其对中差为 $Q_{k/j}$.

如，$m_{1/2}$是（1/2）的 1 次幂的分位数，$1/2=k/2^1$，（$k=1$）级数为 1，其对中差为 0.

$m_{k/4}$，（$k=1$，3）是（1/2）的 2 次幂的分位数，即 $k/4=k/2^2$，（$k=1$，3）；级数为 2，其对中差为 $Q_{k//4}$.

$m_{k/8}$，（$k=1$，3，5，7）是（1/2）的 3 次幂，即 $k/8=k/2^3$，（$k=1$，3，5，7）的分位数，级数为 3，其对中差为 $Q_{k//8}$.

$m_{k/j}$，（$j=2^l<n$，$l=1$，2，…，i，$k=1$，3，…$j-1$）是（1/2）的 l 次幂即（k/j）=（$k/2^l$），的分位数，级数为 l，其对中差为 $Q_{k//j}$.

10.3 两分位数之间的区域均值

分位数的优点：稳定性很高；缺点：统计信息的保留较各级均值少.

均值的缺点：稳定性较低；优点：信息保留得较多.

若把这两者结合起来则是两全其美的统计量了，这就是分位数及其之间的均值，它们既信息含量大，又稳定性好. 具体操作如下：

在某一级的两个相邻的分位数之间，如 $m_{i/k}$，$m_{(i+1)/k}$之间，取其随机变量的均值，记为 $\overline{X}_{i/k}$.

10.4 各种对半分位数的区间均值

各种对半分位数是同级分位数中的最优者（证明见下节），因此本文主要研究这种区间均值.

（1）总体或样本中位数的定义：

当总数为奇数$n=(2k-1)$时，中位数：

$$m_{1/2}=\tilde{X}=x_k.\qquad(10.4.01)$$

当总数为偶数$n=2k$时，中位数：

$$m_{1/2}=\tilde{X}=(x_k<x<x_{k+1}).\qquad(10.4.02)$$

或

$$m_{1/2}=\tilde{X}=(x_k+x_{k+1})/2.\qquad(10.4.02a)$$

注：现在理论上与实践中对总数为偶数的中位数定义有两种，除了（10.4.02）之外还有一种是：$m_{1/2}=\tilde{X}=(x_k+x_{k+1})/2$（10.4.02a），前者定义为一个区域，后者定义为$(x_k,\ x_{k+1})$中间的一个点，两者都有本节所述定理4、5，及定理12，13，14的优良特性，但前者的定义在下一章：线性相关方程及相关分析中具有很大的优越性.

（2）一级中分均值，$(x\hat{<}m_{1/2},x\hat{>}m_{1/2})$分别有两个不同的区间均值：$\overline{X}_s$，$\overline{X}_B$分别被称为小均值与大均值（见上一节）.

1）二级中分区域均值有四个(2^2)，对应的二级均值分别是：

$$\begin{cases}{}^2\overline{x}_1=E\{x\hat{<}m_{1/4}\}\\{}^2\overline{x}_2=E\{m_{1/4}\hat{<}x\hat{<}m_{1/2}\}\\{}^2\overline{x}_3=E\{m_{1/2}\hat{<}x\hat{<}m_{3/4}\}\\{}^2\overline{x}_4=E\{x\hat{>}m_{3/4}\}\end{cases}.\qquad(10.4.1)$$

（3）k级中分区间均值有(2^k)个，它们分别是：

$$\begin{cases}{}^k\overline{x}_1=E\{x\hat{<}m_{1/2^k}\}\\\cdots\cdots\\{}^k\overline{x}_j=E\{m_{j/2^k}\hat{<}x\hat{<}m_{(j+1)/2^k}\}\\\cdots\cdots\\{}^k\overline{x}_{2^k}=E\{x\hat{>}m_{(2^k-1)/2^k}\}\end{cases}.\qquad(10.4.2)$$

注：(2^k)级中分区域均值${}^k\overline{x}_j$，左肩上的数字代表k级右脚标表示均值序号.

分位数及其区间均值差不多包含了统计数据所有的信息内容，除了头尾两端如：${}^k\overline{x}_1$及${}^k\overline{x}_{2k}$），稳定性较差外，其余内在的区域均值稳定性都是相当好的，而头尾两端的区域均值则可以采取10. 7节的方法：收缩头尾两部分位数的均值，以减少极端奇异数据对该区域均值稳定性的不良影响.

表 10.1　各级对半分位数及其区间均值、对中差

1 级：$(1/2)^1$　　$m_{1/2}$ $-\infty$　　μ_S　　$m_{1/2}$　　μ_B　　∞
2 级：$(1/2)^2$　　$\Updownarrow$ $-\infty$　　$m_{1/4}$　　$m_{2/4}$　　$m_{3/4}$　　∞ $-Q_{1/4}$　$\dashrightarrow$　$m_{1/2}$　$\dashleftarrow$　$Q_{3/4}$ $\mu_{1/4}$　|　$\mu_{(1-2)/4}$　$\Updownarrow$　$\mu_{(2-3)/4}$　|　$\mu_{3/4}$
3 级：$(1/2)^3$　　$\Updownarrow$　　$\Updownarrow$　　$\Updownarrow$ $-\infty$　$m_{1/8}$　$m_{2/8}$　$m_{3/8}$　$m_{4/8}$　$m_{5/8}$　$m_{6/8}$　$m_{7/8}$　∞ |------------------------------------$\rightarrow$　　$\leftarrow$------------------------------------| $m_{1/2}$ |----------------------$\rightarrow$　　$\leftarrow$----------------------| $-Q_{1/8}$　$-Q_{1/4}$　$-Q_{138}$ $\dashrightarrow$ $m_{1/2}$ $\dashleftarrow$ $Q_{5/8}$　$Q_{3/4}$　$Q_{7/8}$ $\mu_{1/8}$ | $\mu_{(1-2)/8}$ $\Updownarrow$ $\mu_{(2-3)/8}$ | $\mu_{(3-4)/8}$ $\Updownarrow$ $\mu_{(4-5)/8}$ | $\mu_{(5-6)/8}$ $\Updownarrow$ $\mu_{(6-7)/8}$ | $\mu_{7/8}$
……　　……　　…… j 级：$(1/2)^j$ $-\infty$ …… $m_{k/j}$ ……　　$m_{1/2}$ ……　$m_{(j-k)/j}$ ……　∞ …… $-Q_{k/j}$　$\dashrightarrow$　$m_{1/2}$　$\dashleftarrow$　$Q_{(j-k)/j}$ …… $\mu_{1/j}$　|　$\mu_{k-(k+1)/j}$　$\Updownarrow$　$\mu_{(j-k)/j}$　|　$\mu_{(j-1)/j}$ $-\infty$　……　$m_{1/2}$　……　∞

10.5　各种对半分位数及其区间均值、对中均差的特点

定理 10.5.1

1）所有样本半分位数及其区间均值、对中差都是其对应总体的同名特征参数的相合估计.

2）它们都具有渐近正态性.

3）它们都是其对应总体的同名特征参数的最少方差无偏估计.

4）若分布对称时，样本中位数等于样本均值，并且是对称中心的无偏估计.

定理 10.5.2　1/2 的整数次幂分位数，是同一概率区间分位数之最优者.

证　根据优选法中的对分法，整个样本分位数中以中位数（1/2）为最优之选；而 p_1 至 $p_{1/2}$ 区间的最优之选为（1/4）分位数，相当于 $(1/2)^2$，$p_{1/2}$ 至 p_n 区间的最优之选为（3/4）分位数，相当于 $p_{1/2}$ 至 p_n 区间的（1/2）；以此类推，第三级最优之选为 $(1/2)^3=1/8$；第 j 级最优之选为 $(1/2)^j$[8].

推论 10.5.3　每一级的分位数，当被分成 1/2 的整数次幂的分位数时，具有以最少的数据，反映最多的整体分位数的信息.

证　根据优选法的对分法，采用 1/2 的整数次幂的分位数时，是前一级分数位的最佳分割，这样当分数位从第一级（中位数）往下分割时，就是（1/2）的 2 次方，再往下分割是（1/2）的 3 次方，以此递推下去，…，分割 k 次时，就是（1/2）的 k 次方，这就是优选法，也就是 1/2 的整数次幂的分位数时，具有以最少的数据，反映最多的分位数的整体信息.

定理 10.5.4　任一统计数据以 x_j 为标准的，与其差绝对值之和，当此数据取中位数 $\widetilde{X}$ 时为最小，即

$$\sum_{i=1}^{n} | x_i - \tilde{x} | \leqslant \sum_{i=1}^{n} | x_i - x_j |. \qquad (10.5.1)$$

当 $x_j=\tilde{x}$ 时等号成立[8].

推理 10.5.4.1　任一统计数据以 x_j 为标准的绝对平均差，当此数据取中位数 $\widetilde{X}$ 时为最小，即

$$\frac{1}{n}\sum_{i=1}^{n} \left| x_i - \tilde{x} \right| \leqslant \frac{1}{n}\sum_{i=1}^{n} | x_i - x_j |. \qquad (10.5.1a)$$

定理 10.5.5　所有特征参数中，以中位数的稳健性为最好[6].

推论 10.5.6　在同一 j 级分割区间中，稳健性以该区间的 j 级对半分位数

$(1/2)^j$ 为最好[6].

定理 10.5.7 (1/2) l 次幂分位数的正、负分位数对中差绝对值之和等于 l 分位差.

$$\sum_{k=1}^{j/2}|-Q_{k/j}|+\sum_{k=l/2+1}^{j}|Q_{k/j}|=\sum_{k=1}^{j}|Q_{k/j}|. \qquad (10.5.2)$$

证 把对中差的定义代进上式左边得

$$\sum_{k=1}^{j/2}|m_{k/j}-m_{1/2}|+\sum_{k=l/2+1}^{j}|m_{-k/j}-m_{1/2}|$$

代进右边得

$$\sum_{k=1}^{j}|m_{k/j}-m_{1/2}|=\sum_{k=1}^{j/2}|m_{k/j}-m_{1/2}|+\sum_{k=l/2+1}^{j}|m_{k/j}-m_{1/2}|$$

左边 = 右边，定理得证.

10.6 大、小均值及正、负对中均差的研究

10.6.1 大、小频数

定义 10.6.1 分别称 n_B，n_s 为大、小频数，称 $\nu_B=n_B/n$，$\nu_s=n_s/n$ 为大、小频率，有

定理 10.6.2 若随机变量 X 按顺序统计量排列，$X=(x_{(1)}, x_{(2)}, \cdots, x_n)$，从样本中位数 $\widetilde{X}=m_{1/2}=m/2$ 处分开，分成较大和较小两组，具体分组方法参照第 1 章．此时大、小两组的频数都相等，且等于总频数的一半.

$$n_B = n_s = n/2. \qquad (10.6.1)$$

$$\nu_B = \nu_s = 1/2. \qquad (10.6.2)$$

为了定义大、小均值重新写出中位数的定义如下，

定义 10.6.3 以下 $m_{1/2}=\tilde{x}$ 被定义为中位数，

a) 若样本总数为奇数组，即 $n=2k-1$，$(k=1, 2, \cdots, (n+1)/2)$，则中位数，$m_{1/2}=\underset{\sim}{x}=x_k$.

b) 若样本总数为偶数，即 $n=2k$，$(k=1, 2, \cdots, n/2)$，现时的中位数有两种定义方法：

(b1) $m_{1/2}=\underset{\sim}{\widetilde{x}}=(x_k+x_{k+1})/2$，中位数为一个具体的数值，是 x_k 与 x_{k+1} 的平均值.

(b2) $x_k <$ ($m_{1/2} = \underset{\sim}{\tilde{x}}$) $< x_{k+1}$，中位数为一个区间，是 x_k 至 x_{k+1} 的区间.

对于样本总数为偶数，上述两种中位数的定义在现有的文献中都有使用，都符合中位数的各种性质. 并且有：

$$\text{(b1) 式 } m_{1/2} \subseteq \text{(b2) 式 } m_{1/2}. \tag{10.6.3}$$

除此之外，各有优缺点，各有各的用途. 前者较为精确，计算时用到. 后者为一个区域，容易与样本均值重合，所以容易实现无偏分布，视不同情况，本书两种定义都有使用，用得最多的还是第 (2) 种定义，如第 11 章求相关方程时就是用它.

10.6.2　统计数据的大、小均值

a) 若样本总数为奇数组，这时从中位数分开，分成大和小两组，中位数各以一半 $\underset{\sim}{x_k}/2$ 分别加到小、大两组中去（按第一章方法分割）.

较小组分布函数的定义域为

$$F_s(x) = p\{x_i \hat{<} \underset{\sim}{x_k} = m_{1/2}\}.$$

较大组分布函数的定义域为

$$F_B(x) = p\{x_i \hat{>} \underset{\sim}{x_k} = m_{1/2}\}.$$

分别求出较大和较小各组的均值 $\underset{\sim}{\bar{x}_B}$，$\underset{\sim}{\bar{x}_S}$. 相应的均值为：

$$\begin{cases} \bar{x}_s = \dfrac{1}{n/2}\left(\sum\limits_{i=1}^{k-1} x_i + x_k/2\right) \\ \bar{x}_B = \dfrac{1}{n/2}\left(\sum\limits_{k+1}^{n} x_i + x_k/2\right) \end{cases} \tag{10.6.4}$$

b) 若样本总数为偶数，计算可以取其中间值 $m_{1/2}$ ($x_k + x_{k+1}$) /2. 分割时从中位数处分开，分成小、大两组，

较小组分布函数的定义域为

$$F_s(x) = p\{x_i \leqslant x_k = < m_{1/2}\}.$$

较大组的定义域为

$$F_B(x) = p\{x_i \geqslant x_{k+1} > m_{1/2}\}.$$

分别对这两组数据求出小均值 $\underset{\sim}{\bar{x}_S}$ 和大均值 $\underset{\sim}{\bar{x}_B}$：

$$\begin{cases} \bar{x}_s = \dfrac{1}{n/2}\sum\limits_{i=1}^{k} x_i \\ \bar{x}_B = \dfrac{1}{n/2}\sum\limits_{k+1}^{n} x_i \end{cases} \tag{10.6.4a}$$

定义 10.6.4 分别称以上的 $\bar{x}_B$，$\bar{x}_S$ 为大均值及小均值.

这里，之所以以中位数作为大小两组的分界线，是因为中位数的稳健性最好.

定义 10.6.5 设样本数为 n 的一组数据，其中位数为 $\tilde{x} = m_{1/2}$，则称 M_{DM}为对中绝对平均差，

$$M_{DM} = \frac{1}{n}\sum_{i=1}^{n} | x_i - m_{1/2} | . \tag{10.6.7}$$

定理 10.6.6 任一统计量 x_i 与中位数的差取绝对值后求和，该和式达到最小值[6].

$$\sum_{i=1}^{n} | x_i - m_{1/2} | \leqslant \sum_{i=1}^{n} | x_i - \alpha | . \tag{10.6.8}$$

上式中，当 $\alpha = m_{1/2}$时等号成立.

推论 10.6.7 统计量与任一数 α 的绝对值平均差，当 α 等于中位数 $m_{1/2}$ 时，该值达到最小值.

$$\frac{1}{n}\sum_{i=1}^{n} | x_i - m_{1/2} | \leqslant \frac{1}{n}\sum_{i=1}^{n} | x_i - \alpha | . \tag{10.6.9}$$

上式当 $\alpha = m_{1/2}$时等号成立.

定理 10.6.8 小均值与大均值的算术平均值等于整个样本统计量的平均值.

$$(\bar{x}_s + \bar{x}_B)/2 = \bar{x}. \tag{10.6.10}$$

证 以抽样总数为（$n = 2k$）偶数为证，上述公式左边为

$$(\frac{2}{n}\sum_{i=1}^{k} x_i + \frac{2}{n}\sum_{i=k+1}^{n} x_i)/2$$

$$\frac{1}{n}\sum_{i=1}^{n} x_i = \bar{x}$$

左边 = 右边，定理得证；同理可证当抽样总数为奇数时（$n = 2k + 1$），公式也为真.

作为对比，左、右均值与平均值之间的三均值公式如下：

$$\bar{x}_L P_L + \bar{x}_R P_R = \bar{x}. \tag{10.6.10a}$$

10.6.3 大、小均差（对中）

记 $\bar{x}$ 为均值，τ_B 差（对中）为大均差，$-\tau_S$ 差（对中）为小均差，式中 τ_B 恒为正，$-\tau_S$ 恒为负值并设，

$$\begin{cases} \tau_B = \bar{x}_B - \bar{x} \\ -\tau_S = \bar{x}_S - \bar{x} \end{cases}. \tag{10.6.11}$$

定理 10.6.9 平分定理：

$$\tau_B = \tau_S. \tag{10.6.12}$$

证　把（10.6.10）式变形，并改写为

$$\bar{x}_B + \bar{x}_S = \bar{x} + \bar{x}.$$

$$\bar{x}_B - \bar{x} = \bar{x} - \bar{x}_S. \tag{10.6.12a}$$

与（10.6.11）比较得 $\tau_B = \tau_S$，证毕. 称此定理为平分定理，是因为大、小均差被均值平分到两边.

与之比较有正、负均差的平衡定理

$$\tau_R P_R = \tau_L P_L = 2M.$$

表 10.2　以均值作分界及以中位数分界的部分均值及其均差的比较

以中位数分界	小均值 $\bar{x}_S$	中位数 $m_{1/2}$	大均值 $\bar{x}_B$	小均差 $-\tau_S\rightarrow$	均值 $\bar{x}$	大均差 $\leftarrow\tau_B$
以均值分界	左均值 $\bar{x}_L$	平均值 μ	右均值 $\bar{x}_R$	负均差 $\tau_L\rightarrow$	平均值 μ	正均差 $\leftarrow\tau_R$

10.6.4　各级对称分布

若分布为一级对称，则平均值等于中位数、左均值等于小均值、右均值等于大均值. 即

$$\begin{cases} \bar{x}_S = \bar{x}_L \\ \bar{x}_B = \bar{x}_R \end{cases}. \tag{10.6.13}$$

$\bar{x}_L$，$\bar{x}_R$.，分别是数据的左平均及右平均（见第 1 章）.

$$|-\tau_S| = |-\tau_L| = |\tau_B| = |\tau_R| = \frac{1}{2}M_D. \tag{10.6.14}$$

并且：一般情况下，上述三个等式并不成立.

表 10.3　均值与中位数的对比

项目	以平均值为中心	以中位数为中心
意义	统计的数据中心，几何中心，物理质心.	数据的概率中心.
性质	1. 全部数据信息都要用到. 2. 数据的均方误差最小. 3. 数据有最小二乘误差. 4. 全均值公式：$\bar{x}_L P_L + \bar{x}_R P_R = \bar{x}$ 5. 平衡定理. 6. 有大数定律.	1. 只用到数据的顺序号及中位数的信息. 2. 数据的平均绝对误差为最小. 4. 中心均值公式：$(\bar{x}_S + \bar{x}_B)/2 = \bar{x}$. 5. 大、小均差相等定理. 6. 有大数定律.

续表 10.3

项目	以平均值为中心	以中位数为中心
稳健性	1. 崩溃点为 0. 2. 稳健性差 3. 截尾均值稳健性还好.	1. 崩溃点为 0.5. 2. 稳健性最好.
用途	1. 正态分布及一般的统计中心. 2. 对称分布数据的特征参数中心. 3. 参数统计，特征参数统计. 4 均值检验，方差检验，…… 5. 最小二乘回归. 6. 多均值相关线性方程的数据中心.	1. 稳健的统计中心. 2 偏态数据的特征参数中心. 3. 非参数统计. 4 拟合检验. 5. 相关线性方程的数据中心.

10.7 各种特征值的稳健性研究

由于均值的稳健性不太好[23]，其崩溃点为 0，而本文的线性特征参数中的位置参数由很多种不同的均值组成，并且尺度参数也有均值参与推导而出. 因此它们对于一些极端“特异值”异常敏感，因此其稳健性不如分位数，但所含的信息量却比分位数多得多，这是一件很矛盾的事，下面是一些统计值的崩溃点，崩溃点为 0 时稳定性最差，0.5 时稳定性最好，位置测度的稳定性排列顺序如下（排在前面的比后面的稳定性好）：

10.7.1 位置测度

（1）所有特征参数位置测度中，稳定性最好的是分位数，同一档次比较如下：

1）中位数≥收缩头尾部均值≈Winsor 化均值≈截尾均值≥各种均值.

表 10.4 位置测度稳定性比较表

统计量	(1)各种均值	(2a)单边截尾均值（剪除比例 α）	(2b)双边截尾均值（剪除比例 2α）	(3)*Winsor* 均值（缩合比例 α）	(4)缩尾均值（缩合比例 α）	(5)中位数
崩溃点	0	α	2α	α	α	0.5
影响函数	x(无界)	$\frac{x-\hat{\mu}_t}{1-\alpha}$	$\frac{x-\hat{\mu}_t}{1-2\alpha}$	$\frac{x-\hat{\mu}_t}{1-\alpha}$	$\frac{x-\hat{\mu}_t}{1-\alpha}$	$(-1,1)$
稳健性	最差	好于(1)	好于(2a)	好于(1)	好于(1)	最好
信息含量	$\omega\approx1$	$\omega=1-\alpha$	$\omega=1-2\alpha$	$\omega\geqslant1-\alpha$	$\omega>(3)\geqslant1-\alpha$	$\omega<(2)<(3)<(4)$

续表 10.4

统计量	(1)各种均值	(2a)单边截尾均值（剪除比例 α）	(2b)双边截尾均值（剪除比例 2α）	(3)*Winsor* 均值（缩合比例 α）	(4)缩尾均值（缩合比例 α）	(5)中位数
特点	1. 适应广泛 2. 稳健性差 3. 信息损失最少.	1. 适应广泛 2. 稳健性 > (1). 3. 信息损失少，但 > (1).	1. 适应广泛 2. 稳健性 > (2*a*). 3. 信息损失少，但 > (2*a*).	1. 适应广泛 2. 稳健性(2*a*). 3. 信息损失 < (2*a*)，但 > (1).	1. 适应广泛 2. 稳健性 > (3). 3. 信息损失 < (3)，但 > (1).	1. 适应广泛 2. 稳健性最好. 3. 信息损失最多.

从上表可看出各种均值（包括平均值，左、右均值，各种二级均值、三级均值……）的信息含量最多，但稳健性最差，如何既保留信息量多的优点，而又能够提高其稳定性呢，有如下方法：

①重新检验奇异点的数据，把错录入的数据更正或删去，这样处理后为有效样本，对于有效样本采取以下提高其稳定性的方法：

②采用截尾均值，截尾比例，$\alpha=10\%$ 至 20%，可以把崩溃点提高至 $\alpha=0.1$ 或 0.2[4]p157,[23].

③在①点的基础下上，Winsor 化尾部[4]p157,[23].

④在①点的基础上，均匀化收缩尾部.

经过这些措施之后均值的稳定性会大大提高，从而可以大大提高本文所述的各种特征参数的稳定性.

由于上述①、②、③点的办法都有书记载，是比较成熟的方法. 第④点方法是根据第③点的特点，由本人所创，详述于下：

第③种方法 Winsor 化尾部是把 $100\alpha\%$ 的极端值尾部（或头部）压缩，即把下端 $100\alpha_1\%$ 的极端观测值压缩为余下样本紧接着上一位的最小值，把上端 $100\alpha_2\%$ 的极端的观测值压缩为余下样本紧接着下一位的最大值，数据调整为余下观测值中最接近者. 它的好处是：既减小了异常值对均值稳定性的不良影响，也比第②种方法保留了更多的信息量.

第④种方法是为了更多的保留信息量，在③点的基础上，不是把下端 $100\alpha_1\%$ 的极端观测值调整为余下样本的最小值，而是把样本下端 $100\alpha_1\%$ 的极端观测值压缩调整为均匀连续的线性顺序统计量放在余下样本的下端；同样把样本上端 $\alpha_2 100\%$ 的极端观测值调整为均匀连续的线性顺序计量放在余下样本的上端；经过这样处理，原样本各数据的统计顺序不变，$100\alpha_1$ 或 $\alpha_2\%$ 的极端值继续保留且顺序不变，最小值、最大值继续保留且秩不变，但把它们压缩成两组均匀分布的统计量，分别放在余下统计量的下端与上端，这样既可以使极端值对均值的影响减至最少，又尽可能多的保留原始数据更多的信息量（它的秩）. 它的有效性应比②、③种方法更好.

证　设奇异值为 $100(\alpha)\%$，以下结合表 10.3，表 10.4 证明.

2a）单边截去奇异值部分，比例也是 $100(\alpha)\%$. 剪除比例 α，崩溃点同样提高了 α，但这样使得中位数前移 α，秩统计量减少了同样的 α，故对称性破坏了，原样本的信息含量被减少了 $\alpha\%$.

2b）若双边同时截去 $100\alpha\%$，剪除比例 2α，崩溃点同样提高了 2α 倍，这样中位数不变，对称中心不变，但原样本的秩统计量比上一种减少多一倍，信息含量同样被减少，达到 100（2α）%.

（3）Winsor 化尾部时，崩溃点同样提高了 α 倍，中位数不变，对称中心也不变，但尾部的 α 被压缩成一块，虽然秩统计量及顺序统计量的总量不变，但头部与尾部的秩统计量及顺序统计量被搞混了，因而信息含量同样被减少了一些.

（4）均匀化收缩尾部（简称收缩尾部），全部含有 Winsor 化尾部的优点，而且原样本头部与尾部的秩统计量及顺序统计量也不变，因而信息含量比 Winsor 化尾部还多一些.

例 有一原始统计数据（表 10.5，表 10.6）含有两个奇异值：21，22；占比：$100\alpha_1=0$，$100\alpha_2=\dfrac{1}{6}$；现在分析比较以上几种处理方法的优缺点如下：

表 10.5 统计数据的四种不同的稳健处理方法

处理方式	处理后数据		秩	崩溃点
1）原始数据	1，2，3，4，5，6，7，8，9，10，**21**，**22.**	12	12	0
2a）单边截尾	1，2，3，4，5，6，7，8，9，10. ……	10	10	1/6
2b）双边截尾	……3，4，5，6，7，8，9，10. ……	8	8	1/3
3）Winsor 化尾部	1，2，3，4，5，6，7，8，9，10，**11**，**11.**	12	11.5	1/6
4）均匀收缩尾部	1，2，3，4，5，6，7，8，9，10，**11**，**12.**	12	12	1/6

原始数据崩溃点为 0，单边截尾、Winsor 化、均匀收缩尾部都提高到 1/6，双边截尾更提高到 1/3.

统计总量原来为 $n=12$，双边截尾减至 8，单边截尾减至 10，其余不变. 秩的总量原来为 $n=12$，双边截尾减至 8，单边截尾减至 10，Winsor 化尾部减至 11.5；均匀收缩尾部的秩不变，仍为 12，因此，这种方法使得崩溃点提高，原始数据信息保留得最多，这就是均匀收缩尾部优点.

表 10.6 四种处理的特征参数比较

处理方式	中位数 $\tilde{x}_{1/2}$	均值 $\bar{x}$	1/4 位数 $x\ (P_{1/4})$	3/4 位数 $x\ (P_{1/4})$	小均值 $\bar{x}_S$	大均值 $\bar{x}_B$	左均值 $\bar{x}_L$	右均值 $\bar{x}_R$
1）原始数据	6.5	↑8.16	3.5	9.5	3.5	↑12.83	4.5	↑15.5
2a）单边截尾	↓5.5	↓5.5	↓3	8	↓3	8	↓3	↓8
2b）双边截尾	6.5	6.5	4	8	4	8	4.5	8.5
3）Winsor 化尾部	6.5	6.42	3.5	9.5	3.5	9.33	3.5	9.33
4）均匀收缩尾部	6.5	6.5	3.5	9.5	3.5	9.50	3.5	9.50

注：表中↑表示在同一列中的最大值，相反↓表示最小值. 请注意，最大值都出现在第 1）行的原始数据中，最小值都出现在第 2a）行单边截尾的统计数据中，说明这两种情况的稳定性最不好.

分析

a）从表 10.6.4 可以看出原始数据均值的崩溃点为 0，最不稳定；①经处理后双边截尾提高崩溃点到 $2\alpha = 1/3$，属于最稳定的方法；其余的处理方法崩溃点都高到 $\alpha = 1/6$，变成较为稳定. 但是在原始信息损失方面，双边截尾是最重的，信息总量及秩的总数都损失了 $2\alpha = 1/3$；（由于它把并无奇异值的左端（1，2）也剪除了.）②单边截尾损失了 $\alpha = 1/6$，但是这种处理方法却整个的改变了分位数的值，中位数及其他分位数都往前移了；③Winsor 化尾部既保留了原统计数据的总量，其余特征参数改变的又少，因此原始信息保留的比较多；④均匀收缩尾部既保留了 Winsor 化的全部优点，保留信息量又比 Winsor 化多：它把原始数据的秩全部原封不动的保留下来.

b）位置特征参数的稳定性比较，如前所述，原始数据中，中位数最为稳定；其次为分位数；往后为小均值、左均值、均值，最不稳定的就是大均值与右均值（原因是异常值在最后，如果在最前面，则小均值与左均值就最不稳定）.

c）位置特征参数稳定性及信息保留量综合排序表：

$$\tilde{x}_{1/2} > \bar{x}(4) \geqslant \bar{x}(3) \geqslant \bar{x}(2a) \geqslant \bar{x}(2b) \geqslant \bar{x}(1). \qquad (10.7.1)$$

这是 4 种处理方法的稳定性顺序，$\bar{X}$ 后面的序号是前述的处理方法代号.

另有各种一级特征值的稳定性比较

$$x\begin{Bmatrix} p_1/4 \\ P_3/4 \end{Bmatrix} \geqslant \begin{Bmatrix} \bar{x}_S \\ \bar{x}_B \end{Bmatrix} \geqslant \begin{Bmatrix} \bar{x}_L \\ \bar{x}_R \end{Bmatrix}. \qquad (10.7.2)$$

10.7.2　线性统计特征参数与均方差 S_n、方差 S_n^2 稳定性的比较

预备定理 10.7.1　若干个数的算术平均不超过这些数的均方根. 即，

$$\frac{1}{n}\sum_{i=1}^{n}\alpha_i \leqslant \sqrt{\frac{1}{n}\sum_{i=1}^{n}\alpha_i^2}. \qquad (10.7.3)$$

这一定理的证明，在一般的教材中都有.

定理 10.7.2　若干个数的绝对平均差不超过这些数的均方差. 即

$$\frac{1}{n}\sum_{i=1}^{n}|x_i - \bar{x}| \leqslant \sqrt{\frac{1}{n}\sum_{i=1}^{n}(x_i - \bar{x})^2}. \qquad (10.7.4)$$

证　在（10.7.3）式中，令 $a_i = |x_i - \bar{x}|$，便可得到本定理的证明.

定理 10.7.3　当 $|a_i| \geqslant 1$，$S_n \geqslant 1$ 为常数时，若干个数的绝对平均差 m_D、均方差 S_n 及方差 $s_n{}^2$ 有以下关系式

$$m_D \leqslant S_n \leqslant {s_n}^2 \qquad (10.7.5)$$

其中 s_n，s_n^2 可以用 s_{n-1}，s_{n-1}^2 来代替.

Fisher（1920）曾指出：在正态总体假设为真时，均方差是比平均差更为有效的统计量. 但是据 Turkey（1960）研究，当有污染数据时，绝对平均差比均方差的稳健性要好[4]对方差也同样成立；对于正态总体假设不真时均方差不一定比绝对平均差更有效，而稳健性却依然是绝对平均差比均方差及方差要好.

(10.7.3)、(10.7.4) 式表明，每一个统计量对均值离差的绝对值之和的平均值小于或等于它们的均方差；(10.7.5)（当绝对值之和大于或等于 1 时）更小于或等于它们的方差. 因为奇异值往往 $|(a_i x_i - \bar{x}| / \bar{x}| \gg 1)$. 而这些异常极端值对 m_D 的影响是线性的，这些结论对于其他线性统计参数如（m，$\bar{x}_L$，$\bar{x}_R$，τ_L，τ_R）等都是适用的；而这些奇异值对 s_n 的影响是被非线性地放大了，对 s_n^2 的影响更是被平方地放大了！其稳健性一目了然.

因此虽然上述统计特征参数的崩溃点都是 0，但是均方差、方差的稳定性比线性统计特征参数差得多了（见表 10.3 至表 10.6 及文献［23］p40—p45 表 2.2，表 2.4.）.

10.7.3 尺度测度的稳定性排列顺序

表 10.7 尺度测度稳定性比较表

尺度测度	崩溃点 α	稳定性 b	信息保留量	特点
1）中位绝对离差 M_{AD}	0.5	(1) 0.92	(6)	1. 稳定性好. 2. 信息损失多.
2）四分位差 $Q_R q$	0.25	(2) 0.88	(7)	1. 稳定性好. 2. 信息损失多.
3）正、负四分位差 $\pm Q_{Rq}$	0.25	(3) 0.87	(4)	1. 稳定性最好. 2. 信息损失多，但少于 2).
4）平均离中差 M_{DM}	0	(4) 0.21	(2)	1. (3) >稳定性> (5)，一般. 2. 信息损失较少，< (3).
5）绝对平均差 M_D	0	(5) 0.13	(2)	1. (4) >稳定性较差，但> (7) 与 (8)， 2. 信息损失较少，< (3). 3. 是总体同名参数的无偏估计.

续表 10.7

尺度测度	崩溃点 α	稳定性 b	信息保留量	特点
6）负、正均差 $-\tau_L$，τ_R	0	（6）.	（1）	1. 稳定性较差 < （4），但 > （7），. 2. 信息损失最少. 3. 是总体同名参数的无偏估计．
7）标准差 σ	0	（7） 0.076	（3）	1. 稳定性差. 2. 信息损失较少，< （3）. 3. 一般是总体同名参数的有偏估计.
8）方差 σ^2	0	（8） 0.0058	（5）	1. 稳定性最差. 2. 信息损失较少，< （3）. 3）可校正为无偏估计，较常用．

注：1）资料采自参考文献［23］p40. 在此表中稳定性从上而下逐渐下降.

2）第三列，稳定性，括号内的数值越小，稳定性越好；具体数值取自参考文献[23]表 2.2 分析.

3）第四列，信息保留量，括号（）内的数值越小、数值越靠前，信息量保留越多.

4）第 8）行，方差，本来不算线性尺度测度，但它的应用比标准差还多，并有取代后者的趋势，因此列于此表，作为比较.

5）（1）—（4）行所述内容请找本章.

2）尺度测度的稳定性分析

基于表（10.6.4）的各种对巨大奇异值数据的处理方法，以下是各种特征参数的计算值，与同一行（列）的绝对值作比较，绝对值变化小的稳定性较好，反之较差；箭头向上为最大值，向下为最小值，负均差取绝对值比较，列比较箭头放在前面，行比较箭头放在后面.

表 10.8

项目	1）原始数据	2a）单边截尾	2b）双边截尾	3）Winsor 化尾部	4）均匀收缩尾部
半四分位差 $Q_R q$	3↑	↓2.5	2↓	3↑	3↑
1/4 对中差 $+Q_r q$	↓ −3↑	↓ −2.5	−2↓	↓ −3↑	↓ −3↑
3/4 对中差 $+Q_r q$	↓3	↓2.5	2↓	3	↓3
平均对中差 M_{DM}	4.67↑	2.5↓	2.5↓	↓2.91	↓3
负对中均差 $-\tau_S$	↓ −3↑	↓ −2.5↓	↓ −2.5↓	↓ −3↑	↓ −3↑

续表 10.8

项目	1）原始数据	2a）单边截尾	2b）双边截尾	3）Winsor化尾部	4）均匀收缩尾部
正对中均差 $+\tau_B$	6.33↑	2.5↓	2.5↓	2.83	3
平均差 M_D	4.89↑	2.5	2↓	2.92	3
负均差 $-\tau_L$	↓ −3.66↑	↓ −2.5	↓ −2↓	−2.92	↓ −3
正均差 $+\tau_R$	7.34↑	↓2.5	↓2↓	↓2.91	3
均方差 σ	6.52↑	2.87	2.29↓	3.33	3.45
方差 σ_{n-1}^2	↑46.33↑	↑8.25	↑5.25↓	↑11.08	↑11.92

注：1）行比较中总是第（1）列的原始数据绝对值最大（↑），而经处理后的各种行特征参数值大小都相差不大，因此不必标示向上的箭头.

2）列比较中，总是最后一行的“方差”为最大（↑），表示无论经过如何处理，所有特征参数的稳定性都是方差为最差.

10.7.4 尺度参数稳定性比较

$$(Q_{Rq}) \rhd M_D M \rhd \begin{pmatrix} M \\ M_D \end{pmatrix} \rhd \sigma \rhd \sigma^2. \tag{10.7.3}$$

$$\begin{pmatrix} -Q_{1/4} \\ Q_{3/4} \end{pmatrix} \rhd \begin{pmatrix} -\tau_S \\ \tau_B \end{pmatrix} \rhd \begin{pmatrix} -\tau_L \\ \tau_R \end{pmatrix} \rhd \sigma \rhd \sigma^2 . \tag{10.7.4}$$

（1）稳定性最好的是半分位差 Q_{Rq} 及四分之一、四分之三位差 $Q_{1/4}$，$Q_{3/4}$，最差的是均方差及方差，尤其是方差其稳定性极差，但现在应用最为广泛.

（2）经过截尾等处理之后稳定性得到普遍的提高，尤其是3）、4）种方法处理之后稳定性提高较多而信息量损失又较少.

（3）（10.7.3）式后半部分 $\left\{\begin{matrix} M_D \\ M \\ \pm\tau \end{matrix}\right\} \geqslant \sigma \geqslant \sigma^2$，是基于定理 10.7.2 及定理 10.7.3 式的推导.

（4）残差大小的影响：

$$Q_{3/4} \leqslant M_{DM} \leqslant M_D \leqslant \sigma_n \leqslant \sigma_{n-1}^2$$

式中，$Q_{3/4}$ 为四分位差，M_{DM} 对中平均绝对差，M_D 为绝对平均差，σ_n，σ_{n-1}^2 分别为标准差和方差.

（5）半均差 $M = M_D/2$，其各方面稳定性能与 M_D 一样，在此不单独列出，

10.8　以半分位数作分布函数的拟合检验

现在的拟合分布函数，一般有两种：一种为 x^2 分布拟合检验，前面已有论述. 另一种频数分组法，就是把统计数据按从小到大顺序排列，均匀分成若干组，在正态坐标纸上画上数据坐标，根据每组的频率与待检测的分布概率密度作一比较，以确定是何种分布. 该法精度太低. 该法可以清楚的示意出频率随着随机变量的变化而变化，缺点是分组没有标准，不同的分组法可以得到不同的坐标曲线，没有唯一性.

本节论述的半分位数作分布函数的拟合在一定的分组数量下，是唯一最佳的分组法. 具体做法如下：

首先列出各种分布的标准形式（对称分布的对称轴选为0）：

10.8.1　标准均匀分布

把一般的均匀分布改成对称的标准式，其对称轴为0，且($a=-1$，$b=1$).

$$f(x) = \frac{1}{2},(-1 \leqslant x \leqslant 1). \qquad (10.8.1)$$

它的分位数与分布函数相同，

$$P(x) = F(x) = \begin{cases} 0, & x < 1 \\ \int_{-1}^{x} \frac{1}{2}\mathrm{d}x, & -1 \leqslant x \leqslant 1. \\ 1, & x > 1 \end{cases} \qquad (10.8.2)$$

各级分位数与同级的均值具有相同的数值. 如一级分位数（$j/4p$）就等于一级均值，

$$\mu_L = 1/4p, \mu_R = 3/4p. \qquad (10.8.3)$$

二级分位数（$j/8p$）就等于二级均值，

$$\mu_{2L2} = 1/8p, \mu_{2L1} = 3/8p, \mu_{2R1} = 5/8p, \mu_{2R2} = 7/8p. \qquad (10.8.4)$$

三级分位数（$j/16p$）就等于三级均值：均匀分布 1/16 分位数及分布函数 $0 \leqslant x \leqslant 1$ 就写在下表中第一第二栏，（见表 10.9）因为对称 $-1 \leqslant x \leqslant 0$ 就不用写了.

它的 1/16 分位数区间均值都相同：

$$E\left\{\frac{p}{16} \hat{<} x \hat{<} \frac{p+1}{16}\right\} = \frac{1}{16},(-1 \leqslant x \leqslant 1). \qquad (10.8.4a)$$

10. 8. 2 标准正态分布

密度函数

$$f(x) = \frac{1}{\sqrt{2\pi}} e^{\frac{x^2}{2}}, (-\infty \leqslant x \leqslant \infty). \tag{10.8.5}$$

分布函数

$$f(x) = \frac{1}{\sqrt{2\pi}} \int_{-\infty}^{\infty} e^{\frac{x^2}{2}} dx, (-\infty \leqslant x \leqslant \infty). \tag{10.8.6}$$

以下先求出它的 16 分位数的密度函数值 $m_{p/16}$，由于是对称分布，所以只要研究正数部分（8 位）的密度函数值便可．查分布函数表便可得到第三栏.

求相邻的两个 16 分位数函数的均值，把（7. 2. 2）式标准化之后求出区间均值，

$$E\left\{\frac{p}{16} \hat{<} x \hat{<} \frac{p+1}{16}\right\}.$$

$$= \frac{-1}{P_{1/16}\sqrt{2\pi}} e^{-\frac{x^2}{2}} \Bigg|_{p/16}^{(p+1)/16} \tag{10.8.7}$$

然后写在第四栏，（由读者完成）. 把顺序统计量也算出 16 分位数，及相应的区间均值，与上表对比比较接近者就是这种分布见（表 10. 9）.

表 10. 9 均匀分布与正态分布的 1/16 分位数

均匀分布	区间分位数 $p/16$	0	$\frac{1}{16}$	$\frac{2}{16}$	$\frac{2}{16}$	$\frac{4}{16}$	$\frac{5}{16}$	$\frac{6}{16}$	$\frac{7}{16}$	$\frac{8}{16}$
	累积分位数 $F(x) = p\{p/16\}$	8/16 $=\frac{1}{2}$	9/16	10/16 $=\frac{5}{8}$	11/16	12/16 $=\frac{3}{4}$	13/16	14/16 $=\frac{7}{8}$	15/16	1
正态分布	$x = p/16$	0	0. 155	0. 32	0. 49	0. 78	0. 90	1. 15	1. 535	∞
	区间均值 $E\{p/16\}$									

10. 8. 3 统计数据分组

根据样本数据的多少确定分组的规模，一般情况下，分成 8 组，数据特别多，并且对拟合要求效高的可分作 16 组. 各分组点在相应的半分位数点上.

在同样多分组的情况下根据10.5节的定理2这是最佳的，并且是唯一的.

10.8.4　求组间均值

通过下面公式求出组间均值：

$$\overline{X}\{P(x,b)\} = \frac{1}{b-a}\sum_{i=p(a)}^{p(b)} x_i. \tag{10.8.3}$$

当分割点正好落在某个统计数据上，把该数据的一半分别加到上、下两组中去.

10.8.5　统计数据的拟合

把计算好的半分位数及其组间均值与已有的各种分布的相应数值对比，误差最少的就是需要拟合的分布函数.

10.9　以均差分方法分析随机过程

因为随机过程的时间流为均匀分布，则可用均差分方法进行分析，所谓均差分方法，即以某一级的区间均值，取其各级差分，进行分析. 因为时间流是均匀分布，所以时间的各级均值也是均匀分布. 对于均匀分布其各级分位数与同级的均值具有相同的数值（见表10.9）.

以期望值为中心，取二级均值为例（见7.1节），(7.1.12a)，(7.1.12b)两式，步长为：$h=\mu_{2R(j+1)}—\mu_{2Rj}=n/8$，用向前差分法，即从$\mu_{2L2}=-\frac{1}{8}P$起，到$\mu_{2R2}=7/8P$止.

共有8个节点，每个相邻节点之间对x取平均值，$E[x(j,j+1)=E[(x_j-1/2h)\hat{<}x\hat{<}(x_j+1/2h)]$，$j=1,\cdots,7$. 因为该方法以每两节点之间的均值作差分，所以被称为均差分，以别于传统的差分方法.

以均值为0点，分别以（$h=\frac{2}{8}P$）为步长分别向前和向后作均差分，每节点之间取$\bar{p}_{Lj}(x)$，$\bar{p}_{Rj}(x)$，$j=1,\cdots,7$的平均值.

$\Delta\mu_j$为一级向前均差分，$\Delta^2\mu_j$为二级向前均差分，…，$\Delta\mu_j^m$为m级向前均差分.

$\nabla\mu_j$为一级向后均差分，$\nabla\mu_j^2$为二级向后均差分，…，$\nabla^m\mu_j$为m级向后均差分.

表 10.10　均差分表

K	-3	-2	-1	μ_0	1	2	3	
时轴	(1/8) P	(2/8) P	(3/8) P	(4/8) P	(5/8) P	(6/8) P	(7/8) P	
区间均值		μ_{-3}	μ_{-2}	μ_{-1}	μ_1	μ_2	μ_3	
Δ (∇) μ		∇_{-3}	∇_{-2}	∇_{-1}	Δ_1	Δ_2	Δ_3	
Δ^2 (∇_2) μ		∇^2_{-2}	∇^2_{-1}		Δ_1^2	Δ_2^2		
Δ^3 (∇_3) μ		∇^3_{-1}			Δ_1^3			

各级均差分的分析：

1）当一阶均差分为 0 时，属于平稳随机过程.

2）当二阶均差分为 0 时，属于线性随机过程.

3）当三阶均差分为 0 时，属于二次曲线随机过程.

4）当 j 阶均差分为 0 时，属于（$j-1$）次曲线随机过程.

5）均差分与区间平均导数的关系：

$$\Delta^k f(\bar{x}) = h^k f^{(k)}(\bar{x}). \tag{10.9}$$

其中 $\bar{x} \in = (x_k,\ x_{k+m})$.

10.10　x^2 分布拟合检验

x^2 分布拟合检验在 9.10 节已有论述，这里再用半分位数及其区间均值去进行拟合.

设 F_0（x）为总体的理论分布，假设

H_0：总体 x 的分布函数为 F_0（x），

H_1：总体 x 的分布函数不是 F_0（X）.

将样本空间 S 划分为 m 个互不相容的子空间使得 $\bigcup_{i=1}^{m} A_i = s$，且 $A_iA_j = \phi$，（$i \neq j$）于是当假设成立时，$p_i = P$（$X \in A_i$），（$i = 1,\ 2,\ \cdots,\ m$）. 以 $\frac{n_i}{n}$ 表示 n 次试验事件 $\{X \in A\}$ 出现的频率，p_i 表示其总体对应区间事件的概率，通常 $p_i \neq \frac{n_i}{n}$，但是当 H_0 成立，且 n 足够大时，p_i 与 $\frac{n_i}{n}$ 足够接近，即 $\lim\limits_{n\to\infty}\left\{\frac{n_i}{n}\right\} \to p_i$

K. Pearson 提出了下述检验统计量

$$x^2 = \sum_{i=1}^{m} \frac{(n_i - np_i)^2}{np_i}. \qquad (10.10.1)$$

并证明了如下定理：

定理 10.10.1　设 F_0 (x) 为总体的理论分布，当 H_0 成立时，不论 F_0 (x) 是什么分布，当 n 充分大时，$(n \geq 50)$，x^2 近似服从 x^2 $(k-1)$ 分布.

当总体还含有未知参数时（这种情况很常见）此时有

定理 10.10.2　F_0 (x) 设为总体的理论分布，还含有未知参数；当 H_0 成立时，不论 F_0 (x) 是什么分布，当 n 充分大时，$(n \geq 50)$，x^2 近似服从 x^2 $(k-r-1)$ 分布.

这种状况下用极大似然估计.

文献 [20] 还提到统计量 x^2 的定义与样本空间 S 的划分有关，由于通常用样本直方图来划分样本空间，直方图的划分因人而异，没有统一的标准，也不知那种划分较好，这就是现在 x^2 分布拟合检验的缺点所在.

有了多级对半分位数作为样本空间的划分界限，这个问题就迎刃而解了：

（1）该方法有唯一性，同一组数据，只要级数相同，划分是一样的.

（2）由于数据划分点是上一级各段的对半分位数，它们是对应总体同名对半分位数的最佳估计，因此这种划分是最佳的划分.

（3）剩下的问题是同一组数据要取到多少级？分多少段？通常是数据越多，级数越多，分段也多；反之就级数少，分段也少，一般取三级到四级之间，相应的分段数为八段、十六段.

（4）此种检验样本个数要求较多，$n \geq 50$，并且每个 $np_i \geq 5$.

（5）由于样本分位数为总体分位数的稳健的估计，因此此种拟合是稳健拟合.

第 11 章　线性相关方程及相关分析

11.1　相关分析与回归分析

11.1.1　前言

现在正规的线性回归只有最小二乘法，它具有残差平方和最少的优点. 但是它也存在着以下缺点：

1）它要求自变量为非随机性的.

2）方程没有唯一性. 即以 x 为自变量，y 为因变量的回归方程；与以 y 为自变量，x 为因变量的回归方程，一般说来，并非同一条直线.

3）方差最小，不等同于误差之和很小，也可能很大[7].

4）它的抗干扰性较差.

5）计算繁杂.

从概率统计的平衡定理中的三平均值出发[1]，用解析几何结合最小二乘法的方法，可以推导出一种较好的线性相关分析方法，即“三均值法”，它既有最小二乘法的优点，又无它的缺点，因此比最小二乘法更好.

11.1.2　相关关系是一种不确定性关系，可分为自变量和因变量来研究

1）当自变量为可控的普通变量，因变量为随机变量时，分析这种特殊的相关关系被称为回归分析，已被普遍研究过了，其方程被称为回归方程.

2）当自变量与因变量都为随机变量时，被称为相关分析，也有很多研究文献，相应的方程被被称为相关方程，但相关方程却少有人研究，现在普遍是以回归方程代替相关方程权作使用.

3）本文就是专门研究相关方程的建立、应用及与回归方程优缺点比较的.

4）对相关方程的研究可以包涵回归方程的研究，反之却不行.

5）本文提出的相关方程的计算方法比回归方程简易得多.

6）相关方程具有唯一性（即不管自变量与因变量的地位如何调整，方程

不变），回归方程却没有这一优点.

7）一元线性回归分析相当于二元线性相关分析，k 元线性回归分析相当于（$k+1$）元线性相关分析.

11.1.3　关键词

大均值（$\bar{x}_B$，$\bar{y}_B$）、小均值（$\bar{x}_S$，$\bar{y}_S$）与左、右均值比较；平均值（$\bar{x}_0$，$\bar{y}_0$），残差，平均误差，均方误差，无偏性，中心性，唯一性.

11.2　二元线性相关方程及分析

11.2.1　“三均值”的线性相关分析方法模型：

在同一概率空间（Ω，F，P）中，存在二元线性相关的随机变量 X 和 Y（相当于一元线性回归），随机从中抽取总频数为 n 对的变量（x_i，y_i），$i=1, 2, \cdots, n$.

1）这二元随机变量具有平均值（$\bar{x}$，$\bar{y}$），小均值（$\bar{x}_s$，$\bar{y}_s)_s$）和大均值（$\bar{x}_B$，$\bar{y}_B$）.[1]

2）这二元随机变量具有线性相关性，（$0<|P|\leqslant 1$）即

$$y \propto \beta_0 + \beta_1 X. \tag{11.1}$$

这里

$$\begin{cases} X_i = x_i + \delta_i \\ Y_i = y_i + \tau_i \end{cases}. \tag{11.2}$$

其中 δ_i 和 τ_i 都分别是误差随机变量.[6]

3）把（11.2）式代进（11.1）式，并且把“$\propto$”改为“$=$”号：

$$Y_i = \beta_0 + \beta_1\delta_i - \tau_i + \beta_1 X_i \tag{11.3}$$

设 $\varepsilon_i = \beta_1\delta_i - \tau_i$，$\varepsilon_i$ 即为残差，则

$$y_i = \beta_0 + \beta_1 x_i + \varepsilon_i. \tag{11.4}$$

由于两个变量都是随机变量，导致残差 ε_i 里含有待定系数 β_1，因此不能用现有的“最小二乘法”求线性回归方程.

11.3　二元随机变量的特点

在符合 11.2 节模型的基础上，更常见的二元随机变量具有以下特点：

1）沿直线方程（11.4）的方向服从无偏或偏态极少的分布（如：均匀分布，正态分布，$p\approx q$ 时的二项分布）.

2）垂直于直线方程（11.4）的方向，也应该服从无偏或偏态极少的分布（如：均匀分布，正态分布等分布），但不一定仅为正态分布.

3）X，Y 都是受观测误差影响的随机变量，它们具有的一种线性泛函的关系.[6]

4）这二元随机变量都具有平均值（$\bar{x}$，$\bar{y}$），小均值（$\bar{x}_s$，$\bar{y}_s$）和大均值（$\bar{x}_B$，$\bar{y}_B$）.

11.4 二元随机变量的线性相关分析

本文主要对符合11.3节情况的二元随机变量的线性相关分析：

1）把 x_i 和 y_i 按顺序统计量排列，从样本中位数 $m_{1/2}=(\tilde{x},\ \tilde{y})$ 处分开，分成大（$x\hat{>}\tilde{x}$，$y_i\hat{>}\tilde{y}$）和小（$x\hat{<}\tilde{x}$，$y_i\hat{<}\tilde{y}$）两组（分割点的处理方法与第一章同）；此时两组频数都相等，且等于总频数的一半：$n_s=n_B=n/2$.

a）若样本为偶数组，即 $n=2k$，k 为正整数；中位数为一个中空的区域，（$x_k<\tilde{x}<x_{k+1}$，$y_k<\tilde{y}<y_{k+1}$），按照（10.4.02）式从中位数处分开，分割成两组：

较小数据组为

$$F_s^*(x,y)=\begin{cases}x_i\leqslant x_k<\tilde{x}\\ y_i\leqslant y_k<\tilde{y}\end{cases}.\tag{11.5a}$$

较大数据组为

$$F_B^*(x,y)=\begin{cases}x_i\geqslant x_{k+1}>\tilde{x}\\ y_i\geqslant y_{k+1}>\tilde{y}\end{cases}.\tag{11.5b}$$

b）若样本为奇数组，即 $n=2k-1$，k 为正整数，中位数为一个点：（$\tilde{x}=x_k$，$\tilde{y}=y_k$）按照（10.4.01）式从中位数处分开，分割成两组，中位数各以一半（$x_k/2$，$y_k/2$）分别加到小、大两组中去：

较小数据组为

$$F_S^*(x,y)=\begin{cases}x_i\leqslant x_{k-1}+\tilde{x}/2\\ y_i\leqslant y_{k-1}+\tilde{y}/2.\end{cases}\tag{11.5c}$$

较大数据组为

$$F_B^*(x,y)=\begin{cases}x_i\geqslant x_{k+1}+\tilde{x}/2\\ y_i\geqslant y_{k+1}+\tilde{y}/2\end{cases}.\tag{11.5d}$$

2）分别对这两组数据求均值，即求小均值（$\bar{x}_s$，$\bar{y}_s$）和大均值（$\bar{x}_B$，$\bar{y}_B$）.

a）当 $n=2k$ 时，n 为偶数，因为此时中位数为一个区间，较小组的均值为

$$\begin{cases} \bar{x}_s = \dfrac{1}{n/2}\sum_{i=1}^{k} x_i \\ \bar{y}_s = \dfrac{1}{n/2}\sum_{i=1}^{k} y_i \end{cases}. \tag{11.6a}$$

较大组的均值为

$$\begin{cases} \bar{x}_B = \dfrac{1}{n/2}\sum_{k+1}^{n} x_i \\ \bar{y}_B = \dfrac{1}{n/2}\sum_{k+1}^{n} y_i \end{cases} \tag{11.6b}$$

由于中位数为一个区间，样本均值容易落在此区间之内，从而实现一级对称，此时

$$(\tilde{x}_S = \tilde{x}_L, \bar{y}_S = \tilde{y}_S = \bar{y}_L), (\tilde{x}_B = \tilde{x}_R, \bar{y}_B = \tilde{y}_R). \tag{11.7}$$

b）当 $n=2k-1$ 时，$\tilde{x}=x_k$，$\tilde{y}=y_k$，因为此时中位数为一个点，所以要把这一点分成两半分别加到大，小数据组中去，然后求均值.

小均值为

$$\begin{cases} \bar{x}_S = \dfrac{1}{n/2}\left(\sum_{i=1}^{k-1} x_i + x_k/2\right) \\ \bar{y}_S = \dfrac{1}{n/2}\left(\sum_{i=1}^{k-1} y_i + y_k/2\right) \end{cases} \tag{11.8a}$$

大均值为

$$\begin{cases} \bar{x}_B = \dfrac{1}{n/2}\left(\sum_{k+1}^{n} x_i + x_k/2\right) \\ \bar{y}_B = \dfrac{1}{n/2}\left(\sum_{k+1}^{n} y_i + y_k/2\right). \end{cases} \tag{11.8b}$$

由于这时中位数是一个点，样本均值很不容易落在此点之内，不容易实现一级对称. 这里之所以以中位数作为大小两组的分界线，是因为：

1）中位数的稳健性最好.

2）因为以中位数为中心时所取的绝对平均差之和为最小，即 $\sum_{i=1}^{n}|x_i - \tilde{x}| \leqslant \sum_{i=1}^{n}|x_i - x_j|$. 当 $j = n/2$ 时等号成立.

3）取样本数据组时，总数最好是偶数组，即 $n=2k$ 因为当统计数据组为

偶数时，中位数为一个区域，$x_k < \tilde{x}_{1/2} <_{k+1}$，该数据组的平均值落在该区域内的概率较大，这就容易实现一级对称分布，这时整个数据组对均值的绝对平均差也成为最小值（实际上是整个数据组对中位数区域的绝对平均差为最小），即最小绝对离差和的回归，它比最小平方和回归更有意义. 此时

若 $(\bar{x} = \tilde{x},\ \bar{y} = \tilde{y})$

则 $(\bar{x}_S = \bar{x}_L,\ \bar{y}_S = \bar{y}_L)$，$(\bar{x}_B = \bar{x}_R,\ \bar{y}_B = \bar{y}_R)$；

若 $(\bar{x} \cong \tilde{x},\ \bar{y} \cong \tilde{y})$

则 $(\bar{x}_S \cong \bar{x}_L,\ \bar{y}_S \cong \bar{y}_L)$，$(\bar{x}_B \cong \bar{x}_R,\ \bar{y}_B \cong \bar{y}_R)$；

否则就没有上述的等式了.

$(\bar{x}_L,\ \bar{y}_L)$ $(\bar{x}_R,\ \bar{y}_R)$，分别是样本的左平均及右平均，$(\bar{x}_S,\ \bar{y}_S)$ $(\bar{x}_B,\ \bar{y}_B)$ 分别是小平均及大平均.

若总数取奇数组，此时中位数只是一个几何点，该数据组的平均值要落在该点的概率就较小了，因此就没有总数为偶数组时的这么多优点了，但还是比最小二乘法好.

11.5 "三点式"求相关直线方程

按上述公式求出大、小均值后，就可以用解析几何与最小二乘法相结合求相关直线方程了.

1）先用解析几何的两点式求相关直线方程的系数 β_1：

对（11.4）式求导数：$\frac{\mathrm{d}y}{\mathrm{d}x} = \beta_1$，

对于随机的近似直线方程：

$$\frac{\mathrm{d}y}{\mathrm{d}x} \approx \frac{\Delta y}{\Delta x} = \beta_1 . \tag{11.9}$$

由于所要求的方程是直线方程，用大、小均值的差（大小均差），表示平均增量更好.

$$\begin{cases} \overline{\Delta x_{SB}} = \bar{x}_B - \bar{x}_S \\ \overline{\Delta y_{SB}} = \bar{y}_B - \bar{y}_S . \end{cases} \tag{11.10a}$$

$$\beta_1 = \hat{\beta}_1 = \frac{\overline{\Delta y_{SB}}}{\overline{\Delta x_{SB}}} = \frac{\bar{y}_B - \bar{y}_S}{\bar{x}_B - \bar{x}_S}. \tag{11.10b}$$

把小均值 $(\bar{x}_S,\ \bar{y}_S)$ 和大均值 $(\bar{x}_B,\ \bar{y}_B)$ 代入上式，求得系数 $\hat{\beta}_1$（斜率）.

2）然后把 $\hat{\beta}_1$ 作为常数，对方程（11.4）的残差用最小二乘法求另一常数 $\hat{\beta}_0$，设

$$Q(\beta_0,\beta_1) = \sum_{i=1}^{n}\varepsilon_i^2 = \sum_{i=1}^{n}[y_i - (\beta_0 + \beta_1 x_i)]^2$$

求导

$$\frac{dQ}{d\beta_0} = \frac{d\sum_{i=1}^{n}[y_i - (\beta_0 + \beta_1 x_i)]^2}{d\beta_0}$$

令 $\frac{dQ}{d\beta_0}=0$，并整理之

$$\sum_{i=1}^{n}[y_i - (\beta_0 + \beta_1 x_i)] = 0, \tag{11.11}$$

$$\sum_{i=1}^{n}\beta_0 = \sum_{i=1}^{n}y_i - \sum_{i=1}^{n}\beta_1 x_i.$$

因为

$$\sum_{i=1}^{n}\beta_0 = n\beta_0, \sum_{i=1}^{n}y_i = n\bar{y}, \sum_{i=1}^{n}\beta_1 x_i = n\beta_1\bar{x}.$$

所以原方程的解为

$$\hat{\beta}_0 = \bar{y} - \hat{\beta}_1\bar{x}. \tag{11.12}$$

这就是用平均值求常数 $\hat{\beta}_0$ 的公式.

原式 Q（$\hat{\beta}_0$，$\hat{\beta}_1$）对 $\hat{\beta}_0$ 取二阶导数，

$$\frac{dQ}{(d\hat{\beta}_0)^2} = \sum_{i=1}^{n}1 = n > 0. \tag{11.13}$$

由函数的极值原理可知这相关方程的残差 ε_i 之平方和为最小值.

通过（11.7）、（11.8）两式，便可求得相关方程（11.1）式的系数了，并且由于直线方程对均值点 $\bar{x}$，$\bar{y}$ 残差的代数和为 0（见定理 11.4），从而确定该方程：

$$\hat{y} = \hat{\beta}_0 + \hat{\beta}_1 x. \tag{11.14}$$

11.6 “两点式”求相关直线方程

根据解析几何，也可以用两点式求相关直线方程：

$$\frac{y-\bar{y}_s}{\bar{\bar{y}}_B-\bar{\bar{y}}_S}=\frac{x-\bar{x}_s}{\bar{\bar{x}}_B-\bar{\bar{x}}_S}. \tag{11.15}$$

解之同样可得直线的相关方程（11.14），（11.15）式的解也可以表示成：

$$\hat{x}=\hat{b}_0+\hat{b}_1 y. \tag{11.16}$$

11.7 讨论几种特例

（1）无偏分布：当分割点既是中位数又是平均数，并且根据（10.6.1）式，所以有

$$(\bar{x}=x,\bar{y}=y) \tag{11.17}$$

此时为一级对称统计分布，

$$n_L=n_S=n_R=n_B=n/2. \tag{11.17a}$$

$$\begin{cases}\bar{x}_L=\bar{x}_S\\ \bar{x}_R=\bar{x}_B\end{cases}. \tag{11.17b}$$

$$\begin{cases}\bar{y}_L=\bar{y}_S\\ \bar{y}_R=\bar{y}_B\end{cases}. \tag{11.17c}$$

证 （11.17a）式，因为是无偏分布，分割点既是中位数又是平均数，因此前、后及左、右分布的频数是相等的，都等于 $n/2$.

（11.17b）按三均值公式，

$$n_L\bar{x}_L+n_R\bar{x}_R=n\bar{x},$$

及

$$n_S\bar{x}_S+n_B\bar{x}_B=n\bar{x}.$$

把这两式相减，并且注意到（11.17a）式，有

$$(\bar{x}_L-\bar{x}_S)+(\bar{x}_R-\bar{x}_B)=0.$$

上式只有唯一解：$\begin{cases}\bar{x}_L=\bar{x}_S\\ \bar{x}_R=\bar{x}_B\end{cases}$，证毕.

同理可证（11.17c）式.

说明：1）当样本总数组为偶数组 $n=2k$ 时，这种情况较易发生：此时中位数为一个区间，在（$x_k<\tilde{x}<x_{k+1}$，$y_k<\tilde{y}<y_{k+1}$），这时均值也落在此区间的概率较大，无偏分布是很容易实现的，这是最理想的.

2）当样本总数组为奇数组 $n=2k-1$ 此时样本中位数等于一个点（$\tilde{x}=x_k$，$\tilde{y}=y_k$），均值同时落在这一点的概率较小，样本总数组既是奇数，又为无偏分布这种情况较难发生.

上述两点的情况说明了样本总数取偶数组的好处.

(2) 少偏分布：($\bar{x}\cong\hat{x}$，$\bar{y}\cong\hat{y}$). 要求95%的精度，偏离不超过5% . 这种情况较易发生即单边偏离少于2.5%，欲要求按顺序统计量偏离小于一个单位，则单边偏离的频率 f_1 应不大于2.5% ：

$$f_1=1/n\leqslant 0.025. \tag{11.18}$$

$$n\geqslant 40. \tag{11.19}$$

统计数据应在40对以上.

1）当样本总数组为偶数组：$n=2k$，把 中位数定为 $1a$）的中部区间，即均值应落在

$$\begin{cases}(x_{k-1}+x_k)/2<\bar{x}<(x_{k+1}+x_{k+2})/2\\(y_{k-1}+y_k)/2<\bar{y}<(y_{k+1}+y_{k+2})/2\end{cases} \tag{11.20}$$

区间之内.

2）当样本总数组为奇数组，即：$n=2k-1$，此时样本中位数定为 $1b$）这点上，均值应落在

$$\begin{cases}x_{k-1}\leqslant\bar{x}\leqslant x_{k+1}\\y_{k-1}\leqslant\bar{y}=y_{k+1}\end{cases}. \tag{11.21}$$

上述两种情况都可以求相关线性方程，并且效果还是较为满意的.

(3) 有偏分布：

$$(\bar{x}\neq\tilde{x},\bar{y}\neq\tilde{y}) \tag{11.22}$$

1）当要求95%的精度，即单边偏离大于2.5%.

2）样本总数组为偶数组：不符合2a）情况时.

3）样本总数组为奇数组：不符合2b）情况时.

4）当奇异值的增量比等于或约等于统计数据的平均增量比（11.10b 式）时，即

$$\frac{\Delta y_{qj}}{\Delta x_{qj}}\approx\frac{\Delta y_{SB}}{\Delta x_{SB}}=\hat{\beta} \tag{11.22a}$$

还是可以用三均值法求线性相关方程的. 这里

$$\frac{\Delta y_{qj}}{\Delta x_{qj}}\approx\frac{\bar{y}_{qj}-\bar{y}_{qi}}{\bar{x}_{qj}-\bar{x}_{qi}}. \tag{11.22b}$$

方程的下标 $\bar{y}_{qj}$ 表示所有的奇异值 y 的平均，$\bar{y}_{qi}$ 为去除奇异值后 y 统计量的平

均，$\Delta\bar{y}_{qi}$ 为奇异值 y 的平均增量；统计量 x 的下标意义与此类似.

5）不符合上述情况的不宜用“三均值”法求相关方程. 若线性相关系数 $p>0$，还是可用“三均值”法，求相关方程的改进的情况是：样本总数偶数选组，且大一点 $n>40$，并且用上一章所述的方法把奇异值处理后，再求相关议程.

6）若相关系数 $p\leqslant 0$，就不可以求相关直线方程了，一般情况下也可以用上述方法求相关曲线方程.

推理 11.1 三均值公式：线性相关方程（11.14）中，全体数据组的平均值 $\bar{x}$，$\bar{y}$ 是大、小均值的算术平均值及中位数，即

$$\begin{cases}\bar{x} = (\bar{x}_S + \bar{x}_B)/2 \\ \bar{y} = (\bar{y}_S + \bar{y}_B)/2.\end{cases} \tag{11.23}$$

证 设 n_S，n_B 分别为较小和较大数据组的频数，先证第一式，根据全均值公式有：$n_S\bar{x}_S + n_B\bar{x}_B = n\bar{x}$，因为分割点在中位数，所以有，$n_S = n_B = n/2$，把它代入全均值公式便可得证第一式. 同理可证第二式. 并且，

设 τ_{XS}，τ_{XB} 分别为统计分布中 X 分量的小、大对中均差，τ_{YS}，τ_{YB} 分别为统计分布中 Y 分量的小、大对中均差，m_{DX}，m_{DY} 分别为 X 分量及 Y 分量的绝对平均差，则有

$$\begin{cases}\tau_{xS} = \tau_{xB} = m_{DX} \\ \tau_{YS} = \tau_{YB} = m_{DY}\end{cases}. \tag{11.24}$$

证 在（11.23）式中，可以写成 $|x_s - \bar{x}_b| = x_B - \bar{x} = m_{DX}$，便可证得第一式，同理可证第二式.

推理 11.2 在用三均值法所作出的相关直线上，样本平均值点、小均值点、大均值点落在所求的相关方程直线上，且均值点为大、小两均值两点的距离平分点.

证 先证三点同一线，从（11.12）式可以看出，均值点在该相关直线上；从（11.15）式也可以看出小均值，大均值点都在同一条直线上. 另外根据（11.23）式及解析几何中有关直线平分点定理可以证明总体均值点为大、小均值距离的平分点.

因为“三均值法”所求直线方程通过上述的“三均值点”，而这三个点又有重要的几何意义：总均值是全部统计数据组的几何中心，小均值是较小数据组区域的几何中心，大均值是较大数据组区域的几何中心，因此有

推理 11.3 用三均值法所求的相关方程从统计数据组的三个中心通过.

推理 11.4 用“三均值法”所求的线性相关方程，是该统计数据组沿该方向最密集处通过，并且是它们的纵向轴心.

证　因为：

1）样本小均值点是较小数据组的数据中心，而且也是该范围的几何中心.

2）样本大均值点是较大数据组的数据中心，而且也是该范围的几何中心.

3）样本平均值点是全部样本数据组的数据中心，而且是全部样本数据组的几何中心.

因为上述三者全部都落在所求的线性相关直线方程上；结合推理 11.2 及推理 11.3，因此用三均值法求得的直线方程是从数据组的三个中心通过，也即沿该方向最密集处通过，并且是该数据组的纵轴心.

定理 11.5　"三均值法" 所求得的线性相关方程具有唯一性.

证　以 x_i 为随机自变量，y_i 为随机因变量的相关方程（11.14）；及以 y_i 为随机自变量，x_i 为随机因变量的相关方程（11.16），都可以由（11.15）式求得，它们是从同一对称方程求得的，可见它们是同解方程，是从不同的侧面描述同一直线的，它们是相等的. 从几何学看，（$\bar{x}_S$，$\bar{y}_S$）和（$\bar{x}_B$，$\bar{y}_B$）这两点能且仅能唯一确定一条直线. 即（11.14）和（11.16）两式实际上是 同一方程的两种表现形式，只是自变量和因变量调换了位置. 这就证明了用三均值法求得的方程具有唯一性.

这点在本文的例题及图（11.1）里写得很清楚，中间一条直线是代表用 "三均值法" 求出的同一直线方程. 而 "最小二乘法" 当以 x_i 为自变量，y_i 为随机因变量；或 y_i 为自变量，x_i 为随机因变量时，却分别有（上、下）两条线性无关的方程，只有平均值点为公共点.

残差分析：任一个数据的实测值 y_i 与计算值 $\hat{y}_i = \hat{\beta}_0 + \hat{\beta}_1 x_i$ 有残差 ε_i，

$$\varepsilon_i = y_i - \hat{\beta}_0 + \hat{\beta}_1 x_i. \tag{11.25}$$

定理 11.6　"三均值法" 所求的线性相关方程的全体数据组残差之代数和为 0.

证　由于该法所求的线性相关程通过全体数据组的均值点（$\bar{x}$，$\bar{y}$），并且一阶中心矩恒为 0，因此得证.

定理 11.7　"三均值法" 所求相关方程的较小及较大数据组残差的代数之和为 0.

证　因为较小数据组相当于所有小于中位数（设为偶数组）的值，其残差的代数之和为

$$\sum_1^k \varepsilon_i = \sum_1^k y_i - (n_S\hat{\beta}_0 + \hat{\beta}_1 \sum_1^k x_i),$$

$$\sum_1^k \varepsilon_i = n_S\bar{y}_S - n_S\hat{\beta}_0 + n_S\hat{\beta}_1\bar{x}_S,$$

$$\sum_1^k \varepsilon_i = n_S(\bar{y}_S - \hat{\beta}_0 + \hat{\beta}_1\bar{x}_S).$$

由于该方程通过（$\bar{x}_S$，$\bar{y}_S$）这一点，所以上式右边为0，得证，同理可证样本数为奇数组时定理同样成立．同理也可证：相关方程的较大数据组残差的代数之和为0.

定理 11.8 “三均值法”所求的线性相关方程的系数β_0，β_1具有无偏性.

证

$$E(\bar{y}_B - \bar{y}_S) = E(\bar{y}_B) - E(\bar{y}_S) = \bar{Y}_B - \bar{Y}_S,$$

$$E(\bar{x}_B - \bar{x}_S) = E(\bar{x}_B) - E(\bar{x}_S) = \bar{X}_B - \bar{X}_S,$$

$$E(\hat{\beta}_1) = E\left(\frac{(\bar{y}_B - \bar{y}_S)}{\bar{x}_B - \bar{x}_S)}\right) = \beta_1.$$

这证明了$\hat{\beta}_1$是（$\hat{\beta}_1$）的无偏估计．再证$\hat{\beta}_0$是（$\hat{\beta}_0$）的无偏估计 ：

$$E(\hat{\beta}_0) = E(\bar{y} - \hat{\beta}_1\bar{x}).$$

$$= E\bar{y} - E(\hat{\beta}_1\bar{x})$$

$$E(\hat{\beta}_0 + \hat{\beta}_1\bar{x} + \bar{\varepsilon}) - \hat{\beta}_1\bar{x}.,$$

$$= \hat{\beta}_0 + \hat{\beta}_1\bar{x} - \hat{\beta}_1\bar{x} = \beta_0$$

证毕.

定理 11.9 上述所求出的小均值，大均值及样本平均值（$\bar{x}$，$\bar{y}$）都是它们总体对应的同名特征参数的无偏估计.

证 1）一般的数理统计书都已经证明了每一对数据的平均值（$\bar{x}$，$\bar{y}$）是其总体数学期望的无偏估计.

2）每一组数据的小均值（$\bar{x}_S$，$\bar{y}_S$）是对其应总体小均值的无偏估计，

$$E(\bar{x}_S,\bar{y}_S) = [E(\bar{x}_S),E(\bar{y}_S)] = (\bar{X}_S,\bar{Y}_S). \tag{11.26}$$

同理可证：

3）每一组数据的大均值（$\bar{x}_B$，$\bar{y}_B$）是对其总体大均值的无偏估计.

定理 11.10 在相关方程中，以x_i为自变量，所求的$\hat{y}_i$；以及以y_i为自变量，所求的$\hat{x}$，都分别是其对应总体的无偏估计.

证

$$E(\hat{y}_i) = \frac{1}{n}\sum_{i=1}^{n}(\hat{\beta}_0 + \hat{\beta}_1 x_i)$$

$$= \hat{\beta}_0 + \hat{\beta}_1\bar{x} = \bar{y}$$

同理可证，$\hat{x}_i$ 是其对应总体 X_i 的无偏估计.

上节证明了用“三均值法”所求样本的线性相关方程是从这些数据的上述三个中心通过的，因此该方程是当数据趋于无穷多时总体相关方程的无偏估计.

用解释几何研究相关方程，它某一点到相关直线的距离公式为

$$d_i = \frac{|y_i - (\hat{\beta}_0 + \hat{\beta}_1 x_i)|}{\sqrt{1 + \hat{\beta}_1^2}}. \tag{11.27}$$

1）这是一个只取正值与 0 的距离公式，为要计算它们的代数和，不取绝对值，而直接取它们的代数值.

2）前面已经证明（11.14）与（11.16）是同一直线的两个表现不同的方程，随便用哪一个代进上式都是一样的，这里取（11.14）式进行研究. 上述公式就是第 i 点（x_i，y_i）到直线方程（11.14）的距离.

定理 11.11　较小数据组、较大数据组、以及全体数据组的实测值，分别为到所求的相关方程对应段的距离的代数和为 0.

先证较小数据组的实测值到“三均值法”所求的相关方程的的距离的代数和为 0，设 $\tilde{m}$ 为中位数.

证

$$\sum_{1}^{nL} d_i = \frac{1}{\sqrt{1 + \hat{\beta}_1^2}}\sum_{1}^{nL}[y_i - (\hat{\beta}_0 + \hat{\beta}_1 x_i]$$

$$= \frac{1}{\sqrt{1 + \hat{\beta}_1^2}}[\sum_{1}^{nL} y_i - \sum_{i=1}^{nL}(\hat{\beta}_1 x_i + n_L\hat{\beta}_0)]$$

$$= \frac{n_L}{\sqrt{1 + \hat{\beta}_1^2}}[\bar{y}_L - (\hat{\beta}_1\bar{x}_L + \hat{\beta}_0)]$$

按照定理 11.6，上式中括号内为 0. 本定理得证.

同理可证，较大数据组实测值以及全体数据组实测值到所求相关方程距离的代数和为 0.

定理 11.12　“三均值法”所求的相关方程离中位数的绝对值之和为最小，

$$\sum_{i=1}^{n}|\hat{y}_i - \tilde{y}| = \sum_{1}^{n}|(\hat{\beta}_0 + \hat{\beta}_1 x_i) - \tilde{y}| \leqslant \sum_{1}^{n}|(\hat{\beta}_0 + \hat{\beta}_1 x_i) - y_a|$$

上式当 $y_a = \tilde{y}$ 时等号成立.

证 按 10.6 节定理 12 推论 13 及参考文献[7]可证.

定理 11.13 设“三均值法”所求的线性相关方程为 $\hat{y}=f(x)=\hat{\beta}_0+\hat{\beta}_1 x$，普遍情况下，相关方程具有误差绝对值之和为最小.

证 1）该方程从统计数据中心通过. 因此把坐标原点移至均值点，然后旋转坐标轴，让 X 轴与方程直线重合，此时三个均值都落在 X 轴上，以下的论证从这里开始.

2）在大多数情况（没有太大的离群的奇异点出现），特别是总数据组为偶数的情况下，此时直线两边为一级对称，两边的数据点相等（$n_U=n_D=n/2$），因此直线就是两边离差的中位数，从 10.6 节定理 12 可以看出，此时数据误差绝对值之和为最小.

讨论 1）但也有例外的情况，当数据中有一个或多个偏离直线较远的奇异值，尤其是总数据组为奇数组时，它们就容易打破了直线两边的对称分布，使得两边的点数不相等 $n_u \neq n_D$，此时中位数就稍微偏离了方程直线，相关方程误差绝对值之和就不是最小了，但误差值代数之和为 0 的定理依然不变.

2）当把奇异值去除之后该定理又成立了.

11.8 相关方程的无偏估计

1）根据文献[4] P287：子样均值为总体均值的最小方差线性无偏估计（UMVUE）.

当考虑样本从（x_1，y_1）到（x_n，y_n）的全体数据时，均值点（$\bar{x}$，$\bar{y}$）是它们的（UMVUE），因此从整体考虑：凡通过（$\bar{x}$，$\bar{y}$）点的线性方程，（包括“最小二乘法”和“三均值法”）都是其总体的（UMVUE）.

2）当只考虑较小组分布（$x_i \mathrel{\hat{<}} \tilde{x}$，$y_i \mathrel{\hat{<}} \hat{y}$）时，“三均值法”所求方程的较小均值（$\bar{x}_S$，$\bar{y}_S$）是该区域的较小区域均值的（UMVUE）.

3）当考虑较大组分布（$x_i \mathrel{\hat{>}} \tilde{x}$，$y_i \mathrel{\hat{>}} \hat{y}$）时，“三均值法”所求方程的大均值（$\bar{x}_B$，$\bar{y}_B$）是该较大区域均值的（UMVUE）.

综上所述，得：

定理 11.14 “三均值法”所求的线性相关方程（11.14）及（11.16）是其总体方程的（UMVUE）.

且其小于中位数部分是其总体方程小于中位数部分分布的（UMVUE）.

其大于中位数部分是其总体方程大于中位数部分分布的（UMVUE）.

注：最小二乘法没有后面这两条.

定理 11.15　“三均值法”所求的线性相关方程是它的总体分布方程的一致（相合）估计.

证　由于该方法赖以求线性相关方程的三个均值都是它们各自区间数学期望值的一致估计（文献[1]4.6 节）. 基于上节同样的理由，就可以证明该定理.

又“三均值法”所求的线性相关方程当它的取值点（$n\to\infty$）时是其总体方程的无偏及相合估计.

11.9　均方误差分析

综合文献[3]及（9.6.3）、(9.6.7）式，有：

由于在 X 条件下，Y 的最小均方误差估计，小于等于其线性最小均方误差估计，更少于其他估计的均方误差，即：

$$E[Y—E(Y\mid X)]^2 \leqslant E[Y—E(\beta_0+\beta_1 X)]^2 \leqslant E[Y—U(X)]^2 \quad (11.28)$$

同理在 Y 条件下，X 的最小均方误差估计，小于等于其线性最小误差估计，更少于其他估计的误差. 上式当且仅当：相关系数 $\rho=1$. 或（X，Y）服从二元正态分布时，上式边的等号成立.

11.10　“三均值法”与“最小二乘法”比较

（1）稳健性的比较.

1）“三均值法”每一对数据的残差 ε_i 对回归方程的影响是与它的 ε_i 大小成正比的；

2）“最小二乘法”的影响则是与 ε_i^2 成正比，即把 ε_i 平方放大了.

因此随机变量中若有一对或多对数据的（x_j，y_j）偏离直线方程较大，达（$kE|\varepsilon_i|$，$k>1$）倍，（$E|\varepsilon_i|$为 ε_i 为绝对值的平均数）. 则这些数据的 ε_j 对回归直线方程的干扰，用“三均值法”依然是 k 倍. 然而用“最小二乘法”求的，就会被人为地放大为 k^2 倍，则该对数据对直线方程的产生的“杠杆效应”，用“最小二乘法”计算比用“三均值法”要大得多，换言之，后者的稳健性比前者好的多. 如文献［36］p555 中例 12.4.2 中的观测数据中，有一个奇异值出现时，“最小二乘法”的回归线出现灾难性的偏差，而用“最小绝对偏差”所求的直线方程，其影响就小得多，但后者的计算要用迭代法，不方便. 本文所述的方法也有“绝对最小对中偏差”的功效，因而稳定性肯定比“最小二乘法”好得多，而计算方法也比“最小二乘法”简便的多.

（2）理论上回归分析只可分析自变量为非随机变量，因变量为随机变量的情况（多少元回归分析都一样），而多于一个以上的随机变量，用回归分析只能是勉强凑合着；相关方程既可分析前者，也可分析全部都是的随机变量的情况.

（3）“三均值法”相关方程的计算比“最小二乘法”简便得多.

这是因为“三均值法”主要是求和的运算，很简便，这从下述回归直线方程计算的例子及相关系数的计算就可看出. 而最小二乘法却要求进行 $\sum x_i^2, \sum y_i^2, \sum x_i y_i$ 等繁杂的运算.

（4）“三均值法”估计的总误差比“最小二乘法”估计小得多.

证 （1）因为前者在统计数据的前、后两段及整个统计数据中，对各自均值的误差，其代数和分别为0（定理11.6、11.7）.

（2）每一组数据对中位数绝对误差之和为最小.

（3）而后者只是整个统计数据中，对总均值的误差平方和为最小，而误差平方和最小并不等于总误差为最少，也可能为很大（一些离群特异值就是这样）.

根据定理（10.7.2）及（10.7.3）就证明了该结论.

（5）“三均值法”与“最小二乘法”估计有效性的比较.

1）由于样本均值是其总体数学期望的有效估计，因此（$\bar{x}$，$\bar{y}$）是整个统计数据范围内最有效的估计. 同理：

2）（$\bar{x}_S$，$\bar{y}_S$）是较小数据组范围内的最有效的估计.

3）（$\bar{x}_B$，$\bar{y}_B$）是较大数据组范围内最有效的估计.

“三均值法”通过上述的三个均值点，而“最小二乘法”只通过一个均值点，因此前者所求的直线比后者有效得多.

结论 用“三均值法”所求相关直线方程的前半部分或后半部分的有效性都比用“最小二乘法”所求之方程好，只有在（$\bar{x}$，$\bar{y}$）这点上，两者的有效性一样.

根据表11.1的第8栏（1） =3） +4），“三均值法”的残差代数和为0.

“最小二乘法”残差的平方和为最小，一般不为0，并且可能很大[7].

所以，同一组数据所求的相关直线方程用“三均值法”比“最小二乘法”更为有效.

线性相关方程是以中位数为基准的，已有文献证明了：对中位数所求的绝对平均差具有最小值，半均差是绝对平均差的1/2，同理也应该具有最小值.

而最小二乘法所求的回归方程则是对均值的之差的平方和最小，但其绝对平均差不一定具有最小值，有时可能是很大的[7].

以上论述了用“三均值法”所求相关直线方程与最小二乘法比较的一些优点，见表 1.1.

表 11.1　“三均值法”与“最小二乘法”的比较

	“三均值法”求相关直线方程	“最小二乘法”求回归直线方程
1. 简约原则	十分简约	不简约
2. 中心点	1）方程通过小、大及全体三个均值点（中心点）. 2）方程通过全体数据的纵轴线.	1）方程只通过一个均值点. 2）（无此优点）.
3. 唯一性	所有统计数据能且只能确定一个唯一的方程，有唯一性.	同一数据组可求出两个线性无关的方程，无唯一性.
4. 无偏性	1）系数（$\hat{\beta}_0$，$\hat{\beta}_1$）是其总体同名系数的无偏估计. 2）样本数据组所求的相关方程，是总体相关方程的无偏估计.	1）系数（$\hat{\beta}_0$，$\hat{\beta}_1$）是总体同名系数的无偏估计. 2）（无此优点）.
5. 有效性	更好	好
6. 均方误差	最小	较小
7. 平均误差	最小	不小
8. 残差分析	1）全体数据组的残差的代数和为 0. 2）全体数据组残差的绝对值之和为最小. 3）大数据组的残差的代数和为 0. 4）小数据组的残差的代数和为 0.	1）全体数据组的残差代数和为 0. 2）全体数据组残差的平方和为最小（不等同于全体数组的绝对残差和为最小）.
9. 稳健性	较好	较差
10. 随机变量	可以全部或部分为随机变量.	在所有的变量中，只能有一个为随机变量.

注：1）简约原则，又称 Occam 剃刀定律：“对于现象最简单的解释往往比复杂的解释更正确”[35]，如对太阳系运行的解释，哥白尼的简约理论比托密勒的复杂理论更正确.

2）上述比较中，最重要的是简约性、中心性、唯一性、稳健性.

3）为什么“三均值”法比“最小二乘法”有那么多优点呢，关键是前者从数据的最密集的中心通过，而后者只是残差的平方和为最小，但残差绝对值之和并非最小.

11.11 相关分析

以相关方程（11.14）将数据组一分为二，把平面分成上、下两半部分，其数据点分别为：

$$\begin{cases} y_{Di} \hat{<} \hat{\beta}_0 + \hat{\beta}_1 x_i, \\ y_{Ui} \hat{>} \hat{\beta}_0 + \hat{\beta}_1 x_i. \end{cases} \tag{11.29}$$

上式中：第一式为直线 $\hat{y} = \hat{\beta}_0 + \hat{\beta}_1 x_i$ 以下部分的点子数据组，第 2 式为直线 $\hat{y} = \hat{\beta}_0 + \hat{\beta}_1 x_i$ 以上部分的点子数据组. 当某一点正好落在直线上，则此点数据的一半分别归属于上半部分及下半部分.

定义 11.20 设 M_D，M_U 为被相关方程直线（11.14）所分隔开的下半平面部分数据（或上半平面部分数据）对均值的半均差，M 为沿着相关直线方向的半均差，则有

$$K = \frac{M_D}{M} = \frac{M_U}{M}. \tag{11.30}$$

称 K 为线性无关系数.

设，(n_U, n_D) 分别为上半平面部分（或下半平面部分）的统计频数，直线上 (n_S, n_B) 分别为小于、大于样本中位数的统计频数，n 为样本的总统计频数；ν_U，ν_D 为该定义域的上（下）部分出现的频率，直线上 ν_s，ν_B 分别为小于或大于中位数的统计频率，则

$$M = \tau_S n_S / n = \tau_B n_B / n . \tag{11.31}$$

为回归方程的半均差.

$$M_U = \tau_U n_U / n = M_D = \tau_D n_D / n . \tag{11.32}$$

M_D 为直线方程对均值的平均差，$\tau_U \tau_D$ 为直线所分隔开的上半平面部分（或下半平面部分）对统计均值的上（下）均差，把上面的关系式代进（11.30）式，

$$K = \frac{\tau_U \tau_U}{\tau_S n_S}. \tag{11.33}$$

或

$$K = \frac{\tau_D \tau_D}{\tau_B n_B}. \tag{11.33a}$$

$\because \tau_S^2 = (x_S - \bar{x})^2 + (y_S - \bar{y})^2$，或 $\tau_B^2 = (x_B - \bar{x})^2 + (y_B - \bar{y})^2$.

设上半平面的数据 $(\bar{x}_U, \bar{y}_U)$ 为上均值，下半平面数据 $(\bar{x}_D, \bar{y}_D)$ 为下均值. 则

$$\tau_U^2 = (\bar{x}_U, -\bar{x})^2 + (\bar{y}_U, -\bar{y})^2. \tag{11.34}$$

或

$$\tau_D^2 = (\bar{x}_D - \bar{x})^2 + (\bar{y}_D - \bar{y})^2. \tag{11.34a}$$

代进（11.29）式，得到

$$K = \frac{\tau_U n_U}{\tau_S n_S} = \frac{n_U \sqrt{(x_U - \bar{x})^2 + (y_U - \bar{y})^2}}{n_S \sqrt{(x_S - \bar{x})^2 + (y_S - \bar{y})^2}} \tag{11.35}$$

或

$$K = \frac{\tau_D n_D}{\tau_B n_B} = \frac{n_D \sqrt{(x_D - \bar{x})^2 + (y_D - \bar{y})^2}}{n_B \sqrt{(x_B - \bar{x})^2 + (y_B - \bar{y})^2}} \tag{11.35a}$$

当直线上、下为无偏分布时

$$n_U = n_D = n/2$$

$$K = \frac{\sqrt{(x_U - \bar{x})^2 + (y_U - \bar{y})^2}}{\sqrt{(x_S - \bar{x})^2 + (y_S - \bar{y})^2}} \tag{11.36}$$

或

$$K = \frac{\sqrt{(x_D - \bar{x})^2 + (y_D - \bar{y})^2}}{\sqrt{(x_B - \bar{x})^2 + (y_B - \bar{y})^2}}. \tag{11.36a}$$

定义 11.20　设

$$\rho = 1 - K, \tag{11.37}$$

则称 ρ 为线性相关系数.

表 11.2　相关系数与无关系数

项目	完全线性相关	紧线性相关	松线性相关	线性无关
无关系数 K	$K=0$	$0<K\leqslant 0.5$	$0.5<K<1K$	$K=1$
相关系数 ρ	$\rho=1$	$0.5\leqslant\rho<1$	$0<\rho<0.5$	$\rho=0$

父亲身高与儿子身高的相关关系，有一样本数据见表 11.3

表 11.3　（单位：英寸）

序号 i	1	2	3	4	5	6	7	8	9	10	11	12	平均
父高 X	62	63	64	65	66	67	67	68	68	69	70	71	66.665
儿高 Y	66	66	65	68	65	67	68	69	71	68	68	70	67.585
均值	小均值（$\bar{x}_S$，$\bar{y}_S$）=（64.50，66.17）						大均值（$\bar{x}_S B$，$\bar{y}_B$）=（68.83，69.00）						

1）因为这样本沿直线方向基本为无偏的均匀分布，共有 12 组数据（为偶数），因此从中间分开，

序号 $i \leqslant 6$ 的为小数据组，序号 $i \geqslant 7$ 的为大数据组.

小均值

$$\bar{x}_S = (62 + 63 + 64 + 65 + 66 + 67)/6 = 64.50,$$

$$\bar{y}_S = (66 + 66 + 65 + 68 + 65 + 67)/6 = 66.17.$$

大均值

$$\bar{x}_S = (67 + 68 + 68 + 69 + 70 + 71)/6 = 68.83,$$

$$\bar{y}_B = (68 + 69 + 71 + 68 + 68 + 70) / 6 = 69.00.$$

平均值

$$\bar{x}_0 = (64.50 + 68.83)/2 = 66.665,$$

$$\bar{y}_0(66.17 + 69.00)/2 = 67.585.$$

以上相应的数据已写在表 11.3 中.

根据表 11.3 把低于回归方程（11.38）的数据列于表 11.4 .

2）求相关方程 $\hat{y} = \hat{\beta}_0 + \hat{\beta}_1 x$ ，

求系数 $\hat{\beta}_1$ 用（11.6）式：

$$\hat{\beta}_1 = \frac{\bar{y}_B - \bar{y}_S}{\bar{x}_B - \bar{x}_S}$$

$$= (69.00 - 66.17)/(68.83 - 64.50) = 0.6536.$$

求系数 $\hat{\beta}_0$ 用（11.7）式，

$$\hat{\beta}_0 = \bar{y} - \hat{\beta}_1 \bar{x} = 67.585 - 0.6536 \times 66.665 = 24.02.$$

所以

$$\hat{y} = \hat{\beta}_0 + \hat{\beta}_1 x = 24.02 + 0.6536x. \tag{11.38}$$

3）以 y 为自变量，x 为随机因变量求 $\hat{x} = \hat{b}_0 + \hat{b}_1 y$.

求系数 $\hat{b}_1 = \dfrac{1}{\hat{\beta}_1} = \dfrac{\bar{x}_B - \bar{x}_S}{\bar{y}_B - \bar{y}_S} = 1 \div 0.6536 = 1.530.$

常数 $\hat{b}_0 = \bar{x} - \hat{b}_1 \bar{y} = 66.665 - 1.530 \times 67.585 = -36.74.$

以 y 为自变量，x 为随机因变量的直线的相关方程为

$$\hat{x} = -36.74 + 1.530y. \tag{11.38a}$$

经验证，方程（11.38）与（11.38a）实际上为同一条直线方程的两种不同的表现形式，(图 11.1 的（1）线). 这就是“三均值”法所求相关方程的唯一性.

4）而同一组数据集，用“最小二乘法”求得的两个方程分别为

$$\hat{y} = 35.82 + 0.467x. \tag{11.39}$$

$$\hat{x} = -3.38 + 1.036y. \tag{11.39a}$$

它们表示两条线性无关的直线（见图 11.1 的（3）、（2）线），除交点（$\bar{x}_0$，$\bar{y}_0$）之外，其余各点都无唯一性.

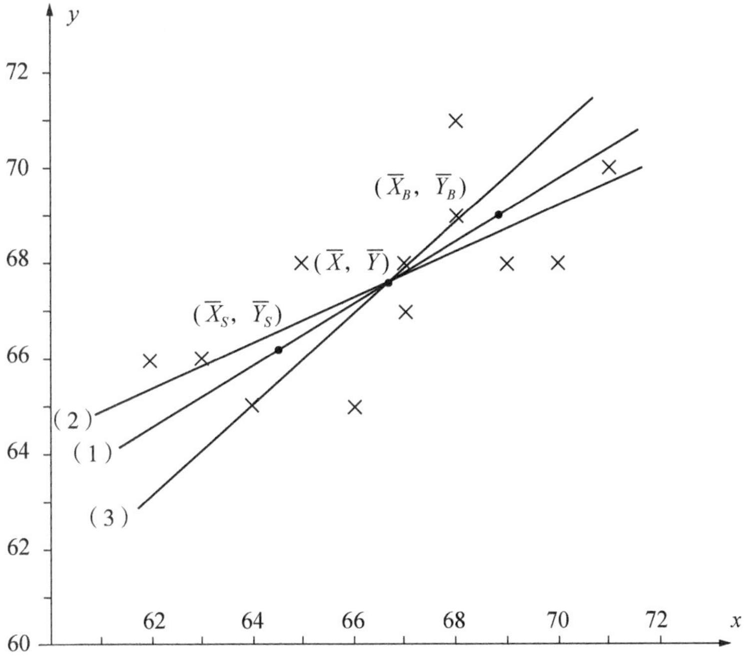

图 11.1　“三均值法”及“最小二乘法”分别求得的 三条直线方程的比较

图中标注：

1）图中 12 对数据点，用“X”号画出，图中还画出了三个均值点.

2）（1）线为“三均值法”所求的直线相关方程（11.38）、（11.38a），从图中可见它们为同一直线（唯一性）.

3）（2）线为“最小二乘法”所求的直线回归方程（11.39a），（3）线为该法所求的直线回归方程（11.39）；从图中可见它们分别为两条线性无关的直线（无唯一性）.

4）直线（1）位居直线（2）、（3）的中间.

5）直线（1）通过三个均值点；而直线（2）、（3）都只是通过一个均值点.

6）从上所述 5）点可以看出直线（1）从统计数据的中心通过，而直线（2）、（3）对数据线的中心都分别有偏歪.

7）相关分析：在本文例中，$k = n/2 = 6$，$\beta_0 = 24.01$，$\beta_1 = 0.6536$.

根据表 11.3 把低于回归方程（11.38）的数据列于表 11.4.

表 11.4

序号 i	3	5	6	10	11	12	$\sum i = 6$	下均值
x_i	64	66	67	69	70	71	$\sum x_i = 407$	$\bar{x}_d = 67.83$
y_i	65	67	67	68	68	70	$\sum y_i = 405$	$\bar{y}_d = 67.50$

以下计算得：$\bar{x}_d = 67.83$，$\bar{y}_d = 67.50$. 因为 $n_D = n_U = n/2 = 6$，所以选用（11.36a）式，否则用（11.35a）式，

$$K = \sqrt{\frac{(67.83—66.67)^2 + (67.50—67.59)^2}{(64.50—66.67)^2 + (66.17—67.59)^2}} = 0.488.$$

相关系数 $\rho = 1 - k = 1 - 0.448 = 0.552$，所以属于紧相关.

第 12 章　三元线性相关方程

12.1　三元线性相关方程的定义及特点

在同一概率空间（Ω, F, P）中，存在三个随机变量 X_0，X_1，X_2，它们相互之间有非确定性线性相关．随机从中抽取总频数为 n 的对应小组的变量（x_{0i}，x_{1i}，x_{2i}，$i=1$，2，…，n）．任设其中一个为随机因变量，其他为随机自变量（本文设 x_0 为随机因变量，也可以随便设另外两个为随机因变量）．

以下推导其三元线性相关方程的数学模型（相当于二元回归方程）：

（1）这三元随机变量具有平均值（$\bar{x}_0$，$\bar{x}_1$，$\bar{x}_2$），小均值（$\bar{x}_{0S}$，$\bar{x}_{1S}$，$\bar{x}_{2S}$）和大均值（$\bar{x}_{0B}$，$\bar{x}_{1B}$，$\bar{x}_{2B}$）[1]．

（2）这三元随机变量具有的线性相关性（$0<|\rho|\leqslant1$），即

$$X_{0i}=\beta_0+\beta_1X_{1i}+\beta_2X_{2i}+\varepsilon_i. \tag{12.1.1}$$

并且

$$\begin{cases}X_{0i}=x_{0i}+\delta_{0i}\\X_{1i}=x_{1i}+\delta_{1i},(i=2,\cdots,n).\\X_{2i}=x_{2i}+\delta_{2i}\end{cases} \tag{12.1.2}$$

其中，δ_{0i}，δ_{1i}，δ_{2i}都分别是误差随机变量[6]．

（3）把（12.1.2）式代进（12.1.1）式中，

$$x_{0i}=\beta_0+\beta_1x_{1i}+\beta_2x_{2i}+\beta_1\delta_{1i}+\beta_1\delta_{1i}+\beta_2\delta_{2i}-\delta_{0i}. \tag{12.1.3}$$

设，$\varepsilon_i=\beta_1\delta_{1i}+\beta_2\delta_{2i}-\delta_{0i}$，$\varepsilon_i$ 即为残差，则

$$x_{0i}=\beta_0+\beta_1x_{1i}+\beta_2x_{2i}+\varepsilon_i.$$

$$\varepsilon_i\sim N(0,\sigma^2),(i=1,2,\cdots,n) \tag{12.1.4}$$

其中，β_0，β_1，β_2，σ^2 是与 x_0，x_1，x_2 无关的未知参数．

从（12.1.3）式可看出：由于三个变量都是随机变量，导致残差 ε_i 里含有待定系数 β_1，β_2，因此不能用现有的“最小二乘法”求线性回归方程．

（4）三元随机变量在符合 11.1.2 模型的基础时，更常见的三元随机变量具有以下特点：

1）沿方程的方向服从无偏或偏态极少的分布（如，均匀分布或正态分布）．

2）垂直于方程12.1.1直线方向的是随机误差，它们服从正态分布：$\varepsilon \sim N(0, \sigma^2)$.

3）X_0，X_1，X_2 都是受观测误差影响的随机变量，它们具有的一种线性泛函的关系.[6]

12.2 三元随机变量的线性相关方程的求解(三均值法)

1）本文主要对符合11.2.情况下的，三元随机变量求的线性相关方程，与二元线性相关方程类似，先分别求，X_0，X_1，X_2 各随机变量的中位数，($\tilde{x}_0$，$\tilde{x}_1$，$\tilde{x}_2$) 然后以该中位数为界，把各随机变量按小大分成两组，即 $(x_{ji} \hat{<} \bar{x}_j)$，$(x_{ji} \hat{>} \bar{x}_j)$；$(j=0, 1, 2;\ i=1, 2, \cdots, n)$. 分组方法与与二元线性相关方程类似.

2）分别对这两大组样本数据求均值，即求

小均值

$$(\bar{x}_{0S}, \bar{x}_{1S}, \bar{x}_{2S}), \tag{12.2.1}$$

大均值

$$(\bar{x}_{0B}, \bar{x}_{1B}, \bar{x}_{2B}), \tag{12.2.2}$$

由于误差的一阶中心矩为0，所以上面的区域均值的平均误差为0，即

$$\{\overline{\varepsilon_{iS}} = 0\ \overline{\varepsilon_{iB}} = 0, (i = 0,1,2). \tag{12.2.3}$$

3）用大、小均值的差，表示平均增量（$\overline{\Delta x_j} = \bar{x}_{jB} - \bar{x}_{jS}$，$j=0, 1, 2$），称 $\overline{\Delta x_j}$ 为第 j 组随机变量的大小均差.

$$\begin{cases} \overline{\Delta x_0} = (\bar{x}_{0B} - \bar{x}_{0S}) \\ \overline{\Delta x_1} = (\bar{x}_{1B} - \bar{x}_{1S}). \\ \overline{\Delta x_2} = (\bar{x}_{2B} - \bar{x}_{2S}) \end{cases} \tag{12.2.4}$$

4）对（12.1.4）式求偏导数，

$$\begin{cases} \dfrac{\partial x_0}{\partial x_1} = \hat{\beta}_1 = \dfrac{\overline{\Delta x_0}}{\overline{\Delta x_{01}}} \\ \dfrac{\partial x_0}{\partial x_0} = \hat{\beta}_2 = \dfrac{\overline{\Delta x_0}}{\overline{\Delta x_{02}}} \end{cases}. \tag{12.2.5}$$

上面等式的成立主要是基于它们都有线性相关关系，这样就求出了两个系数 $\hat{\beta}_1$，$\hat{\beta}_2$，这两个系数的大小分别表示随机因变量 X_0 对两组随机变量 X_1，X_2 的变化率.

5）分别求每个随机变量的平均值（$\overline{X}_j$，$j=0$，1，2），

$$\begin{cases}\overline{X}_0 = (\overline{x}_{0S} + \overline{x}_{0B})/2 \\ \overline{X}_1 = (\overline{x}_{1S} + \overline{x}_{1B})/2 \\ \overline{X}_2 = (\overline{x}_{2S} + \overline{x}_{2B})/2\end{cases} . \quad (12.2.6)$$

6）（12.1.4）方程的两边对所有数据分别取平均，

$$\begin{cases}E\ (x_0 i)\ = E\ (\beta_0)\ + E\ (\beta_1 x_{1i})\ + E\ (\beta_2 x_{2i})\ + E\ (\varepsilon_i) \\ \overline{X}_0 = \hat{\beta}_0 + \hat{\beta}_1 \overline{X}_1 + \hat{\beta}_2 \overline{X}_2\end{cases} \quad (12.2.7)$$

上面等式的第二步之所以成立，是由于随机误差的平均值为0. 并且：$\varepsilon_i \sim N\ (0,\ \sigma^2)$，所以 $E\ (\varepsilon_i)\ = 0$，$(i=1,\ 2,\ \cdots,\ n)$

7）把（12.2.5），（12.2.6）两式代进（12.2.7）式，求得

$$\begin{aligned}\hat{\beta}_0 &= \overline{X}_0 - \hat{\beta}_1 \overline{X}_1 - \hat{\beta}_2 \overline{X}_2 \\ &= \overline{X}_0 (\overline{\frac{\Delta x_0}{\Delta x_1}}\ \overline{X}_1 + (\overline{\frac{\Delta x_0}{\Delta x_2}} \overline{X}_2).\end{aligned} \quad (12.2.8)$$

8）通过上面几条式子便可以把 相关方程（12.1.4）的系数全部求出，得

$$\hat{x}_{0i} = \hat{\beta}_0 + \hat{\beta}_1 x_{1i} + \hat{\beta}_2 x_{2i}. \quad (i = 1,2,\cdots,n) \quad (12.2.9)$$

或

$$\hat{x}_0 = \hat{\beta}_0 + \hat{\beta}_1 x_1 + \hat{\beta}_2 x_2 \quad (12.2.9a)$$

12.3　三元随机变量平面相关方程（待定系数法）

对符合12.2情况的三元随机向量，共有 n 组样本（最好 n 是3的整数倍，$k=1,\ 2,\ 3,\ \cdots,\ n/3$）. 按 x_0 大小顺序排列，均匀地分为三群，即

较小群（S）：

$$F(X_S) = P\{x_{01} \leqslant x_0 \hat{<} x_{0(n/3)}, x_{11} \leqslant x_1 < \hat{x}_{1(n/3)}, x_{21} \leqslant x_2 \hat{<} x_{2(n/3)}\}; \quad (12.3.1)$$

中间群（m）：

$$F(X_m) = P\{x_{0(n/3)} \hat{<} x_0 \hat{<} x_{0(2n/3)}, x_{1(n/3)} \hat{<} x_1 \hat{<} x_{1(2n/3)}, x_{2(n/3)} \hat{<} x_2 \hat{<} x\hat{}_{2(2n/3)}\}; \quad (12.3.2)$$

较大群（B）：

$$F(X_B) = P\{x_{0(2n/3)} \hat{<} x_0 \hat{\leqslant} x_{0n}, x_{1(2n/3)} \hat{<} x_1 \leqslant x_{1n}, x_{2(2n/3)} \hat{<} x_2 \leqslant x_{2n}\}. \quad (12.3.3)$$

若 n 不是 3 的整数倍，则让较小与较大群的组数相等.

注：x_{ji} 中两个脚标，第一个（$j=0$，1，2.）表示第 j 个随机变量；第二个（$i=1$，2，…，n）表示第 j 个随机变量的第 i 组顺序统计量.

求各群的平均值：

$$E(X_S)=\begin{cases}\bar{x}_{S0}\\ \bar{x}_{S1},\\ \bar{x}_{S2}\end{cases} \tag{12.3.4}$$

$$E(X_m)=\begin{cases}\bar{x}_{m0}\\ \bar{x}_{m1},\\ \bar{x}_{m2}\end{cases} \tag{12.3.5}$$

$$E(X_B)=\begin{cases}\bar{x}_{B0}\\ \bar{x}_{B1}.\\ \bar{x}_{B2}\end{cases} \tag{12.3.6}$$

它们被分别称为小均值，中均值，大均值；以这三群的平均值组成线性方程组，

$$\begin{cases}\bar{x}_{S0}=\beta_0+\beta_1\bar{x}_{S1}+\beta_2\bar{x}_{S2}+\bar{\varepsilon}_S\\ \bar{x}_{m0}=\beta_0+\beta_1\bar{x}_{m1}+\beta_2\bar{x}_{m2}+\bar{\varepsilon}_m.\\ \bar{x}_{B0}=\beta_0+\beta_1\bar{x}_{B1}+\beta_2\bar{x}_{B2}+\bar{\varepsilon}_B\end{cases} \tag{12.3.7}$$

由于一阶各中心矩为 0，所以，$\bar{\varepsilon}_S=0$，$\bar{\varepsilon}_m=0$，$\bar{\varepsilon}_B=0$.

记下标 $S=1$，$m=2$，$B=3$，并且用矩阵记上述线性方程组，

$$\bar{X}_0=\begin{pmatrix}\bar{x}_{10}\\ \bar{x}_{20}\\ \bar{x}_{30}\end{pmatrix}=\begin{pmatrix}1 & \bar{x}_{11} & \bar{x}_{12}\\ 1 & \bar{x}_{21} & \bar{x}_{22}\\ 1 & \bar{x}_{31} & \bar{x}_{32}\end{pmatrix}\cdot\begin{pmatrix}\beta_0\\ \beta_1\\ \beta_2\end{pmatrix}. \tag{12.3.8}$$

则线性相关模型为

$$\begin{cases}\bar{X}_0=\bar{X}\beta\\ E(\varepsilon)=0 \quad .\\ D(\varepsilon)=\sigma^2 I_n\end{cases} \tag{12.3.9}$$

对矩阵（12.3.8）施行初等行变换，并考虑下标的改变（$S=1$，$m=2$，$B=3$），即以 $i+1$ 行减去 i 行，第 i 行与 $i+1$ 的均差（平均增量），记为 $\tau_{ji}=\overline{\Delta x_{ji}}=\bar{x}_{(j+1)i}-\bar{x}_{ji}$，写作矩阵

$$\begin{pmatrix}\bar{x}_{20}-\bar{x}_{10}\\ \bar{x}_{30}-\bar{x}_{20}\end{pmatrix}=\begin{pmatrix}\bar{x}_{21}-\bar{x}_{11} & \bar{x}_{22}-\bar{x}_{12}\\ \bar{x}_{31}-\bar{x}_{21} & \bar{x}_{32}-\bar{x}_{22}\end{pmatrix}\cdot\begin{pmatrix}\beta_1\\ \beta_2\end{pmatrix} \tag{12.3.10}$$

上面矩阵可记为

$$\begin{pmatrix}\bar{\tau}_{10}\\ \bar{\tau}_{11}\end{pmatrix}=\begin{pmatrix}\bar{\tau}_{11} & \bar{\tau}_{12}\\ \bar{\tau}_{21} & \bar{\tau}_{22}\end{pmatrix}\begin{pmatrix}\beta_1\\ \beta_2\end{pmatrix}. \tag{12.3.11}$$

这样就把 3×3 的方阵化成 2×2 的方阵，求解较为容易，按照克莱姆法则，对应的行列式的解为

$$\beta_j=\frac{D_j}{D},(j=1,2). \tag{12.3.12}$$

其中，

$$D=\begin{pmatrix}\bar{\tau}_{11} & \bar{\tau}_{12}\\ \bar{\tau}_{21} & \bar{\tau}_{22}\end{pmatrix}, \tag{12.3.13}$$

$$D_1=\begin{vmatrix}\bar{\tau}_{10} & \bar{\tau}_{21}\\ \bar{\tau}_{20} & \bar{\tau}_{22}\end{vmatrix},D_2=\begin{vmatrix}\bar{\tau}_{11} & \bar{\tau}_{10}\\ \bar{\tau}_{21} & \bar{\tau}_{20}\end{vmatrix}. \tag{12.3.14}$$

此方程组当 $D\neq0$ 时有解，其系数解为

$$\hat{\beta}_1=\frac{D_1}{D},\hat{\beta}_2=\frac{D_2}{D}. \tag{12.3.15}$$

当求出 $\hat{\beta}_1$，$\hat{\beta}_2$ 之后，常数项 β_0 可以用整个数据组的平均值 $\bar{x}_0$，$\bar{x}_1$，$\bar{x}_2$ 去求

$$\hat{\beta}_0=\bar{x}_0-(\hat{\beta}_1\bar{x}_1+\hat{\beta}_2\bar{x}_2). \tag{12.3.16}$$

这样就求得三元线性相关方程

$$\hat{x}_0=\hat{B}_0+\hat{B}_0x_1+\hat{B}_2x_2. \tag{12.3.17}$$

这三元相关方程为三维空间的一个平面，可以证明总均值（$\bar{x}_0$，$\bar{x}_1$，$\bar{x}_2$），以及小均值（$\bar{x}_{10}$，$\bar{x}_{11}$，$\bar{x}_{12}$），中均值（$\bar{x}_{20}$，$\bar{x}_{21}$，$\bar{x}_{22}$），大均值（$\bar{x}_{30}$，$\bar{x}_{31}$，$\bar{x}_{32}$），都在这一平面之内.

第 13 章　多元线性相关方程及其分析

13.1　多元线性相关方程

在同一概率空间（Ω，F，P）中，存在多元随机变量 X_0，X_1，…，X_m，它们相互之间有非确定性的线性相关关系. 随机从中抽取总频数为 n 组的随机变量（x_{ji}，x_{ji}，…，x_{ji}，x_{jn}，$j=0$，1，2，…，$m<n$；$i=1$，2，…，n）. 任设其中一个为随机因变量（本文设 x_0 为随机因变量），其他为随机自变量；也可以随便设另外的随机变量为因变量.

与三元线性相关方程类似，其（$m+1$）元线性相关方程的数学模型（相当于 m 元回归方程）：

1）这（$m+1$）元随机变量具有平均值（$\bar{x}_0$，$\bar{x}_1$，…，$\bar{x}_m$），小均值（$\bar{x}_{0S}$，$\bar{x}_{1S}$，…，$\bar{x}_{mS}$）和大均值（$\bar{x}_{0B}$，$\bar{x}_{1B}$，…，$\bar{x}_{mB}$）[1].

2）这（$m+1$）元随机变量具有的线性相关性，（$0<|\rho|\leqslant 1$）即

$$X_0 = \beta_0 + \beta_1 X_1 + \cdots + \beta_m X_m + \varepsilon_i \qquad (13.1)$$

与三元线性相关方程类似，ε_i 为误差，也是随 X_0，X_1，…，X_m 而变的随机变量.

在符合 13.1 模型的基础时，更常见的多元随机变量具有以下特点：

1）沿方程 13.1 的方向服从无偏或偏态极少的分布（如，均匀分布或正态分布）.

2）垂直于方程 13.1 的方向是随机误差，它们服从无偏的正态分布 $\varepsilon \sim N(0, \sigma^2)$.

3）当 X_0，X_1，…，X_m 都是受观测误差影响的随机变量时，它们具有一种线性泛函的关系，因此不能用回归方法求上述方程，只能用线性相关方法去求.[6]

13.2　"三均值"法求多元线性相关方程

本文主要对符合上述情况的（$m+1$）元随机向量求线性相关方程，对于上述情况，可以任选其中一个随机变量 X_j 作为随机因变量，不失普遍性，并

为论述方便，本节定 X_0 作为随机因变量，其余的均为随机自变量.

1）与三元线性相关方程类似，以随机变量 X_0 的中位数为界，把各随机变量按从小到大分成两群，即

$[x_{ji}\hat{<}\tilde{x}_j(p_{1/2})]$ 及 $[x_{ji}\hat{>}\tilde{x}_j(p_{1/2})]$；$j=0, 1, \cdots, m$；$i=1, 2, \cdots, n]$. 分群方法与二元线性相关方程类似.

2）分别对这两群样本数据求均值，即求：小均值（$\bar{x}_{0S}, \bar{x}_{1S}, \cdots, \bar{x}_{mS}$）和大均值（$\bar{x}_{0B}, \bar{x}_{1B}, \cdots, \bar{x}_{mB}$）.

3）用大、小均值的差，表示平均增量（$\overline{\Delta x_j}=\bar{x}_{jB}-\bar{x}_{jS}$，$j=0, 1, 2, \cdots\cdots m$），称 $\overline{\Delta x_j}$ 为第 j 组随机变量的均差分.

4）X_0 对（13.1）式的各 X_j 分别求偏导数，并且由于是线性方程

$$\frac{\partial X_0}{\partial X_j}=\frac{\Delta X_0}{\Delta X_j}=\hat{\beta}_j. \tag{13.2}$$

其各分量为

$$\begin{cases}\dfrac{\partial X_0}{\partial X_1}=\dfrac{\Delta X_0}{\Delta X_1}=\hat{\beta}_1\\ \dfrac{\partial X_0}{\partial X_2}=\dfrac{\Delta X_0}{\Delta X_2}=\hat{\beta}_2\\ \cdots\cdots\\ \dfrac{\partial X_0}{\partial X_m}=\dfrac{\Delta X_0}{\Delta X_m}=\hat{\beta}_m\end{cases}. \tag{13.2a}$$

这就求出了方程（13.1）从 $\hat{\beta}_1$ 到 $\hat{\beta}_m$ 的系数，以下求 β_0.

5）与三元相关方程一样，分别求各随机变量 X_j 的平均值 $\bar{x}_0, \bar{x}_1, \cdots, \bar{x}_j, \cdots, \bar{x}_m$,

$$\bar{X}_j=(\bar{x}_{jS}+\bar{x}_{jB})/2,(j=0,1,\cdots,m). \tag{13.3}$$

各分量为

$$\begin{cases}\bar{X}_0=(\bar{x}_{0S}+\bar{x}_{0B})/2\\ \bar{X}_1=(\bar{x}_{1S}+\bar{x}_{1B})/2\\ \cdots\cdots\\ \bar{X}_m=(\bar{x}_{mS}+\bar{x}_{mB})/2\end{cases}. \tag{13.3a}$$

6）对（13.1）式各随机变量求平均值，并且注意到 $\bar{\varepsilon}_j=0$,

$$\bar{X}_0=\hat{\beta}_0+\hat{\beta}_1\bar{X}+\cdots+\hat{\beta}_m\bar{X}_m. \tag{13.4}$$

7）通过（13.2），（13.2a），（13. 3a），（13.4）等公式，就求出了多元相关直线方程（13.1）的各系数，求得它的相关方程

$$\hat{X}_0 = \hat{\beta}_0 + \hat{\beta}_1 X_1 + \cdots + \hat{\beta}_m \overline{X}_m. \tag{13.4}$$

以下分析它的特点.

13.3 多元线性相关方程的特点

定理 13.1 $(m+1)$ 元线性相关方程，是在 $(m+1)$ 维超空间中的 m 维超立方体，此处 $(2 \leqslant m < n)$.

例 二元线性相关方程，是在二维平面中的一维直线；

三元线性相关方程，是在三维空间中的二维平面；

四元线性相关方程，是在四维超空间中的三维立方体；

……

$(m+1)$ 元线性相关方程，是在 $(m+1)$ 维超空间中的 m 维超立方体.

定理 13.2 （13.2 节）所指的各群、各组均值（$\bar{x}_{Sj}$，$\bar{x}_{Bj}$，$j=0, 1, 2, \cdots, m$），以及平均值 $\bar{x}_j$ 都在所求的 m 维解空间中.

证 由于代定系数（$\hat{\beta}_0$，$\hat{\beta}_1$，…，$\hat{\beta}_j$，…，$\hat{\beta}_m$）是由唯一的方程组（13.2）求出的，而这些方程组的已知项是由一系列均值所组成的，而这一系列均值（$\bar{x}_{Sj}$，$\bar{x}_{Bj}$）都落在所求的 m 维解空间中.

另外代定系数 $\hat{\beta}_0$ 是由全数据组均值 $\bar{x}_j$ 求出的，所以这些均值也在 m 维解空间中.

定理 13.3 多元线性相关方程组（13.4）具有唯一性.

证明方法与定理 11.2 类似.

证 由于（13.4）式是对称式，各随机变量具有同等的地位，所以它代表 $(m+1)$ 维超空间中的唯一的一个 m 维立方体，而不管以哪些作为随机自变量，哪一个作为随机协变量.

定理 13.4 在（13.1）式中，各随机变量对该组对应均值的残差代数和为零；全体数据对总均值的残差之代数和为零.

证 由一阶中心矩为 0，便可得证.

定理 13.5 在（13.5）相关方程中，较小组对该组对应的小均值 $\bar{x}_{Sj}$ 的残差之和为零；较大组对该组对应的大均值 $\bar{x}_{Bj}$ 的残差之和为零；全体数据对总均值的残差之和为零.

证 由于小均值 $\bar{x}_{Sj}$ 是较小组的数据中心，大均值 $\bar{x}_{Bj}$ 是较大组的数据中心，由一阶中心矩为 0，便可得证.

定理 13.6 全数据组的平均值 $\bar{x}_j$，大均值 $\bar{x}_{Bj}$，小均值 $\bar{x}_{Sj}$，$(j=0, 1, 2,$

…，m)，全都落在（$m+1$）维相关方程式（13.4）上（即落在（$m+1$）维超空间中的 m 维超立方体上）.

证　由于相关方程（13.4）是由全数据组的均值 $\bar{x}_j$、大均值 $\bar{x}_{Bj}$、小均值 $\bar{x}_{Sj}$，（$j=0, 1, 2, \cdots, m$）所求出的，因此这些均值全都落在性线方程式（13.4）上.

定理 13.7　用“三均值”法所求的线性相关方程从数据组的中心通过.

证　因为全数据组的平均值 $\bar{x}_j$，大均值 $\bar{x}_{Bj}$，小均值 $\bar{x}_{Sj}$，（$j=0, 1, 2, \cdots, m$），分别为各自对应的数据中心，由定理 13.4、定理 13.5、定理 13.6 联合使用便可证得.

13.4 “多均值法”求多元相关方程

对符合 13.1.2 情况的（$m+1$）元随机变量用多均值法作另一种线性相关方程求解，即求

$$\hat{x}_0 = \hat{\beta}_0 + \hat{\beta}_1 x_1 + \cdots + \hat{\beta}_m x_m. \tag{13.5}$$

设 n 组样本按 x_0 大小排列，均匀地分为（$m+1$）群，每群有 $n/$（$m+1$）组随机变量，$n/$（$m+1$）最好为整除数先求各群的平均值

$$\bar{x}_{ij}, (i = 0,1,2,\cdots,m;\ j = 1,2,\cdots,m+1). \tag{13.6}$$

写成均值矩阵为

$$\begin{pmatrix} \bar{x}_{10} & \bar{x}_{11} & \bar{x}_{12} & \cdots & \bar{x}_{1i} & \bar{x}_{1m} \\ \bar{x}_{20} & \bar{x}_{21} & \bar{x}_{22} & \cdots & \bar{x}_{2i} & \bar{x}_{2m} \\ \cdots\cdots & & & & & \\ \bar{x}_{j0} & \bar{x}_{j1} & \bar{x}_{j2} & \cdots & \bar{x}_{ji} & \bar{x}_{jm} \\ \cdots\cdots & & & & & \\ \bar{x}_{(m+1)0} & \bar{x}_{(m+1)1} & \bar{x}_{(m+1)2} & \cdots & \bar{x}_{(m+1)i} & \bar{x}_{(m+1)m} \end{pmatrix}. \tag{13.6a}$$

它们被分别称为第 0 组均值，第一组均值，第二组均值，…，第 m 组均值，由于一阶中心矩为 0，所以，

$$\bar{\varepsilon}_0 = 0, \bar{\varepsilon}_1 = 0, \bar{\varepsilon}_2 = 0, \cdots, \bar{\varepsilon}_m = 0, \bar{\varepsilon}_{m+1} = 0. \tag{13.6b}$$

以这 $m+1$ 群平均值组成线性方程组，

$$\begin{cases}\overline{x}_{10} = \beta_0 + \beta_1\overline{x}_{11} + \beta_2\overline{x}_{12} + \cdots + \beta_m\overline{x}_{1m} \\ \overline{x}_{20} = \beta_0 + \beta_1\overline{x}_{21} + \beta_2\overline{x}_{22} + \cdots + \beta_m\overline{x}_{2m} \\ \cdots\cdots \qquad \cdots\cdots. \\ \overline{x}_{i0} = \beta_0 + \beta_1\overline{x}_{i1} + \beta_2\overline{x}_{i2} + \cdots + \beta_m\overline{x}_{im} \\ \cdots\cdots \qquad \cdots\cdots. \\ \overline{x}_{(m+1)0} = \beta_0 + \beta_1\overline{x}_{(m+1)} + \beta_2\overline{x}_{(m+1)2} + \cdots + \beta_m\overline{x}_{(m+1)m}\end{cases}. \tag{13.7}$$

则线性相关模型为

$$\begin{cases}\overline{X}_0 = \overline{X}\hat{\beta} + \hat{\beta}_0 \\ E(\varepsilon) = 0 \\ D(\varepsilon) = \sigma^2 I_n\end{cases}. \tag{13.8}$$

以下求方程（13.7）的系数. 对方程（13.7）施行初等变换，以消去β_0；即以 $i+1$ 行减去 i 行，记为第 i 行与 $i+1$ 行的均差（第 i 行的平均增量）.

$$\begin{cases}\overline{x}_{20} - \overline{x}_{10} = \beta_1(\overline{x}_{21} - \overline{x}_{11}) + \beta_2(\overline{x}_{22} - \overline{x}_{12} + \cdots + \beta_{m(}\overline{x}_{2m} - \overline{x}_{1m}) \\ \quad\cdots\cdots \\ \overline{x}_{(i+1)0} - \overline{x}_{i0} = \beta_1(\overline{x}_{(i+1)1} - \overline{x}_{i1}) + \beta_2(\overline{x}_{(i+1)2} - \overline{x}_{(i+1)}) + \cdots + \beta_m(\overline{x}_{(i+1)m} - \overline{x}_{im}) \\ \quad\cdots\cdots \\ \overline{x}_{(m+1)0} - \overline{x}_{m0} = \beta_1(\overline{x}_{(m+1)1} - \overline{x}_{m1}) + \beta_2(\overline{x}_{(m+1)2} - \overline{x}_{(m2)}) + \cdots + \beta_m(\overline{x}_{(m+1)m} - \overline{x}_{mm})\end{cases}. \tag{13.9}$$

令 $\tau_{ij} = \overline{\Delta x_{ij}} = \overline{x}_{(i+1)j} - \overline{x}_{ij}$，（$i=1, 2, \cdots, m$；$j=0, 1, 2, \cdots, m$），记为第 i 行与 $i+1$ 行的均差（第 i 行的平均增量），用矩阵记（13.9）的线性方程组

$$[\tau_0] = [\tau][\beta]', \tag{13.10}$$

即

$$\begin{pmatrix}\tau_{10} \\ \cdots \\ \tau_{i0} \\ \cdots \\ \tau_{m0}\end{pmatrix} = \begin{pmatrix}\tau_{11} & \cdots\tau_{1j} & \cdots\tau_{1m} \\ \cdots & \cdots & \cdots \\ \tau_{i1} & \cdots\tau_{ij} & \cdots\tau_{im} \\ \cdots & \cdots & \cdots \\ \tau_{m1} & \cdots\tau_{mj} & \cdots\tau_{mm}\end{pmatrix}\begin{pmatrix}\beta_1 \\ \cdots \\ \beta_2 \\ \cdots \\ \beta_m\end{pmatrix}. \tag{13.10a}$$

矩阵（13.10）左乘 $[\tau]^{-1}$，得

$$[\tau]^{-1}[\tau_0] = [\beta]'. \tag{13.10b}$$

或写成

$$[\beta]' = [\tau]^{-1}[\tau_0]. \tag{13.11}$$

这样在不损失任何样本信息的情况下，把（$m+1$）·（$m+1$）的方阵化成 $m \cdot m$ 的方阵，把矩阵降阶了，再求解较为容易. 按照克莱姆法则，

（13.10a）对应的行列式的解为，

$$\hat{\beta}_j = \frac{D_j}{D}, (j = 1, 2, \cdots, m), \tag{13.12}$$

此方程组当 $D \neq 0$ 时有解，其中

$$D = \begin{vmatrix} \tau_{11} & \cdots \tau_{1j} & \cdots \tau_{1m} \\ \cdots & \cdots & \cdots \\ \tau_{i1} & \cdots \tau_{ij} & \cdots \tau_{im} \\ \cdots & \cdots & \cdots \\ \tau_{m1} & \cdots \tau_{mj} & \cdots \tau_{mm} \end{vmatrix}. \tag{13.13}$$

D_j 等于以 τ_{i0} 的列元素代替上述 τ_{ij} 的列元素.

$$D_j = \begin{vmatrix} \tau_{11} & \cdots \tau_{10} & \cdots \tau_{1m} \\ \cdots & \cdots & \cdots \\ \tau_{i1} & \cdots \tau_{i0} & \cdots \tau_{im} \\ \cdots & \cdots & \cdots \\ \tau_{m1} & \cdots \tau_{m0} & \cdots \tau_{mm} \end{vmatrix}. \tag{13.14}$$

把式（13.13）、（13.14）代入（13.12）式，求得其各系数 $\hat{\beta}_j$（$j=1$，2，…，m）之后，常数项 $\hat{\beta}_0$ 可以用整个数据组的平均值 $\bar{x}_0$，$\bar{x}_1$，…，$\bar{x}_i$，…，$\bar{x}_m$ 去求，

$$\hat{\beta}_0 = \bar{x}_0 - (\hat{\beta}_1\bar{x}_1 + \hat{\beta}_2\bar{x}_2 + \cdots + \hat{\beta}_i\bar{x}_i + \cdots + \hat{\beta}_m\bar{x}_m). \tag{13.15}$$

这样各个系数 $\hat{\beta}_j$（$j=0$，1，…，m）就求出来了，多元相关方程（13.5）也就确定了.

$$\hat{x}_0 = \hat{\beta}_0 + \hat{\beta}_1 x_1 + \cdots + \hat{\beta}_m x_m. \tag{13.16}$$

13.5 “多均值法”多元线性相关方程的特点

多元线性相关方程与二元线性相关方程一样，具有以下优点：

定理 13.7　用“多均值法”求线性相关方程的方法，可以用在部分为一般自变量，部分为随机变量，也可以用在全部变量都是随机变量的数据处理上.

定理 13.8　“多均值法”所求得的线性相关方程（13.16）具有唯一性.

证　由于（13.7）式中，各个随机变量是平权的. 即任一随机变量作为自变随机变量，或作为协变随机变量完全是随意的，本节中以 X_0 为协变随机变量完全是随意的，也可以用任意一个 X_j 作为协变随机变量，而把 X_0 或其他

的 X_l，($l=0$, 1, 2, …, m, 但 $l\neq j$) 作为随机自变量，这时只要在方程组 (13.7) 中的 j 列（即 $\beta_j\bar{x}_{\cdot j}$）移到方程组的左边列，而把 $\bar{x}_{\cdot 0}$移到右边原 j 列的位置，然后全部方程都除以 β_j，($\beta_j\neq 0$)．就完成线性方程组的初等列变换，而初等列变换是不会改变该方程组的同解性质的．因为它们代表 $(m+1)$ 维空间中的 m 维解空间，因此具有唯一性．

现在通用最小二乘法所求的回归方程，除了均值点之外，没有唯一性，有多少变量（自变量与随机变量之和）就有多少个线性无关的方程．

定理 13.9 “多均值法”所求得的线性相关方程（13.16）各群的残差的代数和为 0.

即

$$\sum_{j=1}^{m}\varepsilon_j = 0,(j = 1,2,\cdots,m).$$

证 从（13.8）式便可看出．

定理 13.10 “多均值法”所求得的线性相关方程（13.16）从总体均值通过．

证 因为求 $\hat{\beta}_0$ 是用各个随机变量的各自的总均值求的，见（13.15）式，所以得证．

定理 13.11 “多均值法”所求得的线性相关方程（13.16）从诸数据中心点通过．

证 因为方程（13.16）的各项代定系数，$\hat{\beta}_j$ ($j=1$, 2, …, m)，是由各组均值 $\bar{x}_{ij}$ ($i=1$, 2, …, m; $j=1$, 2, …, m) 确定的，$\hat{\beta}_0$ 是由所有数据组的均值 $\bar{x}_{0i}$ ($i=0$, 1, 2, …, m) 求出，并且各种均值都是它所在数据组的中心，因此线性相关方程（13.16）从诸数据点的中心点通过．

定理 13.12 “多均值法”所求的平均值 $\bar{x}_{0i}$，($i=1$, 2, …, m) 是其总体均值的线性最小方差无偏估计．

证 因为统计均值是总体数学期望的线性最小方差无偏估计，所以得证．

定理 13.13 “多均值法”所求的各区域平均值 $\bar{x}_{ij}$，($i=1$, 2, …, m; $j=1$, 2, …, m) 是其总体的对应区域均值的线性最小方差无偏估计．

证 根据均值的性质：样本均值是其总体数学期望的最小方差无偏估计，因此某一区域的统计均值，应该是该总体对应区域均值线性最小方差无偏估计．

定理 13.14 “多均值法”所求的相关方程（13.16），是其总体的对应待求方程（13.5）的线性最小方差无偏估计．

证　综合定理（13.9）、（13.10）、（13.11）、（13.12）、（13.13）便可得证.

（$m+1$）元线性相关方程（13.16）的几何解释：在（$m+1$）维超空间中的 m 维超立方体，所有统计数据的平均值，以及各分割群部分的均值都落在该超立方体上.

13.6 "多均值法"与"三均值法"求多元线性相关方程的优缺点比较

共同的优点上面已经说了，以下分析不同的特点：

（1）"三均值法"一开始就已经确定各随机变量的 $\hat{\beta}_{ij}$，可以根据 $|\hat{\beta}_{ij}|$ 进行分析，当 $|\hat{\beta}_i|$ 太小时，说明该变量对随机协变量 X_0 的影响很小，甚至可以忽略不计，就删除该变量. 而"多均值法"要到最后才能比较 $|\hat{\beta}_{ij}|$ 的大小，并进行以后的分析研究.

（2）本章所述的多元线性相关方程，一般是指 $m\geqslant 3$ 以上的，求它们的系数 $\hat{\beta}_j$，有"多均值法"与"三均值法"两种，它们所求出的 $\hat{\beta}_j$ 是否相同？有何差异呢？有以下定理：

定理 13.15　多元随机向量用"多均值法"与"三均值法"所求得的多元线性相关方程（13. 5）与（13. 16），都是在（$m+1$）维超空间中的同一面维超平面，即具有同一性.

分两种情况证明：①多元随机向量，它抽样个数为偶数；②抽样个数为奇数.

证　(1)：设抽样个数为 $n=2k$，既然抽样个为偶数，按照随机向量从小到大的顺序排列，均匀的分成 $m=2l$ 偶数群，分别求它们每一群的均值 $\bar{x}_{ji}$，这些均值也按从小到大排列，它们的中位数是一个区间 $\bar{x}_{ki}<\bar{\mathrm{x}}\ (\tilde{m})\ <\bar{x}_{(k+1)i}$，以中位数为界把这群均值分为较小及较大两大群，（其实这个分界线也是"三均值法"分为大、小两群的分界线），分别对那两群均值再求平均值：

较小部分的均值为：$\bar{x}_{jL}=\dfrac{2}{n}\sum_{i=1}^{k}\bar{X}_{ji}$，较大部分的均值为：$\bar{x}_{jB}=\dfrac{2}{n}\sum_{k+1}^{i=n}\bar{x}_{ji}$. 因为大小两群的分界线与"三均值法"相同，根据全均值定理，因此这里的大、小均值与"三均值法"的大、小均值具有同一数值，也就是说"大、小均值"是分别是"多均值"的线性函数，因此两种方法所求得的所有均值及多元线性相关方程（13. 5）与（13. 16）都是在（$m+1$）维超空间中的同一 m 维超立方体，因此它们是同一方程.

证 (2)，当抽样个数为奇数时，当然分群的数量也为奇数，分群均值的数量也为奇数；设“元”的数量为 $m=2l-1$，分别求它们每一群的均值 $\bar{x}_{ji}$，这些均值也按从小到大排列，它们的中位数是其中间的一个均值，$\bar{x}(\tilde{m})=\bar{x}_{ki}$，按照本书以前所述，把这些均值从中位数分开同样分成大小两大群，而把中位数 $\bar{x}_{ki}$ 一分为二，一半加到较小群，另一半加到较大群中去，同样分别求它们的大、小均值 $\bar{x}_B$ 与 $\bar{x}_L$ 这两个均值也跟”三均值法”所求的相同. 因此证明了两种方法所求得的所有均值及多元线性相关方程（13. 5）与（13. 16）都是在 m 维超立方体里，它们是同一方程.

(3) “多均值法”可以变通，移用到下一章的曲线相关方程与分析中，“三均值法”却不行.

对于一类特殊的曲线相关方程——多项式方程，则可以用更简便而准确的方法，去求出它的方程，这就是下一章要论述的要点.

13.7 有待研究的新课题

“三均值法”与“多均值法”所求的求多元相关方程是否为同一方程？更清晰简便地证明.

第 14 章 多项式曲线相关方程及其分析

这里主要是移用上一章“多均值”的方法，在此之前特引用一段已有的定理：

定理 14.1 设总体 X 的 k 阶原点矩存在，即 $\mu^{(k)} = E(X^k)$ 有限，则样本的 k 阶原点矩为总体 k 阶原点矩的无偏估计.[2]p41

14.1 二次曲线相关方程

14.1.1 相关方程模型：

$$x_i = \beta_0 + \beta_1 x_i + \beta_2 x_i^2 + \varepsilon_i,(i = 1,2,3,\cdots,n). \tag{14.1}$$

解法类似三元随机线性相关方程（12.3），即待定系数法，或称“多均值法”.

$$y_{0i} = \beta_0 + \beta_1 x_{1i} + \beta_2 x_{2i} + \varepsilon_i,$$
$$\varepsilon_i \sim N(0,\sigma^2). \tag{14.1a}$$

比较（14.1）与（14.1a）式，其中

$y_i \propto x_{0i}, x_i \propto x_{1i}, x_i^2 \propto x_{2i},(i = 1,2,3,\cdots,n)$；且 $\beta_i \propto \beta_i(j = 0,1,2)$.

首先把 n 组样本按 x，y 大小顺序排列，均匀地分为三群，即

较小群（S）

$$(y_1 \leqslant Y_S \hat{<} y_{n/3}, x_1 \leqslant X_S \hat{<} x_{n/3});$$

中间群（m）

$$(y_{n/3} \hat{<} Y_m \hat{<} y_{2n/3}, x_{n/3} \hat{<} X_m \hat{<} x_{2n/3});$$

较大群（B）

$$(y_{2n/3} \hat{<} Y_B \leqslant y_n, x_{2n/3} \hat{<} X_B \hat{\leqslant} x_n).$$

在抽样时，最好 $n/3$ = 整数，若 n 不是 3 的整数倍，则让较小与较大群的组数相等.

求各群的平均值

$$(\bar{y}_S,\bar{x}_S,),(\bar{y}_m,\bar{x}_m,),(\bar{y}_B,\bar{x}_B,), \tag{14.2}$$

它们被分别称为小均值，中均值，大均值，

再求各群的 x^2 均值

$$\begin{cases}\overline{x_S^2} = \dfrac{3}{n}\sum\limits_{i=1}^{n/3} x_i^2 \\ \overline{x_m^2} = \dfrac{3}{n}\sum\limits_{n/3}^{2n/3} x_i^2. \\ \overline{x_B^2} = \dfrac{3}{n}\sum\limits_{2n/3}^{n} x_i^2. \end{cases} \tag{14.3}$$

它们被分别称为小均方值，中均方值，大均方值.

由于一阶中心矩为0，所以，

$$\bar{\varepsilon}_S = 0, \bar{\varepsilon}_m = 0, \bar{\varepsilon}_B = 0 . \tag{14.4}$$

以这三群平均值与均方值组成二次性方程组

$$\begin{cases}\bar{y}_S = \beta_0 + \beta_1 \bar{x}_S + \beta_2 \overline{x_S^2} \\ \bar{y}_m = \beta_0 + \beta_1 \bar{x}_m + \beta_2 \overline{x_m^2}. \\ \bar{y}_B = \beta_0 + \beta_1 \bar{x}_B + \beta_2 \overline{x_B^2} \end{cases} \tag{14.5}$$

记下标为 $S=1$，$m=2$，$B=3$，并且用矩阵记上述线性方程组

$$\begin{pmatrix}\bar{y}_1 \\ \bar{y}_2 \\ \bar{y}_3\end{pmatrix} = \begin{pmatrix}1 & \bar{x}_1 & \overline{x_1^2} \\ 1 & \bar{x}_2 & \overline{x_2^2} \\ 1 & \bar{x}_3 & \overline{x_3^2}\end{pmatrix} \cdot \begin{pmatrix}\beta_0 \\ \beta_1 \\ \beta_2\end{pmatrix}. \tag{14.6}$$

则线性相关模型为

$$\begin{cases}\bar{Y} = \beta_0 + \bar{X}\beta_1 + \overline{X^2}\beta_2 \\ E(\varepsilon) = 0, \\ D(\varepsilon) = \sigma^2 I_n \end{cases} . \tag{14.7}$$

把（14.5）第二组方程式减去第一组方程式，第三组方程式减去第二组方程式，并记为

$$\begin{pmatrix}\bar{y}_m - \bar{y}_S = \tau_{1y}, \bar{x}_m - \bar{x}_S = \tau_{11}, \overline{x_m^2} - \overline{x_S^2} = \tau_{12} \\ \bar{y}_B - \bar{y}_m = \tau_{2y}, \bar{x}_B - \bar{x}_m = \tau_{21}, \overline{x_B^2} - \overline{x_m^2} = \tau_{22}\end{pmatrix}. \tag{14.8}$$

（14.5）式可以重新写成以下的形式，

$$\begin{cases}\tau_{1y} = \beta_1 \tau_{11} + \beta_2 \tau_{12} \\ \tau_{2y} = \beta_1 \tau_{12} + \beta_2 \tau_{22}\end{cases}. \tag{14.9}$$

写成矩阵形式

$$\begin{pmatrix}\tau_{1y} \\ \tau_{2y}\end{pmatrix} = \begin{pmatrix}\tau_{11} & \tau_{12} \\ \tau_{12} & \tau_{22}\end{pmatrix}\begin{pmatrix}\beta_1 \\ \beta_2\end{pmatrix}. \tag{14.10}$$

这样就把 3 · 3 的矩阵，简化成 2 · 2 的方阵，解法容易多了.

$$\hat{\beta} = \tau^{-1}(\Delta Y). \tag{14.11}$$

也可以用行列式按照克莱姆法则定出系数$\hat{\beta}_1$，$\hat{\beta}_2$，

$$\hat{\beta}_j = \frac{D_j}{D},(j = 1,2). \tag{14.12}$$

此方程组当$D \neq 0$时有解，其系数解为

$$\hat{\beta}_1 = \frac{D_1}{D},\hat{\beta}_2 = \frac{D_2}{D}. \tag{14.12a}$$

其中

$$D = \begin{vmatrix} \tau_{11} & \tau_{12} \\ \tau_{12} & \tau_{22} \end{vmatrix}. \tag{14.13}$$

$$D_1 = \begin{vmatrix} \tau_{1y} & \tau_{12} \\ \tau_{2y} & \tau_{22} \end{vmatrix},D_2 = \begin{vmatrix} \tau_{11} & \tau_{1y} \\ \tau_{12} & \tau_{2y} \end{vmatrix}. \tag{14.14}$$

当求出$\hat{\beta}_1$，$\hat{\beta}_2$之后，常数项$\hat{\beta}_0$可以用整个数据组的平均值$\overline{y}$，$\overline{x}$，$\overline{x^2}$去求

$$\hat{\beta}_0 = \overline{y} - (\beta_1 \overline{x} + \beta_2 \overline{x^2}). \tag{14.16}$$

这样就把曲线相关方程（14.1）的系数$\hat{\beta}_0$，$\hat{\beta}_1$，$\hat{\beta}_2$全求出来了，由于一阶中心矩之和为0，所以$\overline{\varepsilon}=0$，（14.1）式变为

$$\hat{y}_i = \hat{\beta}_0 + \hat{\beta}_1 x_i + \hat{\beta}_2 x_i^2,(i = 1,2,3\cdots,n). \tag{14.17}$$

这就是所要求的二次曲线随机相关方程.

14.2 用“多均值法”求解m次曲线相关方程

相关方程模型，设共有n对非线性相关的随机变量（x_i，y_i，$i=1$，2，…，n），设这些随机变量有直至m阶原点矩下面要拟合m次曲线相关方程：

$$y_i = \beta_0 + \beta_1 x_i + \beta_2 x_i^2 + \cdots + \cdots \beta_n x_i^m + \varepsilon_i,$$
$$(i = 1,2,3,\cdots,n;2 \leqslant m < n) \tag{14.18}$$

结合（13.4），（14.1）两节用代定系数法（多均值法）求解，因为从（β_0，β_1，…，β_m）中共有（$m+1$）个代定系数，因此必须要有（$m+1$）个类似于（14.18）的方程组. 需要把n组数据（x_i，y_i）按顺序排列，均匀地分成（$m+1$）群，（$m+1$）$<n$，每群有$n/$（$m+1$）个数据组，若不能整除，则让多一个组数据和少一组的组交替分配，力求均匀；在抽样安排时，最好安排到$n/$（$m+1$）为整数. 设

$$t_{i1} = x_i,t_{i2} = x_i^2,\cdots,t_{ij} = x_i^j,t_{im} = x_i^m;i = 1,2,\cdots,n;j = 1,2,\cdots,m). \tag{14.19}$$

每群分别求 $x_i^j = t_{ij}$，y_j 均值

$$\bar{t}_{i1} = \overline{x_i}\ \overline{t_{i2}} = \overline{x_i^2}, \cdots, \overline{x_{ij}} = \overline{x_i^j}, \overline{t_{im}} = \overline{x_i^m}; i = 1,2,\cdots,n; j = 1,2,\cdots,m). \tag{14.20}$$

并写出相应的相关方程组

$$\begin{cases} \bar{y}_1 = \beta_0 + \beta_1 \overline{t_{11}} + \beta_2 \overline{t_{12}} + \cdots + \beta_j \overline{t_{1j}} + \cdots + \beta_m \bar{t}_{1m} \\ \bar{y}_i = \beta_0 + \beta_1 \overline{t_{21}} + \beta_2 \overline{t_{22}} + \cdots + \beta_j \overline{t_{2j}} + \cdots + \beta_m \overline{t_{2m}} \\ \cdots\cdots \\ \bar{y}_i = \beta_0 + \beta_1 \overline{t_{i1}} + \beta_2 \overline{t_{i2}} + \cdots, + \beta_j \overline{t_{tj}} + \cdots + \beta_m \overline{t_{im}} \\ \cdots\cdots \\ \bar{y}_m = \beta_0 + \beta_1 \overline{t_{m1}} + \beta_2 \overline{t_{m2}} + \cdots + \beta_j \overline{t_{mj}} + \cdots + \beta_m \overline{t_{mm}} \\ \bar{y}_{m+1} = \beta_0 + \beta_1 \overline{t_{(m+1)1}} + \beta_2 \overline{t_{(m+1)2}} + \cdots + \beta_j \bar{t}_{(m+1)j} + \cdots + \beta_m \bar{t}_{(m+1)m} \end{cases}. \tag{14.21}$$

以下就参照 13.4 节（$m+1$）解线性相关方程的方法去确定系数 β_1，…，β_m，以 $i+1$ 行减 i 去行，记为第 i 行与 $i+1$ 行的均差（第 i 行平均增量），

$$\begin{cases} \bar{y}_2 - \bar{y}_1 = \beta_1(\bar{t}_{21} - \bar{t}_{11}) + \cdots + \beta_j(\bar{t}_{2j} - \bar{t}_{1j}) + \cdots + \beta_m(\bar{t}_{2m} - \bar{t}_{1m}) \\ \cdots\cdots \\ \bar{y}_{(i+1)} - \bar{y}_i = \beta_1(\bar{t}_{(i+1)1} - \bar{t}_{i1}) + \cdots + \beta_j(\bar{t}_{(i+1)j} - \bar{t}_{ij}) + \cdots + \beta_m(\bar{t}_{(i+1)m} - \bar{t}_{im}) \\ \cdots\cdots \\ \bar{y}_{(m+1)} - \bar{y}_m = \beta_1(\bar{t}_{(m+1)1} - \bar{t}_{m1}) + \cdots + \beta_j(\bar{t}_{(m+1)j} - \bar{t}_{mj}) + \cdots + \beta_m(\bar{t}_{(m+1)m} - \bar{t}_{mm}) \end{cases}. \tag{14.22}$$

记

$$\begin{aligned} &\tau_{i0} = \overline{\Delta y_{ij}}, = \overline{y_{(i+1)j}} - \bar{y}_{ij}, \\ &\tau_{ij} = \overline{\Delta t_{ij}}, = \overline{t_{(i+1)j}} - \bar{t}_{ij}, \\ &(i = 1,2,\cdots,m+1; j = 0,1,2,\cdots,m) \end{aligned},$$

用矩阵记上述线性方程组，

$$\begin{pmatrix} \tau_{10} \\ \cdots \\ \tau_{i0} \\ \cdots \\ \tau_{m0} \end{pmatrix} = \begin{pmatrix} \tau_{11} & \cdots\tau_{1j} & \cdots\tau_{1m} \\ \cdots & \cdots & \cdots \\ \tau_{i1} & \cdots\tau_{ij} & \cdots\tau_{im} \\ \cdots & \cdots & \cdots \\ \tau_{m1} & \cdots\tau_{mj} & \cdots\tau_{mm} \end{pmatrix} \begin{pmatrix} \beta_1 \\ \cdots \\ \beta_2 \\ \cdots \\ \beta_m \end{pmatrix}. \tag{14.23}$$

即 $\tau_0 = \tau\beta$. 或写成

$$\beta = \tau^{-1}\tau_0. \tag{14.24}$$

这样在不损失任何样本信息的情况下，把（$m+1$）·（$m+1$）的方阵化

成 $m \cdot m$ 的方阵，求解较为容易. 按照克莱姆法则，（14.24）对应的行列式的解为

$$\hat{\beta}_j = \frac{D_j}{D},(j = 1,2,\cdots,m) . \quad (14.25)$$

其中

$$D = \begin{vmatrix} \tau_{11} & \cdots\tau_{1j} & \cdots\tau_{1m} \\ \cdots & \cdots & \cdots \\ \tau_{i1} & \cdots\tau_{ij} & \cdots\tau_{im} \\ \cdots & \cdots & \cdots \\ \tau_{m1} & \cdots\tau_{mj} & \cdots\tau_{mm} \end{vmatrix},(i = 1,2,\cdots m,j = 0,1,2,\cdots m). \quad (14.26)$$

D_j 为以 τ_{i0} 的列元素代替上述 τ_{ij} 的列元素的行列式.

$$D_j = \begin{vmatrix} \cdot\tau_{11} & \cdots\tau_{1(j-1)} & \tau_{10} & \tau_{1(j+1)}\cdots\tau_{1m} \\ \cdots & \cdots & \cdots & \cdots \\ \tau_{i1} & \cdots\tau_{i(j-1)} & \tau_{i0} & \tau_{1(j+1)}\cdots\tau_{im} \\ \cdots & \cdots & \cdots & \\ \tau_{m1} & \cdots\tau_{m(j-1)} & \tau_{m0} & \tau_{m(j+1)}\cdots\tau_{mm} \end{vmatrix},(i = 1,2,\cdots m,j = 0,1,2,\cdots m).$$

(14.27)

此方程组当 $D \neq 0$ 时有解，其系数解为（14.25），当求出各个 $\hat{\beta}_j$，（$i=1$，2，$\cdots m$,），之后，常数项 $\hat{\beta}_0$ 可以用整个数据组的平均值 $\bar{x}_0$，$\bar{x}_1$，…，$\bar{x}_i$，…，$\bar{x}_m$ 代进（14.18）式去求，由于误差（$\bar{\varepsilon}_i=0$），所以

$$\hat{\beta}_0 = \bar{y} - (\hat{\beta}_1\bar{t}_1 + \hat{\beta}_2\bar{t}_2 + \cdots + \hat{\beta}_j\bar{t}_j + \cdots + \hat{\beta}_m\bar{t}_m),(j = 1,2,3\cdots,m).$$

(14.28)

现在各个系数 $\hat{\beta}_i$（$i=0$，1，…，m）已经求出来了，把（$x^j=t_j$）代换回去，m 次曲线相关方程也就确定了：

$$\hat{y} = \hat{\beta}_0 + \hat{\beta}_1 x + \hat{\beta}_2 x^2 + \cdots + \hat{\beta}_j x^j + \cdots + \hat{\beta}_m x^m,(j = 1,2,\cdots,m).$$

(14.29)

14.3 “多均值法”所求 m 次曲线相关方程的优点

引理 14.1　设总体 X 的 k 阶原点矩存在，即 E（X^k）存在，则样本的 k 阶原点矩为总体 k 阶原点矩的无偏估计. 证明见参考文献[1].

定理 14.2　在多项式的样本相关方程（14.29）中，设总体的 m 阶原点矩存在，则 $\hat{y}$ 是对其总体 y 的无偏估计.

证

$$E(\hat{y}) = E[\hat{\beta}_0 + \hat{\beta}_1 x + \hat{\beta}_2 x^2 + \cdots \hat{\beta}_j x^j + \cdots + \hat{\beta}_m x^m]$$

$$\text{右边} = \hat{\beta}_0 + \hat{\beta}_1 E(x) + \cdots + \hat{\beta}_j E(x^j) + \cdots + \hat{\beta}_m E(x^m), \tag{14.30}$$

$$(j = 1,2,\cdots,m),\text{是无编估计}.$$

由于总体的 m 阶原点矩存在（$k=1$，2，…，m），以及引理 14.1，故样本 $\hat{y}$ 是对其总体 Y 的无偏估计. 证毕.

定理 14.3　在多项式的样本相关方程（14.29），设总体的 m 阶原点矩存在. 在被分成（$m+1$）段的相关方程曲线中，其中每一段的（$\hat{y}_k$，$k=1$，2，…，m）是对其总体对应段 Y_K 的无偏估计.

证

$$E(\hat{y}_k) = E[\hat{\beta}_0 + \hat{\beta}_1 x_k + \hat{\beta}_2 x_k^2 + \cdots \hat{\beta}_j x_k^j + \cdots + \hat{\beta}_m x_k^m]$$

$$\text{右边} = \hat{\beta}_0 + \hat{\beta}_1 E(x_k) + \cdots + \hat{\beta}_j E(x_k^j) + \cdots + \hat{\beta}_m E(x_k^m),(j = 1,2,\cdots,m) \tag{14.31}$$

由于总体的 m 阶原点矩存在（$k=1$，2，m），以及引理 14.1，故样本的第 k 段 $\hat{y}_k$ 是对其总体对应段 Y_k 的无偏估计. 证毕.

定理 14.2，最小二乘法也有的，而定理 14.3 则是多均值法所独有的，最小二乘法没有的.

定理 14.4　在多项式的样本相关方程（14.29），设总体的 m 阶原点矩存在，则总体残差的代数和为 0.

$$\sum_{i=1}^{n} \varepsilon_i = 0,(i = 1,2,\cdots,m).$$

证明类似定理 13.9.

定理 14.5　在 m 次的样本相关方程（14.29），设总体的 $m+1$ 阶原点矩存在. 在被分成（$m+1$）段（群）的相关方程曲线中，则每一段的残差的代数和为 0，

$$\sum_{i=1}^{m+1} \varepsilon_{ij} = 0,(i = 1,2,\cdots,m;\quad j = 0,1,2,\cdots,m)$$

证明类似定理 13.9.

定理 14.6　“多均值法”所求得的曲线相关方程（14.29）从诸数据中心

点通过.

证　因为方程（14.18）的各项代定系数 $\hat{\beta}_i$（$i=1$, 2, …, m），是由各群所对应的各种均值 $\bar{x}_i^j$ 所确定的，$\hat{\beta}_0$ 是由所有数据组的各种均值 $\bar{x}_i^j$（$i=0$, 1, 2, …, m; $j=1$, 2, …, m）所确定的，因为各种均值都是它所在数据组的中心，因此曲线相关方程（14.29）从诸数据中心点通过.

定理 14.7　“多均值法”所求的平均值 $\bar{x}_i$（$i=1$, 2, …, m），是其对应总体均值的最小方差无偏估计.

证　因为样本均值是总体数学期望的最小方差无偏估计，并且根据 31 理 1，所以得证.

定理 14.8　“多均值法”所求的各区域（群）平均值 $\bar{x}_{ji}$（$i=1$, 2, …, m; $j=1$, 2, …, m）是其总体的对应区域均值的最小方差无偏估计.

证　根据均值的性质：样本均值是其总体数学期望的最小方差无偏估计，因此某一区域的统计均值，并且根据定理 31.1，应该是该对应区域总体均值的最小方差无偏估计.

定理 14.9　“多均值法”所求的曲线相关方程（14.29），是其对应总体的待求方程的最小方差无偏估计.

证　综合定理（14.6）、（14.7）、（14.8）便可得证.

对它其他曲线类型的随机变量的曲线拟合，首先把该随机变量线性化，这在现在的文献里都有大量的论述. 可以参照执行. 其次把已经线性化的随机方程用 13. 2 节的多均值方法求出它各个系数 β_j,（$j=1$, 2, …, m）. 再把求出的线性化的随机方程进行逆变换，最后求出待求的曲线相关方程.

第15章　三元相关曲面分析

三元曲面相关方程：

$$z_i = e + ax_i + bx_i^2 + cy_i + dy_i^2 + \varepsilon_i \tag{15.1}$$

这是一个经变形消除了交叉项：xy 的三元二次相关方程，其中，x，y，z 既可以全部是随机变量，也可以部分为一般变量；ε_i 为误差项. 由于该方程有5个待定系数（a，b，c，d，e），因此要把实测数据分成5等分. 然后每一等分分别求它的平均值，即求：（$\overline{z_i}$，$\overline{x_i}$，$\overline{x_i^2}$，$\overline{y_i}$，$\overline{y_i^2}$），（$i=1$，…，5），并且 $\overline{\varepsilon_i}=0$ 然后解如下的方程组，求上述待定系数，

$$\begin{cases}\overline{z_1} = e + a\overline{x_1} + b\overline{x_1^2} + c\overline{y_1} + d\overline{y_1^2} \\ \overline{z_2} = e + a\overline{x_2} + b\overline{x_2^2} + c\overline{y_2} + d\overline{y_2^2} \\ \overline{z_3} = e + a\overline{x_3} + b\overline{x_3^2} + c\overline{y_3} + d\overline{y_3^2} \\ \overline{z_4} = e + a\overline{x_4} + b\overline{x_4^2} + c\overline{y_4} + d\overline{y_4^2} \\ \overline{z_5} = e + a\overline{x_5} + b\overline{x_5^2} + c\overline{y_5} + d\overline{y_5^2}\end{cases} \tag{15.1a}$$

用后一个方程减去前一个方程，即：$\overline{z}_{i+1} - \overline{z}_i = a\ (\overline{x}_{i+1} - \overline{x}_i)\ + b\ (\overline{z_{i+1}^2} - \overline{x^{22}_{\ i}})\ + c\ (\overline{y}_{i+1} - \overline{y}_i)\ + d\ (\overline{y_{i+1}^2} - \overline{y_i^2})$ 并对随机变量进行线性变换化，设：

$$\begin{cases}\overline{z_{\overline{i+1}}} - \overline{z_i} = \tau_{io} \\ \overline{x}_{i+1} - \overline{x_i} = \tau_{i1} \\ \overline{x_{i+1}^2} - \overline{x_i^2} = \tau_{i2} \\ \overline{y}_{i+1} - \overline{y}_1 = \tau_{i3} \\ \overline{y_i^2} - \overline{y_i^2} = \tau_{i4}\end{cases} \tag{15.2}$$

（15.1a）方程变换为线性方程组，

$$\begin{cases}\tau_{10} = a\tau_{11} + b\tau_{12} + c\tau_{13} + d\tau_{14} \\ \tau_{20} = a\tau_{21} + b\tau_{22} + c\tau_{23} + d\tau_{24} \\ \tau_{30} = a\tau_{31} + b\tau_{32} + c\tau_{33} + d\tau_{34} \\ \tau_{40} = a\tau_{41} + b\tau_{42} + c\tau_{43} + d\tau_{44}\end{cases} \tag{15.3}$$

以后用类似于13章的多均值法求解待定系数，（即从（13.10）至（13.16）的过程），最后把中间变量 τ_i 代换回原变量 $x_{,ij}$，y_i，$\hat{z}_i$ 得到：

$$\hat{z}_i = \hat{e} + \hat{a}x_i + \hat{b}x_i^2 + \hat{c}y_i + \hat{d}y_i^2. \tag{15.4}$$

其他的曲线（曲面）方程，用现成的方法将曲线（曲面）问题线性（平面）化，就可以用上面的方法求出相关方程了.

结束语　参数统计、线性特征参数统计及非参数统计的比较

现在已有参数统计及非参数统计，本文又推出一种线性特征参数统计，那么它们之间有什么关系，又各有什么特点呢？

三种统计的比较

	A 参数统计	B 线性特征参数统计	C 非参数统计
特点	1. 观测数据必须从正态分布总体中抽取. 2. 观测数据必须是独立的. 3. 这些总体必须具有相同的方差或具有已知的方差比. 4. 涉及的变量必须以间隔量表测量出来. 5. 这些总体的平均值必须是行和(或)列效应的线性组合.	1. 观测数据可从任何总体中抽取,不需要知道总体的分布情况. 2. 观测数据不一定要独立的. 3. 不必具有 A.3 点的要求. 4. 涉及的变量必须以间隔量表测量出来. 5. 这些总体的平均值必须是行和(或)列效应的线性组合.	1. 观测数据从非正态总体中抽取. 不必知道总体的分布情况. 2. 观测数据不一定要独立的. 3. 不必具有 A.3 点的要求. 4. 涉及的变量可以任意表示. 5. 对总体的平均值没有要求.
优点	1. 比较精确. 2. 大小样本都适合. 3. 可以进行方差分析.	1. 比较精确. 2. 大小样本都适合. 3. 适应性较广,任何总体都可适应,并无需知道总体为何种分布. 4. 综合 A 及 C 的优点.	1. 适合大样本 2. 适应性较广，任何总体,都可适应,并不需知道总体为何种分布. 3. 可以处理分等级的数据.
缺点	1. 适应性较窄,只有总体为正态分布的样本才适合. 2. 不能处理分等级的数据.	1. 不能处理分等级的数据. 2. 不能进行方差分析.	1. 精确度较差. 2. 不能进行方差分析.

续上表

	A 参数统计	B 线性特征参数统计	C 非参数统计
适合的参数	1. 均值. 2. 方差(均方差) 3. 协方差. 4. 二阶以上的矩.	1. 均值. 2. 左,右均值. 正,负均差. 3. 中位数,大、小均值 4. 左,右频率. 5. 半均差(平均差). 6. 偏态系数. 7. 峰态系数. 8. 各级均值、均差、概率等. 9. 协方差. 10. 二阶以上的矩.	1. 众数. 2. 中位数 3. 频率. 4. 标准差. 5. 列联表.

著名的统计学家陈希孺教授说过：“较好的点估计产生较好的区间估计.”[1]实际上也会产生较好的其他统计分析.

因此以本文所导出的新特征参数为基础，可以引导出一种新的数理统计方法，它介于参数统计与非参数统计之间，组成另一种新的概率统计系统，称为“线性特征参数统计”（或线性 U 统计）系统，该系统既具有参数统计的优点（较为精确），又避免了它的缺点（因为参数统计只适合总体分布是正态分布的情况），“线性特征参数统计”的数据可以用于任何分布，或者其分布完全不确定也可以. 线性特征参数统计的应用条件与非参数统计差不多，但它的精确性大大优于非参数统计，因此可以大部分代替非参数统计，以应用于不同的场合.

另外，通过适当的优选，把上述三种统计统一成一种“统一的经典统计”，统一选材的标准是：在同一组数据中，能最准确、最无偏、最简便地求出统计特征值的方法就选用，其余的则摒弃，具体如下：

1）在已知总体分布为正态分布时，以现有的“参数统计”为佳.

2）在未知总体分布，或虽然已知分布，但该分布并非为正态分布时，以本书所述的“线性特征参数统计”为佳.

3）在数据为示性函数或数据不齐全，要求不高时，可以考虑用“非参数统计”.

4）方差分析继续用现有的方法.

这样一种“统一的经典统计方法”，既准确，又标准化、简便易用.

附录Ⅰ　对柯西分布数学期望的深入研究

柯西（Cauchy）分布以没有数学期望而闻名于世．本人对此深感兴趣，遂对之进行研究，以下的一些心得跟大家分享．Cauchy 分布 $C\ (x \mid \mu,\ \delta)$ 的密度函数，

$$C(x \mid \mu,\delta) = \frac{\delta}{\pi[\delta^2 + (x-\mu)^2]} \quad . \tag{1}$$

该分布的数学期望值矛盾多多，疑点重重：

1）因为现在数学期望的定义规定，要该分布的积分绝对收敛：$\int_{-\infty}^{\infty} |x| \mathrm{d}F(x) < \infty$，该分布才有数学期望．而

$$E(C \mid x \mid \mu,\delta) = \frac{\delta}{\pi}\int_{-\infty}^{\infty}\frac{|x|\,\mathrm{d}x}{\delta^2 + (x-\mu)^2} \to \infty \tag{2}$$

因此理论界一般就认为它的数学期望是不存在的．但是，（1）式的期望值是奇函数，而奇函数的广义积分是它的对称中心．其值为

$$EC(x \mid \mu,\delta) = \frac{\delta}{\pi}\int_{-\infty}^{\infty}\frac{x\mathrm{d}x}{\delta^2 + (x-\mu)^2} = \mu. \tag{3}$$

因此其值存在，并等于 μ.

2）根据概率论的基本定理，对于单峰对称的分布函数，总是符合期望值 = 中位数 = 众数这一规律的．唯有 Cauchy 分布例外，它的中位数 = 众数了，但期望值却不见了（不存在）.

3）有些文献已指出虽然 Cauchy 分布的期望值与方差不存在，仍可用样本均值与方差来估计参数 μ 与 δ[33]，即

$$\hat{\mu} = \overline{X} = (x_1 + x_2 + \cdots + x_n)/n. \tag{4}$$

按照现有的数理统计观点，样本均值既是期望值的一致最小方差无偏估计，也是它的极大似然估计，因此 $\hat{\mu}$ 应该就是期望值的最佳估计，并且是一个实实在在的有限数，而根据现今的定义 Cauchy 分布的期望值却不存在.

4）对于 Cauchy 分布，它的特征函数为

$$\phi(t) = \exp\{it\mu - \delta|t|\}. \tag{5}$$

当具有 n 个 Cauchy 分布独立观测，它们具有 n 个位置参数 μ_1，…，μ_n 与相同的尺度参数 δ，其均值的特征函数是

$$\phi(t) = exp\left\{-\delta|t| + \frac{it}{n}\sum_{1}^{n}\mu_i\right\}. \tag{6}$$

因此 n 个独立观察的均值也具有 Cauchy 分布，其位置参数是各个位置参数的平均值. 当观察值来自同一 Cauchy 分布总体时，任意个观察平均值的分布应与任何单一观察值的分布相同，当 $n\to\infty$ 时，应符合 Chebyshev 大数定律[29]

$$p\left\{\left|\frac{1}{n}\sum_{i=1}^{n}\mu_i - \mu\right| \geqslant \varepsilon\right\}\to 0. \tag{7}$$

很明显，此处的 μ 应该是数学期望，但却被认为它并不存在.

5）对于二维标准 Cauchy 分布，它的密度函数为

$$p\left\{C(x,y)\right\} = \frac{1}{\pi(1+x^2+y^2)^2}. \tag{8}$$

它的期望值存在，并且为

$$EC(x,y) = (0,0). \tag{9}$$

它关于 x 的边缘分布为

$$F(x,\infty) = \int_{-\infty}^{x}\mathrm{d}x\int_{-\infty}^{\infty}\frac{\mathrm{d}y}{\pi(1+x^2+y^2)^2}. \tag{10}$$

按（8.1.2）式，该分布关于 x 的边缘分布的期望值为，

$$E_x = \int_{-\infty}^{\infty}x\mathrm{d}F(x,\infty) = 0. \tag{11}$$

同理它关于 y 边缘分布的期望值为

$$E_Y = \int_{-\infty}^{\infty}y\mathrm{d}F(\infty,y) = 0. \tag{11a}$$

上面（11），（11a）两式相当于两个一维标准 Cauchy 分布的期望值，按现在的定义它也有确定值“0”，但当它写成

$E[C(x)] = \int_{-\infty}^{\infty}x\mathrm{d}F[C(x)]$ 及 $E[C(y)] = \int_{-\infty}^{\infty}y\mathrm{d}F[C(y)]$ 就应该是没有期望值的. 因此有以下两点质疑：

（a）这两个式子与（11）、（11a）就数学意义来说并没有太多的不同，但为何前两个有期望值，而后两个却没有呢?

（b）当两个独立的、没有期望值的 Cauchy 分布 $f\{C(x)\}$ 及 $f\{C(y)\}$ 合在一起组成联合分布（8），却有期望值了，这又是一对矛盾.

6）概率论有一条众所周知的定理：一阶中心矩为0.

$$\int_{-\infty}^{\infty}(x-\mu)\mathrm{d}F(x) = 0. \tag{12}$$

这也是本书推导平衡定理的基本出发点，但这条定理在 Cauchy 分布中却不适用了. 为什么?

这是因为该定理的中心点是指数学期望，中心点都没了，更没有一阶中心矩为 0 这种说法. 但事实上，这条定理在 Cauchy 分布中还是适用的.

7）以概率密度作为纵轴，随机变量作为横轴，一般说来，该分布的几何中心就相当于它的数学期望，而以 μ 作为对称轴的分布，μ 自然就是数学期望. Cauchy 分布以 μ 为对称轴，按现在对期望值的定义它是分布的几何中心但却不是数学期望!

8）一维分布的物理模型：数学期望相当于分布的质量中心，一般的概率分布既有质心，当然也就是期望值. 但虽然 Cauchy 分布有质心，也就是它的对称中心，但是却没有数学期望!

以上列举这么多的矛盾. 都是由于按照现在期望值定义的规定，使得一维 Cauchy 分布没有数学期望而引出来的. 首先把一般文献所定义的离散型数学期望的定义写下来:

设 X 为随机变量，其分布函数为 $F(x)$，若

$$\sum_{i=1}^{\infty}|x_i|P_i < \infty, \tag{13}$$

则记

$$E(X) = \sum_{i=1}^{\infty}x_iP_i. \tag{14}$$

并称 $E(X)$ 为 X 的数学期望.

（13）式是前提条件，（14）式才是期望值的定义.

该定义前提的引出，通常是基于随机变量的取值是随机的，不一定按大小顺序出现，因此我们求和时，可能要改变项的次序，有些离散型期望值次序改变时，不能保证（14）式收敛，而在（13）式绝对收敛的条件下，就可以保证（14）式收敛了. 这一条件对于数学期望值是有一定限制的，它能保证（14）式绝对为真，但这是一个充分而非必要的条件，因为（13）式绝对收敛，可以保证（14）式的收敛，但反之却不一定成立. 所以该前提条件是过于保守，把一些不符合（13）条件，但符合（14）式并且收敛的数学期望丢弃了，如上述所说的 Cauchy 分布所以出现了如此之多的矛盾现象.

以下提出两条不同的看法谨供研究.

1）本来定义的前提条件只限于离散型随机变量，而现在却毫无道理随意的把它扩大到连续型随机变量中去，连续型分布只是一些理想的概型，既然是

理想的概型，就不需考虑随机变量求和的顺序，而应该按广义积分的公式（3）去计算期望值为μ了.

2）就算是离散型随机变量，计算期望值时，也不一定要按概率出现的时间顺序去计算期望值，而可以按照随机变量值的大小排列成所谓的“顺序统计量”（或称顺序随机变量）去计算期望值，很多文献都论述了顺序统计量只是改变随机变量的次序，而没有改变它的实质，它对于总体的分布具有充分性和完全性，是总体理想的研究模型[6]，其实所有的文献都是按照理论上的（顺序随机变量）去研究它们的分布函数及经验分布函数的，试想，若不按照顺序随机变量排列正态分布的密度曲线及分布函数曲线会成什么东西，还能研究吗？数学期望也应该而且可以用顺序随机变量去研究，即直接按照（14）或（3）式去定义随机变量的期望值，而免去（13）或（2）式的前提条件.

另一个著有名的数学期望不存在的例子如下，

$$P\{X = k\} = (-1)^k \frac{2^k}{k} = \frac{1}{2^k}, (i = 1,2,\cdots). \tag{15}$$

按照现在对数学期望的定义，因为

$$\begin{aligned}\sum_{k=1}^{\infty} |x_i| p_i &= \sum_{k=1}^{\infty} \left|(-1)^k \frac{2^k}{k}\right| \cdot \frac{1}{2^k} \\ &= \sum_{k=1}^{\infty} \frac{1}{k} \to \infty .\end{aligned} \tag{16}$$

所以它没有数学期望.

而按照顺序随机变量来定义它的数学期望，这是一个交错级数，按照莱卜尼兹定理：如果交错级数的各项绝对值单调下降，并趋于0，则该级数收敛.而该级数符合莱卜尼兹定理，所以该分布的数学期望为：

$$\begin{aligned}E(X) &= \sum_{k=1}^{\infty} x_k p_k = \sum_{k=1}^{\infty} (-1)^k \frac{2^k}{k} \cdot \frac{1}{2^k}. \\ &= \sum_{k=1}^{\infty} (-1)^k \frac{1}{k} = -\sum_{k=1}^{\infty} (-1)^{k-1} \frac{1}{k} = -\ln 2.\end{aligned} \tag{16a}$$

近期有些文献的数学期望的定义放弃了（13）的前提条件，只要（14）式收敛，就定义E（X）为X的数学期望.这是一种好兆头.

“数学在它自身的发展中完全是自由的，对它概念的限制只在于：必须是无矛盾的，并且和先前由确切定义引进的概念相协调.”（G. Cantor，1883）.既然现在的数学期望定义由于过于保守而导致与其他理论矛盾重重，是否应该去掉（13）式这一不合适的前提条件，只保留有效的内容呢？以下是本人提出的一个修正方案：

设X为随机变量，其分布函数为F（x），若下列积分收敛

$$E(X) = \int_{-\infty}^{\infty} x \mathrm{d}F(x). \tag{17}$$

则称 $E(X)$ 为 X 的数学期望.

根据上面论述，Cauchy 分布的数学期望虽然存在并等于中位数，但除此之外，它的各级均值、均差并不存在，各阶中心距也不存在，这对研究该分布很不利. 然而，该分布的各种分位数（特别是各种半分位数）还是存在的，下面以标准 Cauchy 分布来研究之，因为该分布为原点对称分布，所以它的数学期望和中位数都等于 0，（参看 10.2 节）设该分布的各种半分位数为 l/k，为推算方便，只算出 $x>0$ 的部分 $P'[C(0,1)]$，然后推算到全定义域，

$$P'[C(0,1)] = \frac{1}{\pi}\int_0^x \frac{1}{(1+x^2)}\mathrm{d}x = \frac{l}{k},$$

$$(k = 2,4,8,\cdots,2^a,\cdots;l = 1,2,\cdots,k/2-1).$$

$$\arctan(x)\mid_0^x = \frac{l}{k}\pi$$

$$x_{p'} = \tan(\frac{l}{k}\pi),(k = 2,4,8,\cdots,2^a,\cdots;l = 1,2,\cdots,k/2-1). \tag{18}$$

这是从 0 点为起点的分位数 $P'[C(0,1)]$，计算全分布区域的分位数 $P[C(0,1)]$ 时，要根据对称性，加上 0 点的分位数 $P\{x=0\} = 1/2$：

$$p\{X = x\} = P'_x + p_0 = P'_x + \frac{1}{2} \tag{19}$$

并且由于是原点对称，所以

$$x_p = -x_{(1-p)} \tag{20}$$

（1）求四分位数，此时：$k=4$，$l=1$，2，3.

$$x_{P'=1/4} = \tan(\frac{1}{4}\pi) = 1.$$

$$p\{x = 1\} = P'_{x=0} + p_{x=0} = \frac{1}{4} + \frac{1}{2} = \frac{3}{4}$$

由对称性知：
$$\begin{cases} x_{P\{3/4\}} = 1 \\ x_{P\{1/4\}} = -x_{P\{3/4\}} = -1. \end{cases} \tag{21}$$

即四分之一分位数：p（1/4）的 $x=-1$，四分之三分位数：p（3/4）的 $x=1$.

（2）求八分位数，此时 $k=8$，$l=1$，3，5，7

a) $x_{P'\{1/8\}} = \tan(\frac{1}{8}\pi) = \sqrt{2}-1 \approx 0.4142$

$$p\{x\} = P'\{x\} + P\{0\} = \frac{1}{8} + \frac{1}{2} = \frac{5}{8}.$$

b) $x_{P'\{3/8\}} = \tan(\frac{3}{8}\pi) = \sqrt{2} + 1 \approx 2.4142.$

$$p\{x\} = P'\{x\} + P\{0\} = \frac{3}{8} + \frac{1}{2} = \frac{7}{8}.$$

由对称性知：

$$x_p = -x_{1-p}.$$

所以

$$x_{1/8} = -x_{1-1/8} = -x_{7/8} = -2.4142$$
$$x_{3/8} = -x_{1-3/8} = -x_{5/8} = -0.4142$$

因此：标准柯西分布的半分位数如下：

二分位数：

$$x_{P\{1/2\}} = 0. \tag{22}$$

四分位数：

$$x_{P\{1/4\}} = -1,\ x_{P\{3/4\}} = -1, \text{且}\ x_{P\{2/4\}} = x_{P\{1/2\}} = 0. \tag{23}$$

八分位数：

$$P(1/8) = -2.4142,\ P(2/8) = P(1/4) = -1,$$
$$P(3/8) = -0.4142, P(4/8) = P(1/2) = 0, \tag{24}$$

且

$$x_{P\{4/8\}} = x_{P\{2/4\}} = x_{P\{1/2\}} = 0, x_{P\{2/8\}} = x_{P\{1/4\}} = -1, x_{P\{6/8\}} = x_{P\{3/4\}} = -1 \tag{25}$$

其他的半分位数依次递推.

对于一般的 Cauchy 分布的分位数：

$$E[C(x \mid \mu,\delta \mid) = \frac{\delta}{\pi}\int_{-\infty}^{\infty}\frac{\mathrm{d}x}{[\delta^2 + (x-\mu)^2]} = \frac{l}{k},$$
$$(k = 2,4,8,\cdots,2^a, l = 1,2,\cdots,k-1) \tag{26}$$

可以作一线性变换求得.

我的这些研究心得不知对否，作为引玉之砖，供大家参考.

附录Ⅱ 平均差的算法改型及其数学性质研究[38]①

下面列出本书（简称“线性特征参数”），及本篇论文（简称“平均差研究”）具有相同数学意义的一些符号列出对照如下：

“线性特征参数”	“平均差研究”
平均差或绝对平均差 M_D	平均差 AD 或 δ
半均差 M = 左半均差 M_L = 右半均差 M_L	$\delta = 2M$ 左平均差 $\delta_{左}$ = 右平均差 $\delta_{右}$

$M_D^2 = 4M^2$	均差方 $\delta^2 = (AD)^2 = M_D^2$

注意以下两个名词的不同：

均差方 $\delta^2 = M_D^2$ 它是本篇论文新定义的一个名词，就是平均差的平方。

均方差 $\sigma = \sqrt{\sigma^2}$ 又称标准差，它是现在正在使用在概率统计中的一个数字特征值，是方差的平方根。

下面摘录此论文的一些论点，摘录完后，再加以比较及说明。

1.1 平均差及其算法的优缺点

几乎所有教科书上都表明平均差的优点是反映比较全面，计算方法简单明了；其缺点是不便于数学运算，应用范围不大。近些年来，理论界对平均差的

① 在“线性特征参数”快要付印时，作者查阅文献，发现有一篇署名“朱子云，朱益超”的论文，与本文第1、2、3章的部分内容相似，但所用符号不同，论述及证明的方法不同，两者达到异曲同工之妙，殊途同归之效果。在此本书作者特向此文的两位作者致敬！并诚邀他们共同完善这一课题的研究。

优点进行了重新认识，它不仅计算方法简单明了，而且更重要的是更能准确反映标志变异程度。赵海燕等指出，由平均差计算出的数值在反映总体各单位离差的一般水平时，既不夸大离差，也不缩小离差，能够准确反映总体各单位对应标志值相对于平均数的离中趋势，从这一关键点上讲，平均差应是最基本、最重要和最科学的变异指标。

标准差不仅有在反映标志变异程度上的准确性低、误差大之致命性缺点，而且其应用最小平方和原理计算标准差也并不能表明标准差是最理想的标志变异程度的计量方法，同时尤为重要的是标准差也同样缺乏解构功能，无法解释标志变异程度的构成现状和结构运动变化规律。

2 平均差新算法的数学推导和性质

2.1 平均差新算法的数学推导

设总体标志值数列为 X_1，X_2，…，X_n，总体标志值的平均值为$\overline{X}$，各标志值与平均值的偏离程度为$|X_1-\overline{X}|$，$|X_2-\overline{X}|$，…，$|X_n-\overline{X}|$，平均差为 AD，则数学表达式为：

$$AD=\frac{\sum_{i=1}^{n}|X_i-\overline{X}|}{n} \quad (1)$$

设：$\delta=AD$，$\delta^2=(AD)^2$（经过一番推导）最后得到。

$$\delta^2=\frac{\sum_{i=1}^{n}(X_i-\overline{X})^2+2\sum_{i=1}^{n}\sum_{i<j}^{n}\sqrt{((|X_i-\overline{X}|)(|X_j-\overline{X}|)^2}}{n^2}=(AD)^2 \quad (5)$$

$$\delta=\frac{\sqrt{\sum_{i=1}^{n}(X_i-\overline{X})^2+2\sum_{i=1}^{n}\sum_{i<j}^{n}\sqrt{((|X_i-\overline{X}|)(|X_j-\overline{X}|)^2}}}{n}=AD^2 \quad (6)$$

我们将（4）式称为新的平均差计量公式，它是由传统平均差的计算公式推导出来的，运用(4)式计算所得的平均差，不仅在数值上与传统方法计算出来的平均差等价，反映标志变异程度的数据与传统平均差同样准确，而且它所具有的数学性质和解构功能却大大拓展了，并且与标准差相比，它兼具反映标志变异程度的准确性和解构性优势。

2.2 平均差 δ 的数学性质

均差方 δ^2 和平均差 δ 具有若干数学性质，下面仅就其中的 10 条数学性质进行阐述与证明。

1）若总体各标志值均为常数 C，则反映标志变异程度的平均差为 0。

2）平均差 δ 与平均差 AD 等价，反映标志变异程度的数据与平均差 AD 同样准确。

$$\delta = AD. \tag{7}$$

由于平均差 δ 是由传统平均差的计算公式推导出来的，因而运用（7）式计算所得的平均差 δ，在数值上与传统方法计算出来的平均差 AD 等价。

3）平均差的平方等于离差平方的二次算术平均数加上协方差绝对值的二次算术平均数。亦即平均差的平方是由离差平方的二次算术平均数、协方差绝对值的二次算术平均数等 2 部分构成的，这 2 部分之和的平方开平方后则为平均差。

（5）式的两边同时除以 δ^2，可得

$$\frac{1}{n^2\delta^2} = \sum_{i=1}^{n}(X_i - \overline{X})^2 + \frac{2}{n^2\delta^2}\sum_{i=1}^{n}\sum_{i<j}^{n}\sqrt{[(X_i - X)(X_j - X]^2} = (AD)^2 \tag{8}$$

（8）式表明，把平均差看成一个整体，那么这一整体由 2 部分构成：第一部分是离差因素在平均差中的影响程度，它反映的是各变量的离中作用对整体平均值的影响程度；第二部分是协方差因素在平均差中的影响程度，它反映的是各变量之间差距的协同作用对均值的影响程度。

5）N 个同质独立随机变量和的均差方等于各个变量的均差方之和；……。

设有 N 个独立随机变量 X_1，…，X_n，其均差方分别为 δ_1^2，…，δ_n^2，合变量 $X = X_1 + X_2 + \cdots + X_n$，其均差方为 δ^2，则有

$$\delta^2 = \delta_1^2 + \delta_2^2 + \cdots + \delta_n^2 \tag{12}$$

其均差方分别为合变量 6）N 个同质独立随机变量平均数的均差方等于各个变量均差方的平均数的 $1/n$。

设有 N 个独立随机变量 X_1，…，X_n,，其其均差方分别为 δ_1^2，…，δ_n^2，则有

$$\delta_{\overline{X}}^2 = \frac{1}{n}\overline{\delta^2} \tag{14}$$

（14）式中，$\delta_{\overline{X}}^2$ 为变量平均数的均差方，$\overline{\delta^2}$ 为变量均差方的平均数。

7）每个变量同时增加（或减少）同样数值，均差方和平均差的数值不变。或者说，每个变量发生平移，均差方和平均差的数值不变。

8）每个变量都扩大（或缩小）同样幅度，均差方扩大（或缩小）幅度是每个变量变幅的平方数，平均差扩大（或缩小）的幅度与每个变量变幅相同，

以下设 $Y_i = kX_i$，

$$\delta_Y = k\delta_{\bar{x}}$$

$$\delta_Y^2 = k^2\delta_{\bar{x}}^2$$

9）变量线性变换的均差方等于变量的均差方乘以变量系数的平方。换言之，如果自变量 X 与因变量 Y 之间的关系为线性相关，且有 $Y = a + bX$，a、b 为常数，则

$$\delta_Y^2 = b^2\delta_x^2 \tag{15}$$

10）均值左边变量偏离均值的均差方与均值右边变量偏离均值的均差方始终等价，两者的平均差也等价，且两者平均差之和等于总体平均差，两者均差方以及协方差 3 项之和等于总体均差方，即

$$\delta_{左} = \delta_{右}, \delta = \delta_{左} + \delta_{右}, \tag{16a}$$

$$\delta_{左}^2 = \delta_{右}^2, \delta^2 = \delta_{左}^2 + \delta_{右}^2 + 2\delta_{左}\delta_{右}. \tag{16b}$$

本条数学性质具有非常大的理论与实际应用价值，这不仅将总体差方与平均差划分为左差方和右差方、左平均差和右平均差、而且很重要的一点是将左差方和右差方、左平均差和右平均差计量的自由度均定位于总体标志变量阶数 N. 这一数学性质，在投资风险分析、气候气温预测中具有非常重要的应用价值.

说明：1）上述所有的定义、性质、公式 其详细资料，证明过程，请到杂志的原著寻找。

2）以下把此论文与“线性特征参数”书中出现相同或相近的定义、性质与公式列出（开头已列出的除外）：

“平均差研究”	“线性特征参数”
性质 2)，公式（7）$\delta = AD$	公式（2.4）：$M_D = 2M$
性质 1)，公式：$\delta(C) = \sqrt{\delta^2} = 0$ 性质 8)，公式：$\delta_Y = k\delta_{\bar{x}}$	公式（3.2）：$M_D(aX + c) = \lvert a \rvert M_D(X)$
性质 10)：$\delta_{左} = \delta_{右}$， $\delta = \delta_{左} + \delta_{右}$，	公式：(2.1)：. $M = M_R = (-M_L), (M \geqslant 0)$ (2.4)：$M_D = 2M$

3）“平均差研究”特有的公式：

性质 10)，公式：$\delta_{左}^2 = \delta_{右}^2, \delta^2 = \delta_{左}^2 + \delta_{右}^2 + 2\delta_{左}\delta_{右}$.

2.1 节的公式：

$$\delta^2 = \frac{\sum_{i=1}^{n}(X_i - \overline{X})^2 + 2\sum_{i=1}^{n}\sum_{i<j}^{n}\sqrt{((|X_i - \overline{X}|)(|X_j - \overline{X}|)^2}}{n^2} = (AD)^2 \quad (5)$$

$$\delta = \frac{\sqrt{\sum_{i=1}^{n}(X_i - \overline{X})^2 + 2\sum_{i=1}^{n}\sum_{i<j}^{n}\sqrt{((|X_i - \overline{X}|)(|X_j - \overline{X}|)^2}}}{n} = AD^2 \quad (6)$$

其中公式（6）与“线性特征参数”中的公式：

$$M_D = 2M = 2\int_{x \hat{>} \mu}(x - \mu)\,dF(x). \quad (2.0)$$

都是平均差的另一种计算公式，丰富了平均差的计算、推导的内涵。

参考文献

[1] 陈希孺. 数理统计引论 [M]. 北京：科学出版社，1981，449－451.

[2] 梁之舜等. 概率及数理统计（上）、（下）[M]. 北京：高等教育出版社，2004，218－219.

[3] 帕普力斯 A. 概率、随机变量与随机过程. 1986，保铮，等译.

[4] 茆诗松，王静龙，濮晓龙，等. 高等数理统计 [M]. 北京：高等教育出版社，2006，83－158，234－246.

[5] 罗. 塞克斯. 应用统计手册 [M]. 罗永泰，史道济，译. 天津：天津科技出版社，1988.

[6] P. L. Meyer. Introductory Probability and Statistical Application. 1972，256－261.

[7] 林少宫. 基础概率与数理统计 [M]. 北京：人民教育出版社，1978，97，280.

[8] 吴翔等. 应用概率统计 [M]. 北京：国防科技大学出版社，1995，36，37.

[9] 苏均和等. 概率论与数理统计 [M]. 上海：上海财经大学出版社，1999，254－262.

[10] A. M. 穆德. F. A. 格比尔. 统计学导论 [M]. 史定华，译. 北京：科学出版社，1978，202.

[11] C. R. 劳. 线性统计推断及其应用 [M]. 张燮，等译. 北京：科学出版社，1987，347－350.

[12] P. J. 比克. 数理统计基本概念及专题 [M]. 李泽慧，等译. 兰州：兰州大学出版社，1991，135.

[13] L. 沃塞曼. 统计学完全教程 [M]. 张波，等译. 北京：科学出版社，2008. 6，76－78.

[14] 成平，陈希孺，等. 参数估计 [M]. 上海：上海科学出版社，1985.

[15] 范金城，吴可发. 统计推断导引 [M]. 北京：科学出版社，2001，170－174.

[16] 孙山泽. 非参数统计讲义 [M]. 北京：北京大学出版社，2000，29－47.

[17] 陈希孺，柴根象. 非参数统计教程［M］. 上海：华东师范大学出版社，1993，77－103.

[18] 韦博成. 参数统计教程［M］. 北京：高等教育出版社，2006. 11，109，186，187.

[19] 孙荣恒. 应用概率论［M］. 北京：科学出版社，2001，238－240.

[20] 郃娰彩，孙瑥玉，和娟娟. 应用数理统计［M］. 武汉：武汉大学出版社，2005. 20－29，105－109.

[21] 郑明，陈子毅，汪嘉冈. 数理统计讲义［M］. 上海：复旦大学出版社，2005，83－93.

[22] 郑忠国，童行伟，赵慧. 高等统计学［M］. 北京：北京大学出版社，2012，88－126.

[23]［加］Robert Andersen. 现代稳健回归方法［M］. 李丁，译. 上海：上海人民出版社，2012.

[24]［美］Lingxin Hao，Daniel Q. Naiman. 分位数回归模型［M］. 肖东亮，译. 上海：上海人民出版社，2012.

[25] 陈希孺. 非参数统计［M］. 合肥：中国科技大学出版社，2012.

[26] 韦博成. 参数统计教程［M］. 北京：高等教育出版社，2006，127－158.

[27] 周肇锡. 拉普拉斯变换与傅里叶变换［M］. 北京：国防工业出版社，1990，96－97.

[28] 成礼智等. 小波的理论与应用［M］. 北京：科学出版社，1998，5.

[29] C. R. Rao. 线性统计推断及其应用［M］. 张燮，等译. 北京：科学出版社，1987.

[30]［美］Sheldon M. Ross. 概率论基础教程［M］. 郑忠国，詹从赞，等译. 北京：人民邮电出版社，2010.

[31] 陈培德. 随机数学引论［M］. 北京：科学出版社，2001.

[32]［苏］格. 马. 菲赫金哥尔茨. 数学分析原理［M］. 丁寿田，译. 北京：人民教育出版社，1987.

[33] 方开泰，许建伦. 统计分布［M］. 北京：科学出版社，1987，267.

[34] 陈希孺，柴根象. 非参数统计教程［M］. 上海：华东师范大学出版社，1993，50－54.

[35] 谢宇. 回归分析［M］. 北京：社会科学文献出版社，2013，145.

[36]［美］G. Casella，R. Brerger. 统计推断［M］. 张忠占，傅莺莺，译. 北京：机械出版社，2002，555－558.

[37] 程代展，齐洪胜. 矩阵的半张量积－理论与应用［M］. 北京：科学出版社，2011，26－77.

[38] 朱子云，朱益超. 平均差的算法改型及其数学性质研究. 丽水学院学报，2012，No. 2.